식품·조리 전공자를 위한

조리원리 & 실험조리

안기정 | 최은희 | 고승혜

지식인

Profile

안기정

서울여자대학교 영양학과(조리과학전공) 이학 박사
경주대학교 외식조리학부 교수

최은희

세종대학교 조리외식산업학과 조리외식학 박사
수원과학대학교 글로벌 한식조리학과 교수

고승혜

세종대학교 조리외식경영학과 조리학 박사
청강문화산업대학교 푸드스쿨 교수

식품 · 조리 전공자를 위한
조리원리 & 실험조리

2021년 5월 20일 초판 1쇄 인쇄
2021년 5월 25일 초판 1쇄 발행

지은이 | 안기정 · 최은희 · 고승혜
펴낸이 | 김종욱 · 명사동
펴낸곳 | 지식인
등 록 | 제301-2013-134호
주 소 | 서울시 도봉구 도봉로 180길 20 투웨니퍼스트 102동 602호
전 화 | 02)2266-8606 (대)
팩 스 | 02)2266-8607
E-mail | jisikin2013@naver.com
홈페이지 | www.jisikinbook.co.kr

ISBN 979-11-90815-79-6 (93590)

값 24,000원

식품 · 조리 전공자를 위한

조리원리 & 실험조리

P R E F A C E

식생활은 개인의 기호에 따른 영양구성, 조리방법, 주위환경, 문화 등에 따라 달라질 수 있기 때문에, 적절한 영양의 양과 올바른 조리법이 중요하게 인식되면서 바른 식생활 및 영양정보 등에 대한 관심이 매우 높아지고 있다. 이러한 현상은 높은 경제수준과 삶의 질이 향상되고 의식구조가 변화되면서 나타나는 현상이다.

우리의 식생활은 시대의 흐름에 따라 많은 변화를 겪어왔다. 생활환경의 서구화, 선진화 및 산업화 되면서 스트레스, 비만, 성인병 등의 사회문제가 제기되고, 영양 불균형과 잘못된 영양정보 등 다양한 건강상의 문제점도 드러나고 있다. 이렇듯 생활수준이 높아지고 변화되면서 식품의 소비량과 영양소의 섭취는 점점 더 증가하고 있다.

예로부터 우리나라는 지리적·기후적 환경의 영향으로 인해 곡류, 육류, 어패류 등 다양한 식재료와 매력적인 음식문화를 가지고 있는 반면, 뛰어난 식재료의 성분과 이를 활용한 조리방법에 대한 정보와 이해부족으로 단순한 음식기호 등에 따라 식생활을 유지하는 경우가 많아지고 있어, 우려와 안타까움이 있는 것이 현실이다.

이 책에서는 조리와 식품관련 분야를 전공하는 학생들이 기본적으로 식재료의 성분과 조리원리를 이해하는데 조금이나마 도움이 되도록 하였으며, 조리법 개발과 식품관리의 효율성을 기대하면서 조리과정에서 나타나는 식품의 변화와 조리과학적인 원리를 기초부터 자세하게 설명하였다.

부족한 부분은 더 보완할 수 있도록 많은 관심과 거리낌 없는 조언을 기대하면서, 이 책이 출간되기까지 많은 도움을 주신 지식인과 더운 여름이 되기 전 이 책을 출간할 수 있도록 함께 해주신 집필진께 감사드린다.

저자 일동

CHAPTER 01 조리원리의 정의 및 목적

CHAPTER 02 곡류 및 전분의 조리

CHAPTER 03 밀가루의 조리원리

CHAPTER 04 서류의 조리원리

CHAPTER 05 당류

CHAPTER 06 유지류

CHAPTER 11 육류

CHAPTER 12 어패류

CHAPTER 13 달걀

CHAPTER 14 우유와 유제품

CHAPTER 15 조미료 및 향신료

CHAPTER 16 음료

Cooking Principles & Experimental Cooking

01

CHAPTER 01

01 조리원리의 정의 및 목적

01 조리의 정의 및 목적

1) 조리의 정의

인간은 생명활동과 건강한 생활을 지속하기 위해 식품을 통해 필요 영양소와 에너지를 공급받는다. 인류가 발전하기 전에는 수렵이나 채집을 통해 얻은 과일, 채소, 육류 등을 그대로 섭취하였지만, 도구의 발달과 불의 사용 등을 통해 인간은 원재료를 그대로 섭취하기보다는 먹기 좋은 형태 혹은 맛을 내는 방법 등으로 식품의 조리 기술을 발전시켜 왔다. 즉 조리란, 우리 몸에 필요한 영양소를 안전하게 섭취하기 위해 식품을 가공 처리하여 음식을 만드는 일련의 모든 과정을 의미한다.

2) 조리의 목적

(1) 식품의 영양적 효율 향상

식품은 조리를 통해 소화가 잘 되지 않는 부분을 제거하거나 부드럽게 만들어 체내에서 소화가 잘 될 수 있도록 변화되기 때문에 영양소의 소화흡수율이 좋아진다.

(2) 식품의 안전성 향상

다듬기, 씻기, 수침 등을 통해 식품이 가지고 있는 독성분, 농약 성분, 병원성미생물 등의 유해성물질을 안전하게 제거할 수 있다.

(3) 식품의 기호성 증진

맛과 향이 어울리는 식품의 조리, 영양적 보완이 가능한 조리 등을 통해 음식의 풍미, 맛, 색, 질감을 증진시킴으로써 기호성을 높일 수 있다.

(4) 식품의 운반성 및 저장성 향상

건조, 냉동, 가열 등을 통해 식품의 부피를 감소시키거나 부패방지, 식품 성분변화 방지 등으로 운반을 편리하게 하고 저장성을 향상시킬 수 있다.

(5) 식생활의 질적 향상

다양한 조리법을 통해 여러 가지 음식을 즐길 수 있으므로, 식생활의 질을 높일 수 있다.

Q_ 조리와 가공의 차이는?

A_

조리	가공
• 식품에서 음식을 만든다.	• 식품에서 가공식품을 만든다.
• 개성 · 창조적인 것이 요구된다.	• 일정 품질관리가 요구된다.
• 담기, 차리기, 먹는 것을 한다.	• 포장, 수송, 보관을 한다.
• 특정 개인, 집단을 대상으로 한다.	• 다수인을 대상으로 한다.

02 조리의 방법 및 기기

식품은 어떤 방식으로 조리하느냐에 따라 조리과정 중 일어나는 물리화학적 변화가 달라질 수 있다. 조리는 음식을 만드는 일련의 모든 과정을 총칭하지만, 좁은 의미로는 가열과정을 말하기도 한다. 조리는 식품을 다듬고 세척하는 단계부터 계량, 수침, 썰기, 분쇄, 교반, 가열, 냉각, 성형 등의 과정을 말한다.

1) 기본조리

(1) 세척

세척은 식품을 위해물질로부터 안전성을 확보하는 중요한 단계 중 하나로, 식품표면에 부착된 이물질, 기생충, 농약 등의 오염물 제거를 목적으로 한다.

(2) 수침

수침은 콩, 미역, 곡류 등의 건조한 식품을 물에 담가 물을 흡수시키는 것으로, 조리시간을 단축시키는 효과가 있다. 건조식품마다 물을 흡수하는 양이 다르며, 수침하는 물의 온도는 물의 흡수율에 영향을 미친다. 또한 도라지, 우엉, 연근 등과 같이 쓴맛이나 떫은맛을 가진 식품을 수침하면 이리한 맛 성분을 어느 정도 제거할 수 있다.

수침
water immersion

(3) 썰기

껍질, 비늘, 지느러미, 뿌리 등 식품 중 식용하지 못하는 부분을 제거하는 역할을 하며, 식품을 자르는 모양과 크기에 따라 식품의 표면적에 영향을 주어, 작게 써는 경우 조리시간을 단축시키고 먹기 쉽게 하기 때문에 씹기에 편리하다.

(4) 분쇄와 마쇄

분쇄는 고체 형태의 식품을 가루로 만드는 것으로, 주로 건조식품을 분말로 만들며, 마쇄는 수분을 함유한 식품을 으깨거나 다져서 작은 입자로 만드는 것을 뜻한다.

분쇄
milling

마쇄
grinding

(5) 냉장과 냉동

냉장은 식품을 서장 혹은 차게 식히기 위한 목적으로 저온에 보관하는 것인데, 냉장 중에도 미생물의 성장, 채소의 신장, 유지산패, 전분노화 등의 식품변질이 일어날 수 있으므로 장기간 냉상 서장하는 것은 바람직하지 않다. 냉동은 식품을 어는점 이하로 동결시키는 것으로 식품의 장기저장이 가능하지만, 오랫동안 냉동저장 시 단백질 변성, 유지산패 등으로 품질의 변화가 발생한다.

해동
thawing

(6) 해동

냉동식품을 해동할 때는 식품 내 수분과 함께 맛 성분이 용출될 수 있으므로, 냉장온도에서 서서히 완만하게 해동하는 것이 좋다.

2) 가열조리

대부분의 식품은 가열에 의해 조리되는데, 식품을 가열조리하면 소화율이 높아지고 맛과 향이 증가될 수 있지만, 가열시간이나 온도조절을 잘못하면 영양성분이 파괴되고 맛과 향이 저하될 수 있다. 식품으로 열이 전달되는 방법은 전도, 대류, 복사 등이 있으며, 식품에 열을 전달하는 매체에 따라 습열조리, 건열조리, 초단파조리로 분류할 수 있다. 예를 들어, 물을 이용하여 삶는 조리를 할 경우, 전도에 의해 냄비는 뜨거워지고 물이 끓으면서 대류에 의해 식품은 가열된다.

이와 같이 식품에 열이 전달되는 것은 한 가지 방법에 의해 일어나는 것이 아니라, 복합적 방법에 의해 일어난다.

전도
conduction

대류
convection

복사
radiation

표 1.1 가열조리방법에 의한 분류

분 류		특 징	조리 예
열 전달방법	전 도	열원에 직접 가열된 물질의 한 분자에너지가 다른 분자로 이동되어 열이 전달하는 방법이다.	볶기, 철판구이
	대 류	가열된 공기나 액체(물이나 기름)의 흐름에 의해 에너지가 전달되는 방법이다.	삶기, 데치기, 튀기기, 오븐구이, 증기찜
	복 사	열원에 직접 가열되어 에너지가 전달되는 방법이다.	직화구이
열 전달매체에 따른 조리법	습열조리	수분을 열 전달매체로 하여 가열하는 조리법이다.	데치기, 삶기, 포칭, 찌기
	건열조리	가열된 건조공기를 열 전달매체로 하여 가열하는 조리법이다.	오븐구이, 직화구이, 튀기기, 볶기
	초단파조리	초단파에너지를 이용하여 식품을 가열하는 조리법이다.	전자레인지 조리

표 1.2 열 전달방법에 따른 열 전달매체

열 전달매체	열 전달방법		
	전 도	대 류	복 사
물	○	○	
기 름	○	○	
수증기	○	○	
공 기		○	○

(1) 습열조리

1 데치기

끓는 물에 재료를 단시간 넣었다 건져서 찬물에 식히거나 130℃ 기름에 살짝 넣었다 꺼내는 방법으로, 주로 채소나 어패류의 조리에 이용한다. 데치기는 단시간 가열하기 때문에 색을 고정해 주고, 육류의 경우 불쾌취를 없애준다. 또한 채소를 장기간 저장할 때 데쳐서 냉동 혹은 건조를 하면 효소의 불활성화로 변색(갈변)을 막을 수 있다.

데치기
blanching

2 삶기

끓는 물이나 조미액 속에서 재료가 익을 때까지 가열하는 방법으로, 조직이 연화되고, 단백질 응고, 수용성 성분의 용출이 일어난다. 수육이나 편육 같이 고기를 먹는 조리의 경우, 수용성 성분의 용출을 최소화하기 위해 끓는 물에 고기를 넣으며, 육류를 이용한 국물요리의 경우, 찬물에서부터 조리하는 것이 감칠맛과 같은 수용성 성분이 잘 용출되어 국물의 맛을 높일 수 있다.

삶기
boiling

3 시머링

100℃보다 낮은 온도에서 오랫동안 서서히 끓이는 방법으로 설렁탕이나 곰국, 스튜 등이 여기에 속한다.

시머링
simmering

4 포칭

65~80℃의 물이나 조미액에서 재료를 익히는 조리법으로, 낮은 온도에서 조리하므로 부드러운 소식감을 만든다. 주로 생선이나 달걀, 채소를 이용한 서양요리에 많이 사용한다. 포칭은 재료가 물이나 조미액에 잠기도록 조리하는 딥 포칭과, 재료가 물이나 조미액에 반 정도 잠기게 하여 조리하는 섈로 포칭이 있는데, 조미액이 충분히 배이도록 낮은 온도에서 서서히 조리하는 생선조림 등이 섈로 포칭의 예라 할 수 있다.

포칭
poaching

딥 포칭
deep poaching

섈로 포칭
shallow poaching

5 증기찜

물이 100℃에서 끓어 발생한 수증기의 열에 의해 식품을 익히는 조리법으로, 재료의 맛과 영양성분이 조리액으로 희석되는 것을 방지하기 때문에 색과 풍미를 유지하

증기찜
steaming

기 좋은 조리법이다.

(2) 건열조리

1 굽기

물이나 기름을 사용하지 않고 고열로 가열하는 방법으로, 직화로 복사열을 이용하여 굽는 직접구이와, 팬이나 철판을 사용하여 전도열로 굽는 간접구이가 있다. 직접구이 중 꼬치구이는 재료의 중간에 꽂은 꼬치가 열 전달매체 역할을 하여 재료의 중심이 잘 익도록 도와준다.

2 볶기

튀기기나 지지기에 비해 비교적 적은 기름으로 단시간 고온에서 조리하는 방법으로, 영양소 손실이 적으며 지용성영양소의 흡수를 좋게 한다. 식재료는 작게 썰어 표면적을 넓게 하여 단시간 조리될 수 있도록 한다. 낮은 온도에서 볶기를 할 경우, 재료의 수분이 흘러나와 영양소 손실과 색 변화가 생길 수 있으므로 불 조절에 주의한다.

3 지지기

기름이 재료의 1/2 정도 잠기게 기름을 넣고 조리하는 것으로, 우리나라의 전(煎)이 대표적 조리의 예이다. 발연점이 높은 기름을 이용하며 뚜껑을 닫고 하면 재료의 수분증발을 막아 속이 부드럽고 빠르게 조리할 수 있다.

4 튀기기

재료가 충분이 잠길 정도의 기름을 사용하며, 튀김옷을 입히는 방법과 튀김옷을 입히지 않는 방법이 있다. 튀김옷을 입히는 경우는 튀김옷에 의해 재료의 수분 손실을 막을 수 있어 부드러운 조직감을 나타낼 수 있다. 튀김기름은 발연점이 높고, 튀김 시 재료를 넣었을 때 다시 원래 온도로 돌아오는 회복시간이 짧은 것을 사용한다.

회복시간 recovery time

(3) 초단파조리

초단파 microwave

초단파는 920~2,450MHz/s의 주파수를 이용하여 식품 내부의 물분자를 진동시켜 발생한 마찰열에너지에 의해 식품을 내부에서부터 가열하는 것이 특징이다. 초단파는 식품 표면에서 2.5~5cm 정도 깊이까지 침투하므로, 지름이 큰 덩어리식품은 중심까지 잘 익지 않거나 익는데 시간이 많이 걸린다.

초단파를 이용한 전자레인지 조리의 특징

- 식품의 가열조리시간이 짧다.
- 갈변현상과 같은 식품의 색 변화가 일어나지 않고 식품의 향과 영양소 파괴가 적다.
- 수분증발이 커서 중량이 감소하거나 가열 후 식으면 딱딱해진다.
- 음식의 재가열과 냉동식품의 해동에 용이하다.
- 조리용기에 식품을 담은 상태로 조리할 수 있다.
- 도자기, 경질유리, 나무, 대나무, 플라스틱(실리콘수지, 폴리프로필렌, 테플론 등) 등은 전자레인지 사용가능한 용기재질이며, 금속용기나 금속장식이 있는 용기, 칠기, 열에 약한 플라스틱(멜라민, 폴리에틸렌, 비닐, 요소수지 등) 등은 전자레인지에 사용 불가능한 용기 재질이다.

3) 조리기기

식품을 조리할 때는 메뉴의 형태에 따라 다양한 조리기기가 사용된다. 기기는 기계와 기구를 의미하는데, 조리에 사용되는 기계에는 가열 혹은 냉장기계, 식품을 분쇄 혹은 마쇄하는 기계 등이 있다. 조리기구에는 칼, 도마, 팬, 냄비 등과 같이 식품을 썰거나 끓이거나 이동할 때 사용하는 도구들이 속한다.

(1) 조리용 레인지

조리용 레인지는 가스나 전기를 열원으로 사용하며 가스레인지, 가스오븐레인지, 인덕션레인지, 컨벡션오븐 등이 있다. 가스레인지는 버너와 그릴을 각각 혹은 같이 장착되어 있으며, 가스오븐레인지는 가스레인지와 오븐 기능이 함께 있어 팬이나 냄비를 이용한 가열조리와 대류에 의한 오븐조리가 가능하여 다양한 조리법을 사용할

가스레인지
gas range
가스오븐레인지
gas oven range
인덕션레인지
induction range

컨벡션오븐 convection oven

수 있다는 장점이 있다. 컨벡션오븐은 전기를 이용한 대류에 의한 가열조리기구로, 최근 조리 시 수분증발로 인한 식품건조를 방지하기 위해 스팀식 컨벡션오븐을 개발하여 사용하고 있다.

(2) 냉장고와 냉동고

리치인 reach-in
워크인 walk-in
탑 마운트 top mount
보텀 프리저 bottom freezer
사이드 바이 사이드 side by side

냉장고는 0~8℃로 식품을 저온 저장하며, 냉동고는 식품을 -18℃ 이하로 냉동 저장하는 기계이다. 냉장고는 문을 열고 닫는 형태의 리치인, 방과 같이 생겨 걸어서 들어갈 수 있는 워크인이 있다. 냉장고는 냉동실 위치에 따라 탑 마운트, 보텀 프리저, 사이드 바이 사이드 형태가 있다.

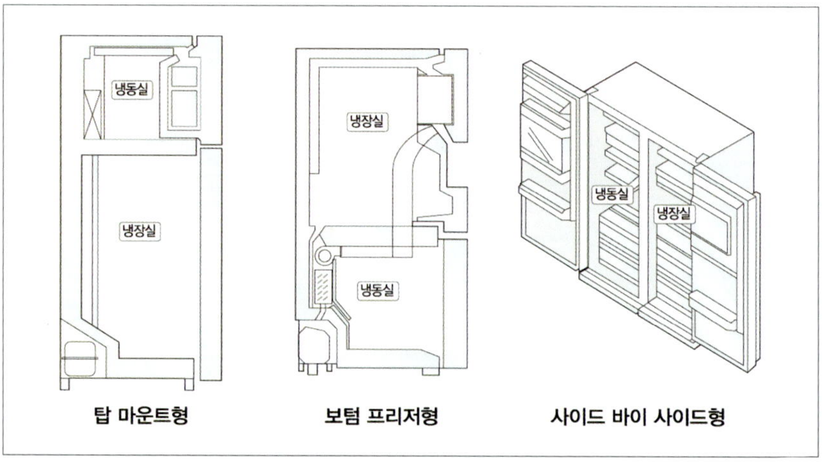

그림 1.1 냉동고 위치에 따른 냉장고 종류

(3) 믹서

믹서 mixer

믹서는 달걀흰자를 거품내거나 재료를 혼합할 때 사용한다.

(4) 블렌더

블렌더 blender

블렌더는 채소나 과일을 갈거나 마늘이나 생강 등을 다질 때, 재료를 혼합할 때 등에 사용한다.

(5) 쥬서

과일이나 채소와 같이 수분이 많은 재료를 파쇄하여 찌꺼기와 즙으로 분리할 때 사용한다.

03 조리의 계량법

일정한 품질의 음식을 만들기 위해서 가장 중요한 것은 조미료와 식품의 정확한 계량, 조리시간과 온도조절이라 할 수 있다. 그러므로 표준화 된 조리법으로 정확한 계량을 할 수 있도록 적합한 계량기구를 사용하는 훈련을 하고 습관화 하는 것이 필요하다.

일반적인 식품의 계량은 무게와 부피를 측정하는데, 각 나라마다 사용하는 무게와 부피 단위가 있기 때문에 이에 대한 이해가 필요하다. 무게는 그램(g), 킬로그램(kg)으로 나타내며, 부피는 리터(L), 밀리리터(ml)로 나타낸다.

1) 계량기구

(1) 무게측정

식품의 무게는 저울을 사용하며 측정 전 반드시 저울을 수평한 곳에 놓고 영점을 맞춘 후 사용한다. 저울은 앉은뱅이 저울과 같은 아날로그 저울과 측정무게가 숫자

계량단위	영문명	일반적 사용량	측정량	비교단위
1온스(oz)	Ounce	약 30ml	28.35g	2T
1파운드(lb)	Pound	약 480ml	450g	2cups 16ounce

그림 1.2 무게의 단위 및 측정도구

로 표시되는 디지털저울이 있으며, 무게에 따라 측정범위가 다양하다.

(2) 부피측정

식품의 부피는 계량컵, 계량스푼, 메스실린더 등으로 측정한다. 계량컵은 1C, 1/2C, 1/3C, 1/4C의 크기로 구성되어 있으며, 우리나라와 일본의 1C은 200mL, 서양에서는 240mL로 지정하고 있다. 계량스푼은 1Tbsp, 1tsp, 1/2tsp, 1/3tsp, 1/4tsp의 크기로 구성되어 있으며, 하나의 계량스푼 양 끝이 각각 1Tsp, 1tsp로 구성된 제품도 있다.

계량단위	영문명	일반적 사용량	측정량	비교단위
1작은술(t)	tea spoon	약 5ml	4.93ml	
1큰술(T)	Table spoon	약 15ml	14.79ml	3t
1컵(C)	Cup	약 200ml(한국) 약 240ml(서양)	236.59ml(서양)	13$\frac{1}{3}$T(한국) 16T(서양)
1파인트(pt)	pint	약 500ml	473ml	2cups $\frac{1}{2}$guart
1쿼트(qt)	quart	약 960ml	946ml	4cups 2pints
1갤론(gal)	gallon	약 3,840ml	3.79L	16cups 4qt 8pints

그림 1.3 부피의 단위 및 측정도구

(3) 시간측정

조리과정 중 수침, 가열, 발효 등은 적절한 시간조절이 중요한데, 이를 위해 시간측정이 필요하다. 조리시간은 스톱워치나 타이머 등을 이용하여 측정한다.

(4) 온도측정

식품의 중심까지 잘 익고 위생적으로 안전한 가열을 위해 온도측정은 필수적이며,

발효와 같이 미생물 성장과 관련된 조리에서도 온도관리는 매우 중요하다. 식품의 온도측정은 용도에 따라 튀김용, 제빵용, 육류용 등이 있으며, 측정원리에 따라 수은온도계, 알코올온도계, 적외선온도계 등이 쓰인다.

2) 계량법

식품은 크게 고체식품과 액체식품으로 분류할 수 있으며, 물성에 따라 계량하는 방법이 달라진다.

(1) 고체식품의 계량법

고체식품의 경우 물을 이용하여 부피를 측정할 수 있고, 액체식품은 메스실린더나 계량컵 등을 이용하여 부피를 측정할 수 있다. 그러나 고체식품은 조직의 특징에 따라 빵이나 엿, 떡 등과 같이 물을 흡수하거나 물에 녹는 식품과 오이, 당근과 같이 물을 흡수하지 않는 식품 등이 있기 때문에, 모든 고체식품은 물을 이용하여 부피를 측정할 수는 없다. 그러나 버터나 마가린 같이 가소성 고체식품의 경우, 실온에서 방치하여 부드럽게 한 후 계량컵이나 계량스푼에 꾹꾹 눌러 담고 표면을 편평하게 깎아 측정한다.

1 물을 흡수하거나 물에 녹는 식품

작은 씨앗을 이용한 종실법(종자치환법, 씨앗대용법)으로 측정한다. 일정 크기의 그릇에 조, 쌀, 콩 등의 종실을 가득 담은 후, 일정량을 덜어내고 측정하고자 하는 식품을 넣고 덜어낸 종실을 넣어 남은 종실의 부피를 측정하여 사용한다.

2 물을 흡수하지 않는 식품

메스실린더와 같이 눈금이 있는 용기에 일정량의 물을 넣고, 측정하려는 식품을 넣어 늘어난 부피를 측정한다.

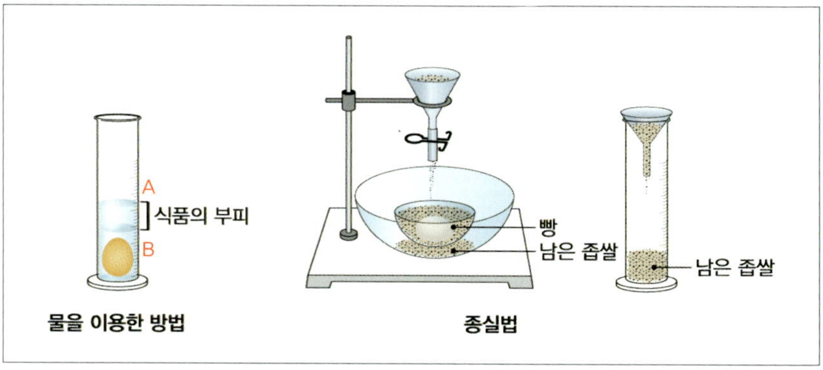

그림 1.4 고체식품의 계량방법

(2) 밀가루의 계량법

밀가루는 체에 친 후 스푼으로 계량컵에 수북이 담고, 흔들거나 두들기지 말고 조심스럽게 스패출라로 편평하게 깎아 한 컵으로 측정한다.

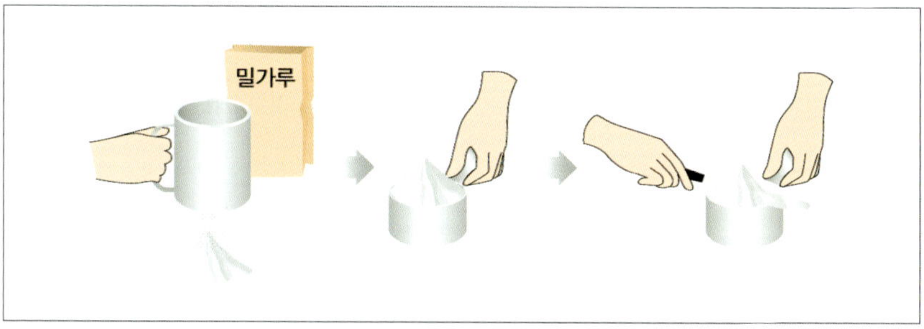

그림 1.5 밀가루의 계량방법

(3) 설탕의 계량법

백설탕은 덩어리진 것이 있으면 부순 후 계량컵이나 계량스푼에 수북이 담아 스패출라로 편평하게 깎아 측정하며, 흑설탕은 점성이 있으므로 계량컵이나 계량스푼에 꾹꾹 눌러 담아 스패출라로 깎아 측정한다.

그림 1.6 설탕 계량법

Q 조리에서의 맛은?

A_

- 짠맛 : 짠맛은 소금의 나트륨에 의해 활성화된다. 나트륨은 체내 염분 농도를 균형 있게 유지시킨다.
- 신맛 : 신맛은 과일의 산 자극을 받아 활성화된다. 음식에 비타민C가 들어 있다는 것을 알 수가 있다.
- 단맛 : 단맛은 설탕을 섭취할 때 활성화되며, 음식물이 쉽게 소화될 수 있는 에너지원이 전달된다.
- 쓴맛 : 몸에 해로운 여러 가지 물질에 반응하며, 음식이 위험하다는 신호를 몸에 전달한다.
- 기름진 맛 : 기름진 맛은 활성화되면 에너지원이 풍부하다는 신호가 몸에 전달된다.
- 감칠맛 : 아미노산 글루타민산염에 의해 느끼며, 음식에 단백질이 들어 있다는 것을 느낀다.

【실험】 계량도구를 이용한 중량과 용량의 측정

실험재료

밀가루 200g
백설탕 200g
흑설탕 200g

실험기구

전자저울
계량컵
계량스푼
그릇
스푼
체
스패튤러

1 실험 목적

식품의 종류에 따라 정확하게 계량하여 부피와 무게의 관계를 알아본다.

2 실험 방법

(1) 가루식품의 계량

- 밀가루, 백설탕, 흑설탕을 다음 표와 같은 방법으로 각각 계량하여 무게를 잰다.
- 이를 2회 반복한 후 평균을 낸다.
- 평균무게와 표준무게가 얼마인지 알아보고, 계량방법에 따라 얼마나 차이가 나는지 알아본다.

식품		계량방법	1컵 분량의 무게(g)			표준 무게
			1회차	2회차	평균	
밀가루		체에 치지 않은 상태의 밀가루를 1C용 계량컵으로 퍼서 수북이 담고, 스패튤러로 윗면을 평평하게 깎은 후 무게를 잰다.				
		체에 치지 않은 상태의 밀가루를 스푼으로 퍼서 계량컵에 수북이 담고, 스패튤러로 윗면을 평평하게 깎은 후 무게를 잰다.				
		밀가루를 계량컵 위에서 직접 체를 쳐서 담는다. 이때 계량컵을 치지 않도록 주의한다. 스패튤러로 윗면을 평평하게 깎은 후 무게를 잰다.				
		체에 친 밀가루를 스푼으로 퍼서 계량컵에 담는다. 이때 계량컵을 치지 않도록 주의한다. 스패튤러로 윗면을 평평하게 깎은 후 무게를 잰다.				
설탕	백설탕	1C용 계량컵으로 퍼서 담고, 스패튤러로 윗면을 평평하게 깎은 후 무게를 잰다.				
	흑설탕	계량컵에 꼭꼭 눌러서 담고 스패튤러로 윗면을 평평하게 깎은 후 무게를 잰다.				
		계량컵에 누르지 않고 담아 스패튤러로 윗면을 평평하게 깎은 후 무게를 잰다.				

단원정리

1 조리의 정의 및 목적

- 조리의 정의 : 우리 몸에 필요한 영양소를 안전하게 섭취하기 위해 식품을 가공 처리하여 음식을 만드는 일련의 모든 과정이다.
- 조리의 목적 : 식품의 영양적 효율증대, 식품의 안전성 향상, 식품의 기호성 증진, 식품의 운반성 및 저장성 향상이다.

2 조리의 방법 및 기기

(1) 기초 조리방법

- 세척 : 식품 표면의 이물질, 기생충, 농약 등의 오염물 제거를 목적으로 한다.
- 수침 : 건소식품에 물을 흡수시켜 조리시간을 단축시키거나 불필요한 성분을 제거하기 위한 목적으로 한다.
- 썰기 : 비가식부를 제거하거나 적합한 모양과 크기로 썰어 섭취에 용이하게 하며, 식품의 면적에 영향을 주어 조리시간을 단축시키는 효과가 있다.
- 분쇄 : 고체식품(주로 건조식품)을 가루로 만드는 것이다.
- 마쇄 : 수분을 함유한 식품을 으깨거나 다져 작은 입자로 만드는 것이다.
- 가열 : 전도(conduction), 대류(convection), 복사(radiation) 등에 의해 식품으로 열이 전달되며, 식품에 열이 전달되는 것은 복합적 방법에 의해 일어난다.

(2) 가열조리의 분류

- 습열조리 : 데치기(blanching), 삶기(boiling), 시머링(simmering), 포칭(poaching), 증기찜(steaming)
- 건열조리 : 굽기, 볶기, 지지기, 튀기기 등
- 초단파조리(microwave) : 초단파를 조사하여 식품 내부의 물분자를 진동시켜 발생한 마찰열에너지에 의한 가열조리이다.

(3) 조리기기

- 조리기기는 기계와 기구로 나뉘며, 조리기계에는 기열 혹은 냉장기계, 식품을 분쇄 혹은 마쇄하는 기계 등이 있고, 조리기구에는 칼, 도마, 팬, 냄비 등과 같이 식품을 썰거나 끓이거나 이동할 때 사용하는 도구들이 있다.

3 조리의 계량법

- 액체식품의 부피는 메스실린더나 계량컵 등을 이용하며, 물을 흡수하거나 물에 녹는 식품은 작은 씨앗을 이용한 종실법으로 측정하고, 물을 흡수하지 않는 고체식품은 물을 이용하여 부피를 측정한다.

단원종합문제

1 우리는 식품을 섭취하기 위해 세척, 절단, 가열 등의 조리를 통해 음식을 만들어 먹는데, 이러한 조리를 하는 목적에 대해 설명하시오.

2 다음 설명에 알맞은 조리과정이 무엇인지 ( ) 안에 쓰시오.
- 식품 표면의 이물질, 기생충, 농약 등의 오염물 제거를 목적으로 한다. ( )
- 건조식품에 물을 흡수시켜 조리시간을 단축시키거나 불필요한 성분을 제거하기 위한 목적으로 한다. ( )
- 비가식부를 제거하거나 적합한 모양과 크기로 썰어 섭취에 용이하게 하며, 식품의 면적에 영향을 주어 조리시간을 단축시키는 효과가 있다. ( )
- 고체식품(주로 건조식품)을 가루로 만드는 것이다. ( )
- 수분을 함유한 식품을 으깨거나 다져서 작은 입자로 만드는 것이다. ( )

3 식품을 가열조리 할 때 나타나는 대표적인 열 전달방법 3가지를 쓰고, 각각의 예를 한 가지씩 들어 설명하시오.

4 물이나 수증기 등을 이용한 습열조리 중 데치기와 삶기의 차이점을 설명하시오.

5 오븐을 이용하여 조리할 때 내부에서 식품으로 열이 전달되는 방법에 대해 서술하시오.

6 전자레인지와 같이 초단파를 이용한 조리 시 일반조리법과의 차이점을 쓰고, 사용 시 주의점에 대해 설명하시오.

7 최근 건강한 조리법에 관심이 증가하면서 기름섭취를 줄이기 위해 사용하는 조리법이 있다. 이러한 조리를 하기 위해 필요한 조리기기를 쓰고 조리방법에 대해 서술하시오.

8 조리를 할 때 식재료의 정확한 계량은 음식의 품질을 관리하는 것이 매우 중요하다. 고체식품의 부피를 계량하는 방법에 대해 고체식품이 갖는 특징에 따라 분류하여 설명하시오.

9 제빵을 할 때 정확한 밀가루 계량을 위한 방법을 쓰시오.

10 설탕은 제조방법에 따라 백설탕과 흑설탕으로 구분되며 각각이 갖는 물성이 다르다. 백설탕과 흑설탕의 올바른 계량법에 대해 기술하시오.

Cooking Principles & Experimental Cooking

02

CHAPTER 02

02 곡류 및 전분의 조리

곡류는 우리 식생활에서 탄수화물의 주요 급원으로 수분과 단백질, 지방함량이 비교적 적어 저장성이 좋은 식품이다. 또한 소화·흡수가 잘 되며 맛이 담백하고 다른 식품에 비해 단위면적 당 생산량이 많아 주식으로 사용하기 좋은 조건을 가지고 있어 인간의 주요 식량이나 가축사료로 이용되고 있다. 주식으로 사용되는 곡류는 자연환경의 영향으로 나라마다 달라지는데 한국, 중국, 일본, 동남아시아 지역은 쌀을 주식으로 하며, 미국, 캐나다 등은 밀을, 멕시코, 아프리카 등은 옥수수를 주식으로 한다.

우리나라의 주식인 쌀은 벼의 낟알로 외부환경으로부터 보호하기 위해 왕겨로 둘러싸여 있다. 내부는 겨, 배유, 배아로 구성되어 있으며, 우리가 주로 먹는 부분은 배유 부분이다. 쌀은 도정 정도에 따라 백미와 현미로 나뉘는데, 왕겨를 벗겨내고 배유가 겨로 둘러싸인 상태를 현미라 하며, 겨를 도정한 정도에 따라 5분도미(도정도 50%), 7분도미(도정도 70%), 백미(도정도 100%)로 나뉜다.

도정
벼의 겨층을 제거하는 것

도정도(%)
현미에서 겨층을 제거하는 정도

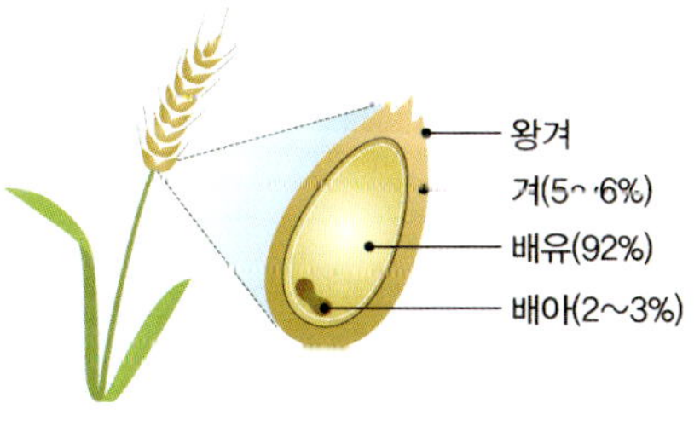

그림 2.1 벼의 구조

01 곡류의 분류 및 종류

1) 곡류의 분류

화본과
Gramineae

곡류는 대부분이 식물학 상 화본과(벼과)에 속하며 쌀, 맥류, 잡곡으로 분류할 수 있다. 맥류에는 밀, 보리, 호밀, 귀리 등이 속하며 옥수수, 조, 차조, 수수, 기장, 메밀 등은 잡곡에 속한다.

2) 곡류의 종류

(1) 쌀

벼
Oryza sative L.

쌀은 외떡잎식물 벼목 화본과에 속하는 식물인 벼의 낟알에서 왕겨를 제거하여 얻는 곡류이다. 쌀의 종류는 형태적 · 생리적 특성에 따라 크게 3가지로 분류하며, 이들은 각각 지리적 분포 중심지를 고려하여 일본형, 자바형, 인도형으로 명명하고 있다.

표 2.1 쌀의 종류

종 류	특 성
일본형 (자포니카형)	• 재배지역 : 한국, 일본, 중국, 동북부 및 중부아메리카 등 • 형태 : 단립종, 원립종으로 길이가 짧고 둥글게 생겼다. • 특징 : 세계 쌀 생산량의 20% 정도를 차지하며, 밥을 지었을 때 끈기가 있다.
자바형 (자바니카형)	• 재배지역 : 자바, 필리핀, 중국의 북부와 서부지방 등 • 형태 : 중립종, 반장립종으로 일본형과 인도형의 중간 형태이다. • 특징 : 세계적으로 생산량이 적으며, 밥을 지었을 때 인도형과 비슷한 끈기를 나타낸다.(끈기 적음)
인도형 (인디카형)	• 재배지역 : 인도, 인도차이나 반도, 중국의 남부, 타이완 등 • 형태 : 장립종으로 가늘고 길게 생겼다. • 특징 : 세계 쌀 생산량의 80%를 차지하며, 밥을 지었을 때 끈기가 적어 밥알들이 서로 떨어진다.

쌀은 점성에 따라 멥쌀과 찹쌀로 분류할 수 있으며, 이러한 차이는 아밀로오스와 아밀로펙틴 함유량에 의해 나타난다. 아밀로오스함량은 멥쌀이 20~25%, 찹쌀이 1~2% 함유하고 있어 호화 후 찹쌀은 멥쌀보다 높은 점성을 나타내며 멥쌀에 비해 천천히 노화되는 특성을 나타낸다.

최근 쌀은 다양한 방법으로 가공된 쌀들이 개발되어 있는데, 배아를 남겨 도정한 배아미, 현미를 발아시킨 발아미, 특정 영양소를 강화시킨 강화미, 물을 가하면 호화 상태를 나타내는 알파미 등이 있으며, 코팅미의 경우 세척을 통해 기능성 코팅 물질이 벗겨질 수 있으므로 세척하지 않고 밥을 짓도록 해야 한다.

표 2.2 가공 쌀의 종류

종 류	특 징
배아미	• 현미를 도정하여 배아 부분을 남긴 쌀이다.
발아미	• 현미가 싹을 틔울 수 있도록 적정 수분, 온도, 산소를 공급하여 발아시킨 것으로, 비타민, 아미노산, 효소 등의 유용 성분이 현미에 비해 높다.
강화미	• 쌀을 씻을 때 손실 될 수 있는 영양소를 첨가시킨 것으로, 쌀에 소요량의 비타민 B_1을 초산용액 중에 침투시켜서 증자하여 호화시키고 건조시켜 만든다.
알파미	• 물만 넣으면 호화된 상태가 되는 쌀로, 쌀에 물 또는 묽은 초산에 담근 후 100℃ 이상에서 밥을 지어 식히지 않고 급속으로 탈수시켜 5% 정도의 수분함량으로 만든다.
기타 다양한 기능성 쌀	• 버섯쌀 : 쌀 표면에 상황버섯이나 동충하초의 버섯균을 배양시킨다. • 코팅미 : 식이섬유소, 키토산, 칼슘, DHA 등과 같은 기능성물질을 쌀 표면에 코팅시킨 쌀이다.

(2) 보리

외떡잎식물 벼목과에 속하는 보리는 겉보리와 쌀보리로 분류할 수 있다. 겉보리는 밭에서 재배되며 배유가 적고 껍질이 잘 분리되지 않아 보리차용이나 엿기름, 사료, 맥주제조 등에 이용한다. 쌀보리는 논에서 재배되며 껍질이 잘 분리되고 배유 부분이 많아 주로 식용으로 이용한다. 보리는 쌀과 달리 가운데 부분에 식이섬유소가 많이 정장작용에 도움이 되지만, 소화율이 떨어지고 수분흡수율이 낮아 그대로 이용하기보다는 미리 물에 불리거나 한 번 쪄서 이용한다. 또한 이러한 단점을 보완하여 쉽게 사용할 수 있도록 할맥이나 압맥(납작보리)으로 가공하여 사용하기도 한다.

할맥
보리를 세로로 분할한 것

압맥(납작보리)
보리를 찐 다음 기계로 눌러 납작한 것으로, 기열 조리 시 호화가 빨리 됨

(3) 조

조는 보리와 같이 구황작물로 이용되어 왔던 대표적인 곡류 중 하나이다. 조는 성질에 따라 메조와 차조로 분류되는데, 메조는 노랗고 찰기가 없으나, 차조는 메조보다 작고 찰기가 있으며 빛깔이 누르고 푸르스름하다. 차조나 메조는 밥을 할 때 섞거나 죽, 떡, 엿, 소주의 원료로 사용한다.

(4) 기장

기장은 조와 비슷한 모양을 하고 조보다 조금 굵게 생겼으며 메기장과 찰기장으로 분류할 수 있다. 메기장은 쌀에 넣어 밥을 하는데 주로 사용하며, 찰기장은 찰기 때문에 밥보다는 떡을 하는데 주로 이용한다.

(5) 수수

수수는 우리나라에서 조, 피, 기장 등과 같이 가장 오랜 재배역사를 가지고 있는 작물 중 하나이다. 품종에 따라 흰색, 갈색, 노란색 등이 있으며 메수수와 찰수수로 분류한다. 수수는 오곡밥의 재료로 이용하거나 수수경단, 수수부꾸미, 엿 제조, 주정(맥주) 등으로 이용한다. 또한 탄닌이나 폴리페놀을 다량으로 함유하고 있어 공업용 전분이나 알코올 생산에 이용되고 있다.

02 전분의 구조와 조리

1) 전분의 구조

아밀로오스 amylose
아밀로펙틴 amylopectin
미셀 micelle

전분입자는 아밀로오스와 아밀로펙틴으로 구성되어 있다. 아밀로오스는 포도당이 α-1,4 결합에 의해 직선상으로 연결되어 있는데, 포도당 6~8개마다 회전하여 나선형을 나타내는 것이 특징이다. 아밀로펙틴은 포도당이 직선상의 α-1,4 결합을 이루다가 α-1,6 결합으로 가지를 친 구조를 가져 마치 나뭇가지 모양을 하고 있다. 즉 전분은 아밀로오스와 같이 α-1,4 결합으로 이루어진 치밀한 결정성 영역과 α-1,6 결합의 가지를 친 구조를 갖는 엉성한 비결정성 영역으로 구성되어 있으면서도 규칙적 분자배열을 갖는 미셀구조를 가지고 있다.

전분에 물을 첨가하여 가열하고 냉각 및 저장함에 따라 호화, 노화, 겔화, 호정화의 다양한 변화를 나타내는데 이러한 특성을 이용하여 다양한 전분음식을 만들 수 있다.

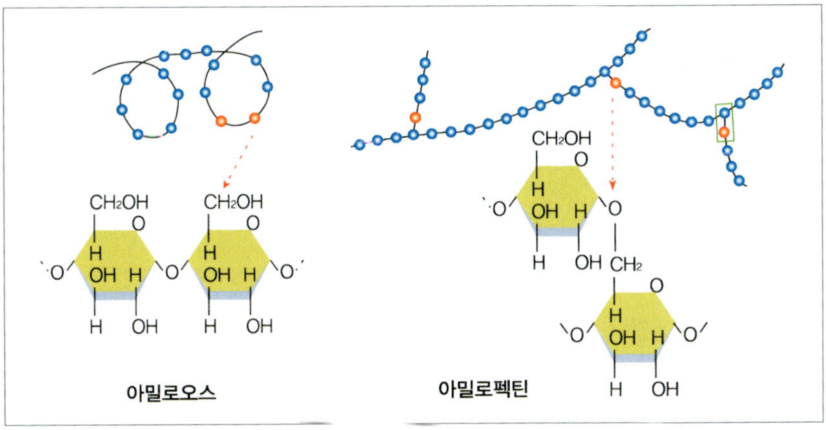

그림 2.2 아밀로오스와 아밀로펙틴분자

2) 전분의 호화

생전분은 β-전분이라고도 부르며, 물을 넣고 가열하면 전분입자가 α-1,6 결합으로 분지를 많이 한 부분인 비결정성 영역에 물이 급속히 흡수되어 전분무게의 25~30% 수분을 흡수하게 된다. 이러한 변화는 물과 열을 제거하면 다시 생전분 형태로 돌아가는 가역적 단계라 할 수 있다. 이후 지속적으로 가열하여 60℃ 이상이 되면 수분흡수는 최대를 이루어 전분입자가 급격히 팽윤하고 전분 호화가 시작되는 비가역적 단계가 된다. 더욱 온도가 상승하면 전분입자 내 아밀로오스와 아밀로펙틴 구조가 끊어져 입자 밖으로 흘러나와 점도가 급속히 상승하고, 점차 투명해지면서 콜로이드 용액을 형성하게 되는데 이를 호화라 한다.

팽윤 swelling

호화 gelatinization

호화전분은 α-전분이라고도 하며, 분자 간의 수소결합이 끊어져 규칙적인 미셀구조를 잃고 복굴절성도 소실한다.

복굴절성 birefringence

Q **복굴절성이란?**

A_ 결정물질에 빛을 조사하면 굴절률이 다른 결정체에 입사한 빛이 두 방향으로 굴절되는 성질이다. 편광현미경에서 전분입자는 중심부에 검은 십자가 모양을 보이는데, 호화 시 이런 현상이 없어진다.

전분의 호화는 전분의 종류, 수분함량, pH 조건, 설탕첨가 등에 의해서 영향을 받는다.

(1) 전분의 종류

아밀로펙틴은 아밀로오스보다 호화되기 어려우므로, 아밀로오스함량이 높은 전분은 호화가 잘 일어난다. 그러므로 아밀로오스함량이 높은 멥쌀이 찹쌀보다 호화가 빨리 일어나므로, 멥쌀을 이용한 흰밥이 찰밥보다 조리시간이 짧다. 곡류 전분은 호화온도가 98℃ 정도로 서류전분(70℃)에 비해 호화온도가 높다.

(2) 수분함량

수분함량이 많으면 전분의 팽윤이 잘 일어나 호화가 잘 되며, 호화가 완전히 이루어지기 위한 물의 양은 전분의 6배 정도이다.

(3) pH

산성조건에서 전분입자는 산분해되어 호화용액의 점도가 저하되기 때문에, 전분조리 시 탕수육소스와 같이 식초(산)를 첨가할 경우, 전분을 완전히 호화시킨 후 첨가하는 것이 좋다. 알칼리성 조건에서는 전분의 팽윤을 촉진하기 때문에 호화를 촉진할 수 있어 약알칼리성의 약숫물로 밥을 지으면 호화가 잘 일어나 밥맛이 좋다. 하지만 알칼리성에서 쌀의 백색 성분인 안토잔틴은 누런색을 나타내기 때문에, 밥의 색이 누렇게 되어 식감을 저하시킨다.

(4) 설탕

설탕은 흡수성이 좋은 물질이므로 전분호화에 필요한 수분을 두고 경쟁관계가 되어 전분의 수화를 방해하여 호화를 방해한다. 그러므로 설탕을 첨가할 경우 전분이 완전히 호화된 후 첨가한다.

압력밥솥에 밥을 지을 때 쌀의 변화

일반적으로 밥은 호화온도가 높기 때문에 사람들은 압력밥솥에 밥 짓는 것을 선호한다. 그렇다면 압력밥솥에 밥을 지을 때 쌀의 변화는 어떠할까? 취반시작 5분 후에는 전분입자는 규칙적 구조를 나타내며(❶) 전분층은 계단형(❷)을 나타내지만, 취반이 진행됨에 따라 규칙적 구조는 붕괴되고(❸) 전분층은 부드러운 곡선형(❹)을 나타냄으로써 호화되어 부드럽게 변한 것을 알 수 있다. 아래의 그림은 미세구조관찰(SEM)을 통한 취반 시 쌀알의 변화이다.

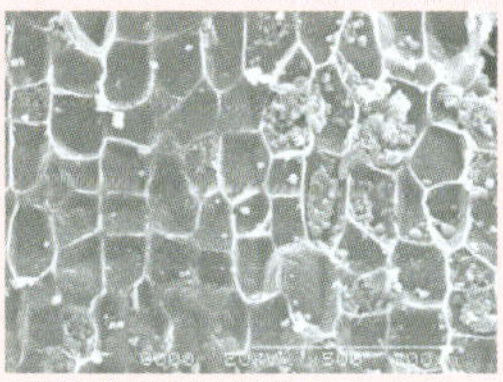

❶ 압력밥솥에 취반시작 5분 후 쌀 표면

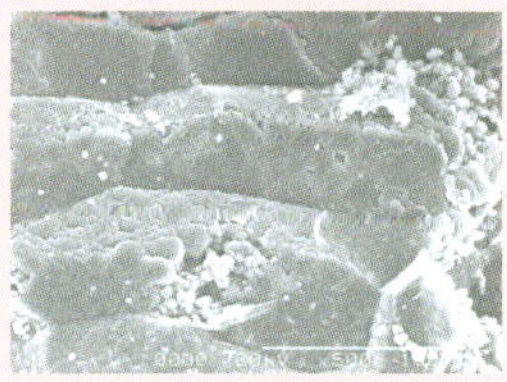

❷ 압력밥솥에 취반시작 5분 후 쌀 단면

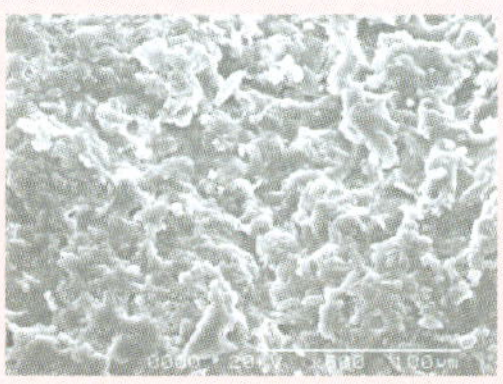

❸ 압력밥솥에 취반시작 25분 후 쌀 표면

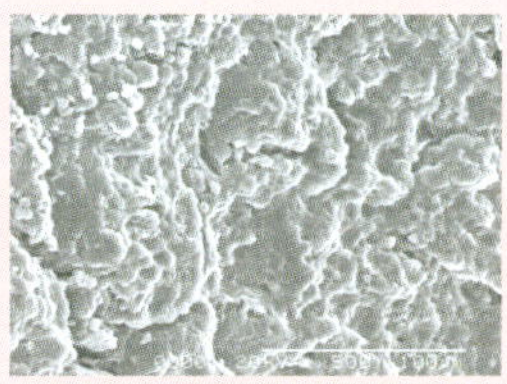

❹ 압력밥솥에 취반시작 25분 후 쌀 단면

출처 : 김우종(2009), 취반기의 가열방식에 따른 밥의 품질향상, 서울산업대학교 산업대학원 석사학위논문.

Q_ 다 뜸들인 밥을 바로 질 섞어 두는 것은 왜일까?

A_ 밥은 갓 지으면 뚜걱거리며 설익는다. 그래서 불을 끄고 뜸들이고 있는 동안 여열로 천천히 익힌다. 이 과정을 지나 밥이 부드러워지고 밥맛이 좋아지게 되는데, 뜸들이는 동안 표면에 맺힌 여분의 수분은 다된 밥에 떨어지거나 흡수되어진다. 그래서 뚜껑을 덮은 채 오랫동안 그대로 두면 온도가 떨어져 밥의 표면에 물방울이 맺혀 이 수분기를 날려버리기 위해 뜸들이자마자 뚜껑을 열어 잘 섞을 필요가 있는 것이다.

3) 전분의 노화

노화
retrogradation

호화된 전분을 상온에 방치하거나 냉각시키면 흩어진 전분분자들끼리 서로 수소결합에 의해 규칙적인 미셀구조를 다시 형성하여 결정성 영역이 생기는데, 이를 전분의 노화라 한다. 노화된 전분은 소화효소의 작용을 받기 어려워 소화가 잘 되지 않으며, 구조 내에 수분을 잃어 딱딱해지는 것을 볼 수 있다.

전분의 노화에는 전분 종류, 수분, 온도, pH 조건, 설탕 첨가 등에 의해 영향을 받으며, 이러한 조건을 조절함으로써 노화를 지연시킬 수 있다.

(1) 전분의 종류

아밀로오스는 직선상의 구조를 가지므로, 아밀로펙틴에 비해 노화가 잘 일어나므로 아밀로오스함량이 높은 멥쌀 제품(예 : 백설기)이 찹쌀 제품(예 : 인절미)보다 빨리 노화가 일어난다.

(2) 수분함량

호화전분은 수분함량이 60% 이상 또는 15% 이하이면 노화를 방지할 수 있으며, 특히 수분함량이 30~60%일 때 가장 쉽게 노화가 일어난다.

(3) 온도

보온밥통이나 밥보관용 온장고의 경우, 보온기능에서 60~70℃를 유지하여 따뜻하고 부드러운 호화전분 형태를 유지하도록 한다.

(4) pH

노화는 붕괴된 전분분자들의 수소결합에 의한 재배열로 나타나는 것이므로, 산성 조건에서 노화가 촉진된다.

(5) 설탕

설탕은 흡습성이 좋아 호화전분의 수분과 설탕이 결합하므로 노화를 지연시킨다.

Q_ 밥 지을 때 식초를 넣으면 밥이 쉽게 쉬지 않는 이유는?

A_ 밥을 지을 때 식초를 넣으면 식초의 성분인 유기산이 잡균증식을 억제한다. 식초향이나 신맛이 날까 걱정하지만, 쌀 3컵에 식초 1큰술 정도는 밥을 지었을 때 그다지 영향을 주지 않으므로 좋다. 한여름이나 야외도시락을 쌀 때 활용하면 좋다.

4) 전분의 겔화

호화전분을 급속히 냉각시키면 단단하게 굳는 현상을 겔화라 한다. 겔화는 아밀로오스함량이 높은 전분이 잘 되며 메밀, 녹두, 도토리, 동부 등의 전분이 겔화가 잘 된다. 이에 반해, 고구마나 감자전분은 겔화가 잘 일어나지 않는다. 이러한 점을 이용하여 메밀묵, 청포묵, 도토리묵 등 다양한 묵을 만들 수 있다.

겔화
gelation

5) 전분의 호정화

호정화
dextrinization

전분에 물을 가하지 않고 160~180℃로 가열하면 전분분자 내의 글리코시드성 결합이 끊어져 가용성의 덱스트린을 형성하는데 이를 전분의 호정화라 한다. 호정화 된 전분은 화학적으로 분해된 상태이므로 용해성이 증가하고 점성이 낮아진다. 구운 식빵의 표면, 뻥튀기, 미숫가루, 누룽지 등은 대표적인 호정화 식품이라 할 수 있다.

글리코시드(glycosidic linkage)성 결합
수산기(-OH) 부분을 기준으로 두 개의 당이 결합하는 것

Q_ 호화 vs 노화?

A_

호화(α화전분)
전분에 수분이 침투하여 팽윤, 가열하면 아밀로오즈와 아밀로펙틴 구조가 깨지면서 전분용액의 점성 증가·농후화된다.

노화(β화전분)
호화된 전분을 냉각하면 아밀로오즈분자가 주변의 입자와 수소결합 형성하면서 밀도가 단단한 결정성 영역이 형성된다.

03 곡류의 조리

1) 밥

밥은 오랜 세월동안 우리 식생활에서 주식으로 자리잡고 있으며, 쌀에 물을 넣고 가열하여 전분을 호화시킨 대표적인 음식 중 하나이다. 잘 된 밥은 쌀알의 모양이 그대로 유지되면서 표면 입자가 붕괴되어 생기는 끈적임 없이 윤기가 흐르며 탄력 있는 것으로, 쌀알의 중심까지 호화가 고르게 되고 쌀알 표면의 수분이 중심까지 고르게 흡수된 것이라 할 수 있다.

밥은 첨가하는 재료에 따라 다양하게 부르는데, 쌀밥은 멥쌀, 찹쌀, 현미를 이용하며, 잡곡밥을 보리, 조, 차조, 기장 등을 멥쌀과 혼합하여 짓는다. 두류를 첨가한 밥은 검정콩, 청태, 완두, 강낭콩, 팥 등을 멥쌀과 혼합하여 짓는데, 말린 두류를 이용할 경우에는 미리 물에 불리거나 삶아서 사용한다. 팥을 이용한 밥 중 홍반(紅飯)이라는 것이 있는데, 이는 팥 삶은 물로 밥을 지어 붉게 만든 밥으로 임금님 수라상에 사용되었다. 서류를 이용하는 경우는 고구마나 감자를 조나 멥쌀 등과 혼합하여 밥을 지으며 말린 고구마를 넣어 지은 밥을 저미반이라고도 한다. 이외에도 채소를 넣은 밥(콩나물밥, 무밥, 비빔밥, 나물밥 등)과 오곡밥, 버섯밥, 해물밥 등이 있다.

표 2.3 밥의 종류

분 류	종 류	재 료
쌀 밥	백미밥	멥쌀
	현미밥	현미, 현미+멥쌀
	찰 밥	찹쌀, 찹쌀+멥쌀
잡곡밥	보리밥	보리, 보리+멥쌀
	조 밥	조+멥쌀
	차조밥	차조+멥쌀
	기장밥	기장+멥쌀
두류를 첨가한 밥	콩 밥	검정콩+멥쌀, 청태+멥쌀, 완두+멥쌀, 강낭콩+멥쌀 등
	팥 밥	팥+멥쌀, 팥+찹쌀

분 류	종 류	재 료
서류를 첨가한 밥	고구마밥	고구마 + 잡곡(조, 차조 등) 말린 고구마 + 잡곡(조, 차조 등)
	감자밥	감자 + 멥쌀
기 타	밤 밥	밤 + 멥쌀, 황률 + 멥쌀
	오곡밥	찹쌀 + 차수수 + 검정콩 + 차조 + 팥
	채소밥	무+멥쌀, 콩나물 + 멥쌀, 산나물 + 멥쌀, 김치 + 멥쌀
	버섯밥	버섯(송이버섯, 표고버섯 등) + 멥쌀

일반적으로 밥 짓기는 세척한 쌀을 물에 불려 가열하는 취반과정을 거치게 되며 쌀의 품종, 건조상태, 물의 종류, 밥 짓는 용기 등은 밥맛에 영향을 준다.

(1) 밥 짓는 과정

1 세척

멥쌀은 손으로 가볍게 비벼 찬물에 세 번 정도 씻어주는데, 세척과정 중 10% 정도의 수분을 흡수한다. 쌀을 씻을 때 너무 강하게 문지르면 쌀알이 깨져 밥이 질어질 수 있으므로 주의한다. 씻는 물에 1분 이상 담그면 쌀겨 냄새가 쌀알로 흡입되어 씻어도 제거되지 않고 밥에서 불쾌한 냄새가 날 수 있어 재빨리 휘저어 씻는다.

2 불림

씻은 쌀은 여름에 30분, 겨울에는 90분 정도 수침해 주면 물이 배유층으로 흡수되어 전분입자가 수화되게 된다. 즉 물의 흡수를 통해 전분을 구성하는 아밀로오스와 아밀로펙틴의 결합이 느슨하게 되며 쌀알은 팽창되게 된다. 이러한 과정은 가열 시의 호화를 촉진하게 된다. 흡수속도는 쌀의 건조상태, 온도 등에 영향을 받는데, 햅쌀의 경우 수분함량이 저장쌀에 비해 높기 때문에 수침하지 않아도 된다.

3 물의 양

밥물의 양은 쌀의 품종, 건조상태, 가열용기 등에 따라 달라지는데, 일반적으로 쌀 무게의 1.3배 정도의 물을 필요로 하며, 가열 중 증발량을 고려하여 쌀 무게의 1.4~1.5배의 물을 사용한다.

표 2.4 가열 시 쌀의 변화

구 분	내부온도(℃)	가열시간(분)	특 징
온도상승기	30~100	10~15	• 센불로 가열하며 온도상승에 따라 쌀의 수분흡수량이 급속히 증가한다. • 용기 안은 물의 대류현상이 활발하다가 쌀알의 수분흡수로 점차 쌀알의 움직임이 줄어든다.
비등유지기	100	5	• 밥물이 끓어넘치므로 중불로 줄인다. • 지속적인 온도상승과 수분흡수로 용기 내 물이 거의 없어지고 전분의 호화가 진행된다. • 쌀의 움직임은 없어지며, 쌀알은 투명하고 점성을 갖게 된다.
뜸들이기	98~100	10~15	• 불을 약불 또는 끈 상태로 하여 쌀알 중심부까지 완전히 호화되도록 한다. • 쌀 표면의 수분이 완전히 흡수된다. 그러나 이 과정이 길어지면 내부온도가 저하되면서 표면에 응결수가 생겨 밥이 서로 뭉치고 밥맛이 저하된다. 그러므로 뜸들이기 직후 밥을 가볍게 뒤섞어 응결을 방지한다.

④ 가열

가열온도와 가열시간 조절은 밥맛과 밥의 질감에 큰 영향을 준다. 가열온도는 쌀의 호화 진행에 따라 센불 - 중불 - 약불로 조절하며, 온도변화에 따른 특징은 온도상승기 - 비등유지기 - 뜸들이기로 구분할 수 있다.

(2) 밥맛에 영향을 주는 요인

① 쌀의 품종

인디카형은 자포니카형에 비해 배유층의 세포벽이 두터워 전분호화 시 배유세포벽의 붕괴가 일어나지 않아 배유입자(전분입자)가 그대로 유지되며 세포 내 호화가 충분히 일어나지 않으므로 밥을 지으면 끈기가 적게 나타난다. 때문에 동남아시아 등지의 인디카형 쌀은 볶음밥을 하면 밥알이 서로 잘 떨어져 끈기 있는 자포니카형보다 더 좋다.

② 건조상태

햅쌀은 저장쌀(묵은쌀)에 비해 수분함량이 높고 가용성 맛 성분과 당류가 많아 맛이 좋다. 반면에, 저장기간이 길어질수록 수분함량이 낮아져 수침 시 갑자기 수분을 흡수하여 조직이 갈라져 호화 시 쌀알이 깨지거나 전분입자가 흘러나올 수 있어 밥의 질감이 나빠진다. 또한 저장기간이 길어짐에 따라 쌀의 지방산이 산화되어 알데히드류를 만들어 휘발성 향기 성분을 만들어 불쾌취를 나타내기도 한다.

3 밥물의 pH

밥물은 pH 7~8 정도일 때 밥의 맛과 외관이 좋으며, 산성일 때는 호화를 저해하므로 밥맛과 질감이 떨어진다.

4 밥 짓는 용기

용기는 뚜껑이 반드시 있으며, 재질은 두껍고 무거운 무쇠나 곱돌 등이 좋은데, 이들은 열전도율이 낮고 열용량이 커서 서서히 데워지고 식는 것이 특징이다. 밥을 지을 때 뚜껑을 닫으면 내부 수분손실을 막아주고 내부압력을 높일 수 있어 비등점을 높여주므로 쌀의 호화를 돕는다.

2) 죽

죽은 쌀이나 곡류 낟알의 형태에 따라 옹근죽, 원미죽, 무리죽, 암죽 등으로 분류된다. 특히 암죽은 말린 곡류나 말린 백설기를 빻아 물을 넣고 끓인 것으로, 부드럽고 씹지 않아도 소화가 잘 되기 때문에 초기 이유식이나 노인식, 환자식으로 사용되기도 한다. 죽으로 사용되는 곡류는 쌀, 찹쌀, 메조, 차조 등이며, 견과류(밤, 황률, 잣)나 깨를 이용한 죽의 경우 쌀가루를 충분히 호화시킨 후 갈아서 넣는다. 일반적으로 죽을 쑬 때 물의 양은 쌀 부피의 5배를 넣는데, 혼합하는 재료에 따라 물의 양은 달라질 수 있다.

표 2.5 곡류 가공에 따른 죽의 분류

분 류	특 성
옹근죽	쌀알 그대로를 쌀 분량의 3~5배 정도 물을 넣고 끓인다.
원미죽	쌀을 굵게 갈아서 끓인다.
무리죽	쌀알을 곱게 갈아서 끓인다.
암 죽	말린 곡류를 가루로 만들어 물을 넣고 끓인다.
응 이	곡류를 갈아 앙금(전분)을 만든 후 물을 넣고 끓인다.
미 음	곡물의 10배 정도 물을 넣고 낟알이 뭉그러질 정도로 끓여 체에 받쳐 국물만 낸다.

Q_ 쌀통에 벌레가 생기지 않게 보관하려면?

A_ 쌀의 보관장소는 바람이 잘 통하고 차갑고 어두운 곳이 좋으며, 고온다습한 곳은 벌레가 생기기 쉽다. 가장 좋은 것은 밀폐용기나 페트병에 넣어서 냉장고에 넣는 것이 좋다.

3) 떡

익반죽
끓는 물로 쌀가루를 반죽하는 방법으로 반죽의 일부를 호화시켜 줌

떡은 제조공정에 따라 찌는 떡, 치는 떡, 삶는 떡, 지지는 떡으로 분류된다. 찌는 떡(증병)은 쌀가루에 물을 내려 찐 것으로 팥시루떡, 두텁떡, 백설기 등이 있으며, 치는 떡(도병)은 쌀가루를 쪄서 안반이나 돌절구에 쳐서 만드는 것으로 인절미, 절편, 개피떡 등이 있다. 삶는 떡(빚는 떡)은 쌀가루를 익반죽하여 둥글게 성형 후 삶거나 찌는 것으로 송편, 단자, 경단 등이 있다. 지지는 떡(유전병)은 익반죽하여 성형한 모형을 지지는 것으로 수수부꾸미, 주악, 화전 등이 있다. 약식의 경우 찹쌀밥에 밤, 대추 등의 재료를 넣어 찌기 때문에 떡으로 분류된다.

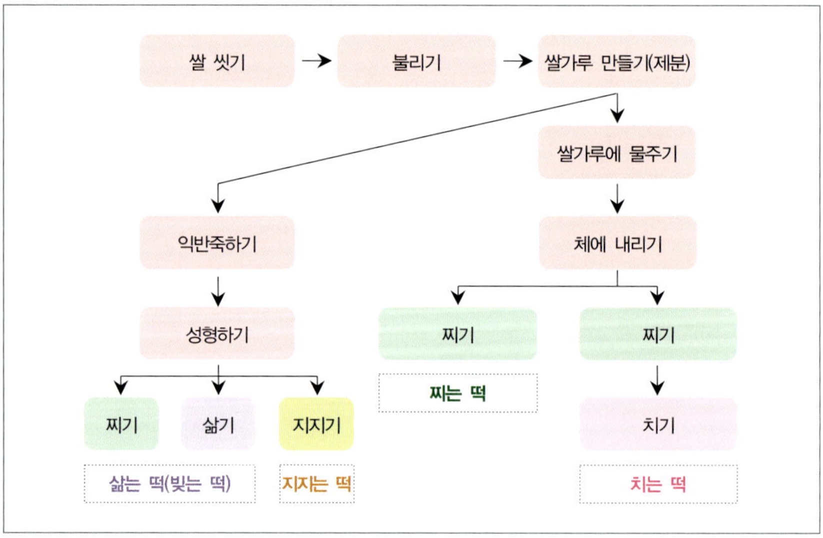

그림 2.3 제조공정에 따른 떡의 분류

【실험】 물의 온도에 따른 쌀가루 반죽의 영향

실험재료

멥쌀가루(½C × 2set)
찹쌀가루(½C × 2set)
뜨거운물
찬물

실험기구

전자저울
볼 8개
냄비 4개
체
찜통

1 실험 목적

찹쌀가루와 멥쌀가루에 첨가하는 물의 온도에 따른 반죽의 성상을 비교하고 그 특성을 이해한다.

2 실험 방법

재료준비

찹쌀가루 2set(뜨거운물, 찬물) ↙ ↘ 멥쌀가루 2set(뜨거운물, 찬물)

반죽 / 반죽 (물의 첨가량, 반죽온도와 중량 측정)

↘ ↙

경단 빚기 — 지름 1cm 크기, 중량 측정

↓

끓는 물에 삶기 — 삶는 시간 측정

↓

찬물에 헹구기 — 체에서 물기 제거

↓

측정하기 — 중량 측정

3 실험 결과

시 료	반죽 시 물 첨가량 / 중량	삶기 전 / 후 중량	삶는 시간	외 관	조직감
A(찹쌀가루 + 뜨거운물)	/	/			
B(찹쌀가루 + 찬물)	/	/			
C(멥쌀가루 + 뜨거운물)	/	/			
D(멥쌀가루 + 찬물)	/	/			

단원정리

1 곡류의 분류 및 종류

- 곡류는 쌀, 맥류(밀, 보리, 호밀, 귀리 등), 잡곡(옥수수, 조, 차조, 수수, 기장, 메밀 등)으로 분류된다.
- 쌀은 점성에 따라 멥쌀과 찹쌀로 분류할 수 있으며, 지리적 분포 중심지를 고려하여 일본형(자포니카형), 자바형(자바니카형), 인도형(인디카형)으로 구분된다.

2 전분의 구조

- 전분입자는 아밀로오스와 같이 α-1,4결합으로 이루어진 결정영역과 α-1,6결합의 가지를 친 구조를 갖는 비결정영역으로 구성되어 있으며, 규칙적 분자배열을 갖는 미셀구조를 가진다.

3 가열 시 전분의 조리원리

- 전분의 호화 : 생전분에 물을 넣고 가열하면 전분입자가 급속히 팽윤하면서 전분입자 내 아밀로오스와 아밀로펙틴 구조가 끊어져 입자 밖으로 흘러나와 점도가 급속히 상승하고 점차 투명해지면서 콜로이드용액을 형성하게 되는 현상이다.
- 전분의 노화 : 호화된 전분을 상온에 방치하거나 냉각시키면 흩어진 전분분자들끼리 서로 수소결합에 의해 규칙적인 미셀구조를 다시 형성하여 결정성 영역이 생겨 딱딱해지는 현상이다.
- 전분의 겔화 : 호화전분을 급속히 냉각시키면 용출되어 흩어진 아밀로오스가 서로 수소결합으로 모이고, 여기에 가지구조를 가진 아밀로펙틴과 물분자를 사이에 두고 결합하게 되어 굳는 현상이다.
- 전분의 호정화 : 전분에 물을 가하지 않고 160~180℃로 가열하면, 전분분자 내의 글리코시드 결합이 끊어져 가용성의 덱스트린을 형성하는 현상이다.

4 곡류의 조리

- 밥 : 밥 짓기는 세척한 쌀을 물에 불려 가열하는 취반과정을 거치게 되며 쌀의 품종, 건조상태, 물의 종류, 밥 짓는 용기의 종류 등에 의해 밥맛이 영향을 받는다.
- 죽 : 쌀 부피의 5배 물을 넣고 가열하여 전분을 호화시키는 조리법으로, 사용하는 곡류의 낟알 형태에 따라 옹근죽, 원미죽, 무리죽, 암죽 등으로 분류된다.
- 떡 : 만드는 방법에 따라 찌는 떡, 치는 떡, 삶는 떡, 지지는 떡으로 분류된다.

단원종합문제

1 우리가 주식으로 먹는 쌀은 형태적 · 생리적 특성에 따라 크게 3가지로 분류하여, 지리적 분포지에 따라 일본형, 자바형, 인도형으로 명명하고 있다. 이들 중 쌀알의 모양과 밥을 지었을 때 큰 차이를 나타내는 두 가지 품종을 선택하여 쌀알의 형태와 밥을 지었을 때 특징에 대해 설명하시오.

2 곡류를 구성하고 있는 주성분인 전분의 구조에 대해 설명하시오.

3 쌀은 점성에 따라 찹쌀과 멥쌀로 구분되는데, 각각의 쌀을 이용하여 떡을 했을 때 나타날 수 있는 차이점과 이들이 갖는 성분의 차이를 가지고 설명하시오.

4 우리가 즐겨먹는 중국음식 중 탕수육은 전분 사용한 걸쭉한 소스를 얹어 먹는 요리이다. 전분, 식초, 설탕을 이용하여 탕수육소스를 만들려고 할 때 전분의 호화성을 고려하여 소스를 만드는 방법과, 식초와 설탕을 넣는 순서에 대해 설명하시오.

5 멥쌀을 이용하여 백설기를 만들었을 때 쉽게 노화가 되어 하루 이상 상온에 저장하여 먹기 힘들다. 이러한 문제를 해결하기 위해 첨가할 수 있는 첨가물을 쓰고 이유를 설명하시오.

6 누룽지는 물을 넣고 끓여도 점성이 나타나지 않는다. 이러한 이유에 대해 설명하시오.

7 밥 짓기를 할 때 나타나는 쌀을 미리 물에 담가 수침하는 것이, 밥을 지을 때 어떤 영향을 줄 수 있는지 설명하시오.

8 밥을 짓기 위해 가열할 때는 불의 세기를 조절할 때 같은 쌀로 조리하여도 밥 짓는 방법에 따라 밥맛이 달라진다. 동일품종의 쌀로 밥을 할 때 밥맛에 영향을 줄 수 있는 요인에 대해 서술하시오.

9 죽은 전분의 호화를 이용한 대표적인 음식으로 비교적 천천히 식는 것이 특징이다. 이러한 이유에 대해 설명하시오.

10 떡은 제조공정에 따라 찌는 떡, 치는 떡, 삶는 떡, 지지는 떡으로 분류할 수 있는데, 이 중 삶는 떡과 지지는 떡은 익반죽을 하여 성형작업을 한다. 익반죽을 하는 방법과 익반죽을 통해 얻을 수 있는 장점을 서술하시오.

Cooking Principles & Experimental Cooking

03

CHAPTER 03

03 밀가루의 조리원리

소맥(小麥)이라고도 불리는 밀은 일부국가에서 주식으로 이용되는 농작물로 널리 재배되는 농작물 중 하나이다. 밀은 단단한 껍질을 갖지만, 배유조직이 단단하지 않아 탈곡 시 잘 부서져 주로 가루 형태로 만들어 사용한다. 밀은 달걀 모양을 하고 있지만 품종에 따라 길쭉한 모양을 갖기도 한다. 바깥의 외피는 제분 후 밀기울(껍질)로 제거되는 부분이다. 호분층은 외피 안쪽에 위치하는데, 제분 시 외피와 함께 제거되며 주로 우리가 식용하는 부분은 배유 부분이다.

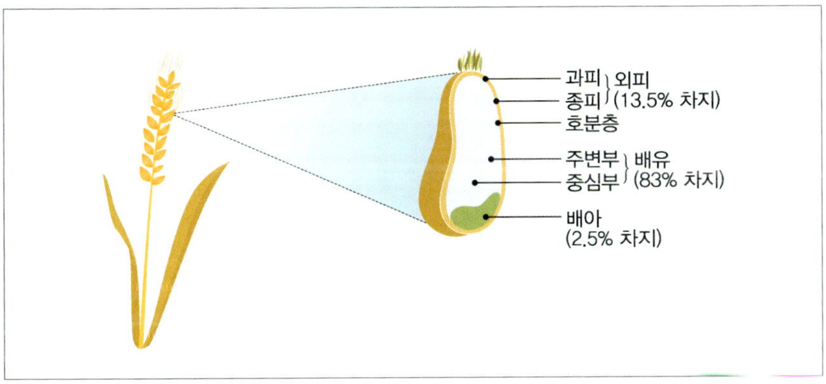

그림 3.1 밀의 구조

01 밀의 분류

건조하고 서늘한 지역에서 잘 자라는 밀은 전 세계적으로 재배가 가능하지만 미국,

캐나다, 아르헨티나 등에서 대규모 상업적 농업을 통해 주로 많이 생산되고 있다. 밀은 재배시기에 따라 겨울밀(연동밀)과 봄밀(경춘밀)로 구분되는데, 겨울밀은 낟알이 희고 부드러우며, 봄밀은 낟알이 붉고 단단한 것이 특징이다. 밀의 조직감은 단백질과 전분의 결합력에 따라 달라지는데, 조직감에 따라 경질밀과 연질밀로 구분할 수 있다. 경질밀은 조직이 단단하여 입자가 거친 밀가루를 형성하며, 연질밀은 조직이 부드러워 입자가 고운 밀가루를 형성한다.

경질밀 hard wheat

연질밀 soft wheat

표 3.1 밀의 분류

분류기준		특 징
재배시기	겨울밀	• 가을에 파종하여 그 다음해 초여름에 수확한다. • 단위면적 당 생산량이 많다. • 낟알의 색이 희고 부드러운 조직감을 갖는다.
	봄 밀	• 봄에 파종하여 그 해 가을에 수확한다. • 겨울밀에 비해 단위면적 당 생산량이 적다. • 낟알이 붉은색을 띠고 조직감이 단단하며 제빵성이 좋다.
조직감	경질밀	• 낟알이 작고 단백질함량이 높으며 배유조직이 단단하다. • 강력분의 원료로 사용된다.
	연질밀	• 연질밀은 낟알이 크고 단백질함량이 비교적 적으며 배유조직이 부드럽다. • 박력분의 원료로 사용된다.

02 밀가루의 종류

통밀가루 whole-wheat flour

스트레이트 밀가루 straight-grade flour

쇼트 페턴트 밀가루 short-patent flour

페턴트 밀가루 patent flour

밀가루는 제분율에 따라 통밀가루, 스트레이트 밀가루, 쇼트 페턴트 밀가루, 페턴트 밀가루 등으로 나눈다. 밀의 껍질 부분에는 회분함량이 높아 제분 시 껍질 부분이 혼입되면 밀가루 색의 명도가 떨어지고 글루텐 형성에 방해를 받아 제품 품질이 저하되게 된다. 이 때문에 회분함량에 따라 밀가루 등급이 정해지게 되는데, 1등급은 0.45% 이하, 2등급은 0.46~0.65%, 3등급은 0.6~1.0%를 기준으로 하고 있다. 밀가루를 이용한 제품의 품질에 가장 큰 영향을 주는 성분은 밀가루의 글루텐함량이라 할 수 있다. 밀가루는 글루텐함량에 따라 박력분, 중력분, 강력분으로 분류하며 경질밀과 연질밀을 적절히 혼합하여 제조한다.

글루텐함량이 가장 높은 강력분은 점탄성이 가장 강하여 주로 제빵용으로 많이 사용한다. 강력분보다 더 높은 단백질함량을 갖는 세몰리나는 듀럼밀을 원료로 하며 대표적으로 파스타 제조에 사용한다.

세몰리나
semolina

듀럼 밀
durum wheat

제분율
extraction rate

Q_ **제분율이란?**

A_ 제분율은 원료 밀의 중량에 대한 제분된 밀가루의 중량비이다.

- 통밀가루 : 제분율 90% 이상으로 껍질과 배아가 함께 섞여 있는 밀가루
- 스트레이트 밀가루 : 페턴트 밀가루와 첫 번째 롤을 통과하지 못한 껍질 부분의 약간 많은 클리어 밀가루를 혼합한 것으로 제분율 72%인 밀가루
- 쇼트 페텐트 밀가루 : 밀의 가장 중심부에서 얻을 수 있는 것으로 제분율 45% 이내의 밀가루
- 페턴트 밀가루 : 분쇄공정에서 처음 롤을 통과한 회분량이 가장 적은 최상급 밀가루

* 제분율이 높을수록 품질은 낮다.

표 3.2 밀가루의 종류와 용도

종 류	원 료	글루텐함량(%)		특 징	용 도
		건부량	습부량		
박력분	연질밀	8~9	19~25	전분함량이 비교적 높고 흡수율이 낮으며 탄력성과 점성이 약하다.	제과용, 튀김용
중력분	경질밀과 연질밀의 혼합	10	25~35	강력분과 박력분의 중간 형태로 면류 제조에 적합하다.	다목적용, 국수, 중화면, 만두피
강력분	경질밀	11 이상	35 이상	수분함량이 낮아 반죽 시 흡수율이 높으며 글루텐함량이 높아 점성과 탄력성이 강하다.	제빵용
세몰리나	듀럼밀	13 이상		카로티노이드 색소를 함유하여 노란 색을 띠며, 단백질과 회분함량이 높다.	마카로니, 파스타용, 플랫브레드

03 밀가루의 조리

밀가루를 이용하여 조리를 할 때는 밀가루와 액체 재료를 혼합하여 밀가루반죽을

만든 후 가열 조리하는데, 이때 밀가루와 액체 재료의 혼합비율에 따라 밀가루반죽은 도우와 배터로 구분된다. 도우는 밀가루반죽이 하나로 뭉쳐지는 정도의 물성을 나타내며 스콘, 패스트리, 파이, 발효빵 등의 반죽을 예로 들 수 있다. 배터는 흐름성이 있는 묽은 반죽으로 머핀, 팬케이크, 와플, 파운드케이크 등의 반죽이 여기에 속한다.

도우 dough

배터 batter

1) 글루텐 형성

글리아딘 gliadin

글루테닌 glutenin

밀가루반죽을 위해 물을 첨가하면 밀가루단백질인 글리아딘과 글루테닌은 물과 결합하여 3차원의 망상구조를 가진 글루텐을 형성한다. 글루텐은 글리아딘의 점성과 글루테닌의 탄성을 합친 점탄성을 갖게 되며, 가열했을 때 구조 내의 기체(공기나 가스)가 팽창하면 반죽이 부풀어 오르는 것을 가능하게 한다. 이때 밀가루 내 전분은 가열을 통해 호화되고 식으면서 겔화되어 부풀어 오른 구조를 고정하여 구조가 유지되도록 한다.

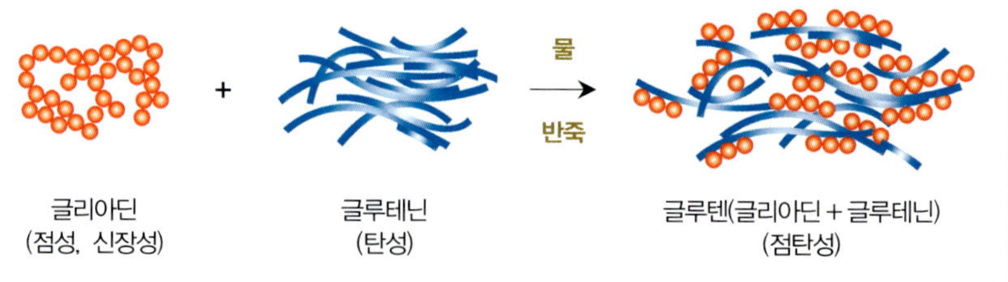

그림 3.2 글루텐 형성

Q_ 밀가루반죽 속 글루텐을 추출하는 방법은?

A_ 밥밀가루에 물을 넣고 반죽을 하면 끈적이는 점성과 길게 늘어나는 신장성, 늘어났다가 다시 원상태로 돌아가는 탄성을 갖게 된다. 이러한 성질은 밀가루반죽 내에 글루텐이 형성되었기 때문으로 우리는 쉽게 글루텐을 추출할 수 있다.
우선 밀가루반죽을 한 후 면포로 반죽을 싸서 흐르는 물에 전분이 완전히 씻어지도록 주무른다. 이렇게 하면 면포 안에는 옅은 회색빛을 띠는 글루텐(젖은 글루텐)만 남게 된다. 글루텐 추출실험 시 강력분을 이용하면 더 많은 양의 글루텐을 확인할 수 있다.

2) 글루텐 형성에 영향을 주는 요인

글루텐 형성은 밀가루 내 단백질함량 뿐만 아니라 반죽온도, 물리적 힘, 첨가재료 등에 의해서도 영향을 받는다.

(1) 밀가루의 종류

반죽 시 단백질함량이 많은 강력분을 사용하면 중력분이나 박력분을 사용할 때보다 강하고 질긴 반죽을 만들 수 있으나, 많은 글루텐을 형성하므로 단백질 수화를 위해 반죽 시 많은 양의 물을 필요로 한다. 밀의 종류도 글루텐 형성에 영향을 주는데, 연질밀은 밀가루 입자가 작아 경질밀보다 글루텐 형성이 쉽게 되지만 쉽게 붕괴되는 것이 특징이다.

(2) 물 첨가방법

물을 첨가할 때도 필요량의 물을 나누어 첨가하면 글루텐을 더 많이 형성할 수 있어 만두피, 수제비, 국수 등의 반죽을 할 때 효과적이다.

(3) 온도

반죽 시 온도는 글루텐 형성에 영향을 미치는데, 사용하는 물의 온도를 높이면 밀가루단백질의 수화가 잘 일어나 글루텐 형성에 도움을 준다.

(4) 반죽을 치대는 정도

글루텐은 반죽을 치대는 횟수가 늘어남에 따라 점차 더 많이 형성되어 점탄성이 상해진다. 그러니 너무 많이 치대면 글루텐이 매우 가늘고 길게 늘어나며 망상구조가 끊어져 반죽의 점탄성이 저하되고 반죽이 물러지게 된다. 그러므로 기계를 사용하여 반죽할 때는 반죽 정도를 확인하여 주의하도록 한다

(5) 첨가물의 종류

글루텐 형성은 반죽에 첨가하는 재료에 의해서도 영향을 받는다. 소금은 반죽의

신장성을 증가시켜 글루텐의 망상구조를 단단하게 하므로, 국수나 만두피 제조 시 필요하다. 달걀은 유화 성분이 있어 반죽 내 성분들이 잘 섞이게 하고, 가열 시 달걀단백질 응고에 의해 글루텐 구조가 잘 유지되도록 도와준다. 지방은 글루텐이 망상구조를 형성하는 것을 억제하여 반죽을 부드럽게 하고 글루텐 사이에 지방막을 형성하여 파이와 같은 켜를 만들기도 한다.

표 3.3 글루텐 형성에 영향을 주는 첨가물

종 류	작 용
소 금	밀가루 내 단백질 분해효소의 활성을 억제하고 글리아딘의 신장성을 증가시켜 글루텐의 망상구조를 단단하게 한다.
달 걀	가열 시 달걀단백질이 응고하여 팽창한 글루텐 구조가 잘 유지되도록 하고, 제품의 색과 풍미를 향상시켜 준다.
설 탕	글루텐 형성에 필요한 물을 설탕이 흡습하여 밀가루단백질의 수화를 감소시키기 때문에 글루텐 형성을 억제한다.
지 방	글루텐 표면을 둘러싸서 글루텐 망상구조 형성을 억제하기 때문에 반죽을 부드럽게 하며 가열 시 바삭한 질감을 준다.(연화작용)

연화작용
shortening

3) 팽창제

팽창제는 식품 내 다공질을 형성하여 가볍게 부풀도록 하는 물질로써 밀가루반죽에 첨가하면 조직을 부풀리고 스펀지와 같은 조직감을 만들어 준다. 팽창제의 종류로는 물리적 팽창제, 화학적 팽창제, 생화학적 팽창제가 있으며 공기, 증기, 탄산가스(CO_2) 등이 있다.

(1) 물리적 팽창제

반죽하는 동안 주입된 공기나 가열에 의해 반죽 내 수분증발로 생성된 수증기를 물리적 팽창제라 할 수 있으며, 이들은 가열 시 부피가 팽창하여 제품을 부풀리는 역할을 한다. 공기를 혼입시키는 방법은 밀가루를 체에 치거나 설탕과 지방을 섞는 크리밍, 크리밍한 것을 우유와 밀가루와 섞는 폴딩, 난백을 저어 거품을 내는 비팅 등이 있다.

크리밍
creaming

폴딩
folding

비팅
beating

표 3.4 물리적 팽창제의 종류

종 류	원 리	식품예
공 기	반죽을 젓거나 치대는 물리적 동작에 의해 공기가 혼입되어 가열 시 공기가 팽창하여 제품을 부풀게 한다.	엔젤케이크, 파운드케이크, 스펀지케이크
수증기	반죽 가열 시 반죽 내 수분증발로 인한 수증기압이나 유지층의 증기압에 의해 팽창한다.	플렛브레드, 패스트리, 비스킷

(2) 화학적 팽창제

화학적 팽창제는 반죽에 첨가 시 물과 반응하거나 가열에 의해 이산화탄소(CO_2)를 생성하는 팽창제로, 식소다와 베이킹파우더가 대표적이다.

식소다
baking soda

식소다(탄산수소나트륨)는 중조라고도 하는데, 가열 시 이산화탄소 생성으로 제품

표 3.5 화학적 팽창제의 화학반응 메커니즘

종 류		메커니즘
식소다 (중조, 탄산수소나트륨)		$2NaHCO_3 \xrightarrow{가열} H_2O + CO_2 + \underline{Na_2CO_3}$ 탄산수소나트륨 → 물 + 이산화탄소 + 탄산나트륨 $\underline{Na_2CO_3} + HA \xrightarrow{물} NaA + \underline{K_2CO_3}$ 탄산나트륨 + 산 → 염 + 탄산 K_2CO_3(탄산) ↓ $H_2O + CO_2$ 물 + 이산화탄소
베이킹파우더	단일반응 베이킹파우더	$NaHCO_3 + KHC_4H_4O_6 \xrightarrow{물} KNaC_4H_4O_6 + H_2O + CO_2$ 탄산수소나트륨 + 주석산수소칼륨 → 주석산나트륨칼륨염 + 물 + 이산화탄소
	이중반응 베이킹파우더	**1단계** $3CaH_4(PO_4)_2 + \underline{8NaHCO_3}$ 인산염 + 탄산수소나트륨 $\xrightarrow{물} Ca_3(PO_4)_2 + 4Na_2HPO_4 + 8H_2O + 8CO_2$ 인산칼슘 + 탄산수소나트륨 + 물 + 이산화탄소 **2단계** $Na_2SO_4Al_2(SO_4)_3 + 6H_2O$ 황산염 + 물 $\xrightarrow{가열} Na_2SO_4 + 2Al(OH)_3 + 3H_2SO_3$ 황산나트륨 + 수산화알루미늄 + 황산 ↓ 가열, + $6NaHCO_3$ (탄산수나트륨) $3NaSO_4 + 6H_2O + 6CO_2$ 황산나트륨 + 물 + 이산화탄소

을 팽창시키지만 탄산나트륨을 생성하여 씁쓸한 맛과 밀가루의 안토잔틴 색소를 누렇게 변화시켜 제품의 품질을 저하시킨다. 그러므로 알칼리성의 탄산나트륨을 중화시키기 위해 반죽에 유기산을 함유한 식초, 레몬즙, 막걸리, 사워밀크, 버터밀크 등의 산성물질을 첨가하여 사용한다.

사워밀크 sour milk

베이킹파우더는 식소다의 단점을 보완하기 위해 식소다에 산성제와 전분을 혼합한 것이다. 전분은 혼합물 내에서 산성제와 알칼리물질이 쉽게 반응하는 것을 방지하는 역할을 한다. 베이킹파우더는 이산화탄소 발생 단계에 따라 단일반응 베이킹파우더와 이중반응 베이킹파우더가 있다. 단일반응 베이킹파우더는 주로 주석산염이나 인산염을 산성제로 첨가한 것으로, 반죽 시 물이 닿으면 바로 반응하여 이산화탄소를 발생한다. 이중반응 베이킹파우더는 반죽 시 물과 반응했을 때와 가열 시 이산화탄소가 발생하므로 부피팽창에 더욱 효과적이라 할 수 있다. 산성제로는 주로 인산염과 황산염을 함께 사용한다.

베이킹파우더 baking powder

단일반응 베이킹파우더 single acting baking powder

이중반응 베이킹파우더 double acting baking powder

(3) 생화학적 팽창제

대표적인 생화학적 팽창제인 효모는 사카로마이세스 세레비제로 포도당, 과당, 맥아당을 영양물질로 하여 30~35℃ 온도에서 잘 증식한다. 반죽 내에서 효모는 반죽 중의 전분 분해효소(아밀라아제)에 의해 생성된 포도당이나 맥아당, 첨가된 설탕이 분해되어 생성한 포도당과 과당을 영양물질로 하여 증식하면서 이산화탄소(CO_2)와 알코올을 만들어 가열 시 조직을 부풀게 하고 독특한 풍미를 형성한다. 반죽을 할 때 설탕이나 소금을 과량 첨가하면 삼투압현상에 의해 효모는 탈수되어 증식하지 않

효모 yeast

사카로마이세스 세레비제 *Saccharomyces cerevisiae*

표 3.6 빵 효모의 종류

종 류	특 징
압착효모	• 효모를 상업적으로 증식하여 전분과 혼합하여 압착한 것으로, 수분함량이 65~75% 정도 높아서 부패방지를 위해 냉장 저장을 한다. • 사용 시 소량의 따뜻한 물(35~38℃)에 녹여서 반죽에 첨가한다.
건조효모	• 상업적으로 증식하여 탈수 후 수분함량 8% 정도로 건조하였기 때문에 유통기한이 길고 상온보관이 가능하다는 장점이 있다. • 사용 시 압착효모 사용 수온보다 높은 물(40℃)에 녹여서 반죽에 첨가한다.
속성팽창 건조효모	• 일반 재래종보다 빨리 증식하는 새로운 효모로, 재수화성이 좋아 그대로 반죽에 사용이 가능하다.

압착효모 compressed yeast

건조효모 dry yeast

속성팽창 건조효모 quick-rise dry yeast

고 죽게 되므로, 적절한 양의 설탕과 소금을 첨가하는 것이 중요하다. 효모는 특징에 따라 압착효모, 건조효모, 속성팽창 건조효모로 분류할 수 있다.

4) 밀가루를 이용한 제품

밀가루를 주재료로 사용하는 제품에는 국수나 만두피와 같이 팽창제를 이용하지 않는 것과 찐빵, 핫케이크, 머핀과 같이 팽창제를 이용하는 것이 있으며, 발효빵과 같이 효모를 이용하여 팽창시키는 것도 있다.

(1) 국수류

밀가루국수는 밀가루를 주원료로 하여 물(30~35%)과 소금(2%)을 넣어 반숙 후 실게 성형하는데, 소금은 밀가루단백질의 신장성을 증가시켜 잘 늘어나게 하고 미생물 생육을 조절하여 저장성을 좋게 하는 효과를 나타낸다. 중화면은 탄산나트륨, 탄산칼슘, 인산염류를 주성분으로 하는 알칼리성의 경수를 1~2% 첨가한다. 경수는 면의 탄력성과 신장성을 더욱 좋게 하여 면이 길게 늘어나게 하고, 면의 색이 황색을 띠게 하며 단백질을 부분적으로 변화시켜 특유의 풍미를 나타내게 한다.

국수를 삶을 때는 6~7배의 물을 넣고 단시간 삶은 후 찬물에 씻어주는데, 이는 국수 표면의 호화전분을 씻어내고 차가운 온도에 의해 표면을 노화시킴으로써 국수들이 서로 붙지 않고 더 이상의 수분이 흡수되지 않게 하여 품질저하를 막을 수 있다.

Q_ 국수를 삶는 물이 넘치지 않게 한 컵의 찬물을 넣는 이유는?

A_ 국수를 삶으면 전분이 물에 녹아나와 옅은 현탁액을 형성하면서 물의 표면장력이 약해져 거품이 생긴다. 때문에 국수 삶는 물은 끓어 넘치고 국수는 익지 않을 수 있다. 그러므로 국수 삶을 때 찬물을 한 컵 넣어주면 삶는 물의 온도가 내려가면서 거품은 가라앉고 국수 표면은 잠깐 식어 표면이 과호화되지 않아 매끈하고 속까지 잘 익게 된다. 이처럼 찬물을 넣으면 거품이 가라앉으므로 그 물을 충격수라고 한다.

충격수
shocking water

(2) 빵류

빵은 밀가루에 우유, 버터, 달걀 등의 부재료를 넣고 반죽하여 굽거나 쪄서 만드는데, 빵 반죽 시 물, 우유, 달걀 등의 액체 재료는 글루텐 형성이 일어나게 하여 구웠을 때 팽창하여 스펀지와 같은 구조를 만들어 다른 곡류제품과 다른 폭신폭신하고 부드러운 독특한 조직감을 형성한다. 빵 반죽에 첨가되는 소금, 유지, 설탕, 달걀 등의 다양한 재료들의 역할은 표 3.7과 같다.

표 3.7 빵 반죽에 사용되는 부재료의 역할

재 료	역 할	재 료	역 할
우 유	• 수분공급으로 밀가루단백질을 수화시키고 영양성을 향상시킨다. • 빵의 부드러운 조직감 형성과 구웠을 때 빵 껍질을 갈색화하고 풍미를 향상시킨다.	설 탕	• 빵에 단맛을 부여한다. • 발효 시 효모의 영양분으로 사용되어 발효를 돕는다. • 조직을 촉촉하게 하고 저장기간을 향상시킨다. • 구웠을 때 빵 껍질을 갈색화 한다.
달 걀	• 수분공급으로 밀가루단백질을 수화시키고 영양성을 향상시킨다. • 달걀흰자는 부피팽창과 구조형성을 돕는다. • 달걀노른자는 유화제 역할을 하여 재료가 잘 섞이도록 한다.	소 금	• 빵의 풍미를 향상시키고 발효속도를 조절한다. • 글루텐을 강화시켜 반죽을 단단하게 한다. • 제품의 저장기간을 향상시킨다.
유 지	• 글루텐을 연화하여 부드러운 질감과 풍미를 형성한다. • 구웠을 때 바삭바삭한 질감을 형성한다.	팽창제	• 부피 증가에 기여한다. • 빵의 조직감을 부드럽게 하고, 독특한 풍미를 형성한다.

빵은 이산화탄소를 발생시키는 팽창제의 종류에 따라 발효빵과 속성빵으로 구분한다.

발효빵(효모빵) yeast bread

속성빵 quick bread

표 3.8 빵의 분류

분 류	팽창제	식품 예
발효빵(효모빵)	효 모	식빵, 모닝롤, 하드롤, 소프트롤, 치아바타, 데니쉬 페스트리
속성빵	공기, 수증기	엔젤케이크, 스펀지케이크, 팝오버, 패스트리
	베이킹파우더	와플, 머핀, 핫케이크, 비스킷, 스콘

1 발효빵(효모빵)

효모를 사용하여 발효시킨 발효빵은 효모빵이라고도 하는데, 반죽방법에 따라 크게 직접 반죽법과 스펀지법으로 나눈다. 직접 반죽법은 재료를 한꺼번에 혼합하여 발효시키기 때문에 시간과 노력이 적게 들고 향기가 좋아 많이 사용하는 방법이다. 스펀지법은 분량의 1/3~1/2 정도의 밀가루에 설탕과 효모를 넣고 1차 발효한 후 나머지 재료를 혼합하여 2차 발효시키는 방법으로, 시간과 노력이 많이 들지만 효모가 절약되고 조직이 가볍고 부드러운 빵을 얻을 수 있다.

직접 반죽법
straight dough method
스펀지법
sponge dough method

2 속성빵

속성빵은 공기나 수증기, 베이킹파우더를 이용하여 재빨리 팽창시켜 만드는 빵으로 스펀지케이크, 팝오버, 비스킷, 와플, 머핀, 핫케이크 등이 있다.

속성빵
quick bread

스펀지케이크는 거품을 낸 달걀흰자를 팽창제로 이용하여 조직을 스펀지상으로 팽창시킨 제품이며, 팝오버는 날살을 많이 사용하여 반죽을 무르게 하여 가열 시 발생하는 수증기에 의해 부풀게 하기 때문에 가열온도에 따라 품질이 달라진다.

패스트리는 반죽 내에 지방층을 형성시켜 구웠을 때 수분이 수증기로 증발하면서 바삭바삭한 얇은 층을 형성하고 특유의 풍미를 나타내는 것이 특징이다.

3 루

루는 팬에 버터를 녹여 밀가루를 볶은 것으로, 볶는 정도에 따라 화이트 루와 브라운 루로 크게 구분할 수 있다. 화이트 루는 우유를 첨가한 베사멜소스를 만들 때 사용되며, 브라운 루는 브라운소스나 스튜를 만들 때 사용된다. 브라운 루는 화이트 루보다 볶는 온도가 높아 전분의 호정화가 일어나므로 화이트 루보다 점도가 낮고 메일라드반응에 의해 갈색을 띠어 특유의 색과 풍미를 나타낸다.

루
Roux
베사멜소스
Bechamel Sauce

04 밀가루의 저장

밀은 약 1.8%의 지질을 함유하고 있어 보관 중 산패되기가 쉽다. 더욱이 밀가루는 지방분해 효소인 리파아제를 함유하고 있어 지방을 산패하여 불쾌한 맛과 향을 만들 수 있다. 그러므로 지방의 산패를 방지하기 위해 저온 저장하는 것이 바람직하다.

리파아제
lipase

【실험】 밀가루 종류에 따른 글루텐 함량의 비교

실험재료

강력분 50g
박력분 50g
버터 15g
중력분 200g(50g × 4)
설탕 15g
소금

실험기구

전자저울
메스실린더
비커
행주
고운 체

1 실험 목적

밀가루 종류에 따라 글루텐함량을 측정하고 소금, 지방, 설탕을 넣어 채취한 글루텐과의 차이를 알아본다.

2 실험 방법

- 시료A : 중력분 50g + 5% 소금용액 25㎖
- 시료B : 중력분 50g + 버터 15g + 물 13㎖
- 시료C : 중력분 50g + 설탕 15g + 물 19㎖
- 시료D : 강력분 50g + 25㎖
- 시료E : 중력분 50g + 25㎖
- 시료F : 박력분 50g + 25㎖

재료준비	시료 A, B, C, D, E, F를 준비
↓	
반죽하기(70time)	치대는 횟수는 70회로 동일(동그란 모양)
↓	
방치(30min)	30분 젖은 헝겊 덮기
↓	
반죽싸기	무게를 측정한 후 젖은 행주로 싸기
↓	
수침(10min)	10분간 물에 담그기
↓	
씻기	행주에 싼 채로 흐르는 물에서 맑은 물이 나올 때까지 전분을 제거
↓	
측정	젖은 글루텐 무게 = (젖은 행주 무게+젖은 글루텐 무게) – 젖은 행주 무게
↓	
굽기(250℃, 20min)	250℃ 오븐에서 20분(젖은 글루텐만 행주에서 제거 후)
↓	
측정	마른 글루텐 무게

3 실험 결과

재 료		중량(g)	습부율(%) *	건부율(%)
밀가루 종류	강력분(D)			
	중력분(E)			
	박력분(F)			

재 료		중량(g)	습부율(%)	건부율(%)
첨가물	소금(A)			
	버터(B)			
	설탕(C)			

$$* \text{ 건(습)부율(\%)} = \frac{\text{마른(젖은) 글루텐의 중량(g)}}{\text{밀가루의 중량(g)}} \times 100$$

단원정리

1 밀의 분류
- 재배시기에 따라 낟알이 희고 부드러운 겨울밀과, 낟알이 붉고 단단한 봄밀로 분류된다.
- 밀의 조직감에 따라 조직감이 단단하고 입자가 거친 경질밀과, 조직감이 부드럽고 입자가 고운 연질밀로 분류된다.

2 밀가루의 종류
- 제분율에 따라 통밀가루(whole-wheat flour), 스트레이트 밀가루(straight-grade flour), 쇼트 페턴트 밀가루(short-patent flour), 페턴트 밀가루(patent flour) 등으로 나뉜다.
- 글루텐 함량에 따라 박력분, 중력분, 강력분으로 분류된다.

3 밀가루의 조리
- 밀가루에 물을 첨가하여 반죽하면, 밀가루 단백질인 글리아딘과 글루테닌은 물과 결합하여 3차원의 망상구조를 가진 글루텐을 형성한다.
- 글루텐 형성은 밀가루 내 단백질함량 뿐만 아니라 반죽온도, 물리적 힘, 첨가재료 등에 의해서도 영향을 받는다.
- 밀가루 제품의 조직팽창을 위해 사용하는 팽창제는 물리적 팽창제(공기, 수증기)와 화학적 팽창제(식소다, 베이킹파우더), 생화학적 팽창제(효모)가 있다.
- 베이킹파우더는 식소다가 갖는 문제를 해결하기 위해 산성물질(산성제)을 첨가한 제품이다.
  - 단일반응 베이킹파우더 : 주석산염이나 인산염을 산성제로 첨가한 것으로, 반죽 시 물이 닿으면 바로 반응하여 이산화탄소를 발생한다.
  - 이중반응 베이킹파우더 : 주로 인산염과 황산염을 산성물질로 함께 사용하며, 반죽 시 물과 반응했을 때와 가열 시 이산화탄소가 발생한다.

4 밀가루를 이용한 제품
- 국수류 : 밀가루를 주원료로 하여 물(30~35%)과 소금(2%)을 넣어 반죽 후 길게 성형하거나 압착하여 국수류를 제조한다.
- 빵류 : 밀가루에 우유, 버터, 달걀 등의 부재료를 넣고 반죽하여 굽거나 쪄서 만든다.
- 루(Roux) : 팬에 버터를 녹여 밀가루를 볶아 우유를 첨가하여 만드는 소스로, 밀가루를 볶는 정도에 따라 화이트 루와 브라운 루로 크게 구분된다.

단원종합문제

1 밀가루 제조 시 밀의 껍질 부분이 혼입될 경우, 나타날 수 있는 문제점에 대해 쓰시오.

2 제빵용으로 사용할 수 있는 밀가루의 종류를 쓰고, 그 특징에 대해 설명하시오.

3 밀가루에 함유된 단백질의 종류를 쓰고, 물을 첨가했을 때 나타나는 변화에 대해 설명하시오.

4 밀가루반죽을 오랫동안 치대었더니 갑자기 반죽이 물러졌다. 이러한 현상이 나타난 이유에 대해 설명하시오.

5 비스킷을 구울 때 바삭한 질감을 주기 위해 첨가하는 첨가물을 쓰고, 이것이 어떤 영향을 주는지 서술하시오.

6 스펀지케이크 제조 시 팽창제 역할을 하는 매체를 조리법과 관련하여 설명하시오.

7 찐빵을 만들 때 식소다를 첨가하여 반죽을 부풀려 만들었다. 이때 나타나는 맛의 특징을 쓰고, 이러한 문제를 해결하기 위해 첨가할 수 있는 첨가물에 대해 쓰시오.

8 베이킹파우더는 이산화탄소 발생 형태에 따라 두 가지로 구분되는데, 이에 대해 설명하시오.

9 발효빵을 제조할 때 생화학적 팽창제인 효모를 사용하는데, 효모가 증식과 반죽변화를 연관하여 설명하시오.

10 버터, 달걀흰자, 설탕, 박력분을 사용하여 쿠키를 만들려 한다. 이때 각각의 재료가 하는 역할에 대해 설명하시오.

Cooking Principles & Experimental Cooking

04

CHAPTER 04

04 서류의 조리원리

서류는 근채류에 속하고 영양분 저장으로 비대해진 덩이뿌리나 땅속덩이줄기 작물을 말하며 고구마, 토란, 돼지감자, 마, 카사바 등이 여기에 속한다. 주성분은 전분으로 세계의 일부지역에서는 주식으로 이용하고 있으며, 우리나라에서도 곡류가 부족하던 시절 주식 대용품으로 이용하였다.

01 서류의 성분

서류는 대부분의 탄수화물이 전분 형태로 존재하며, 다른 서류에 비해 고구마와 토란은 탄수화물함량이 높아 열량이 높다. 대부분의 서류는 비타민 C와 무기질이 풍부하며, 특히 칼륨과 칼슘이 풍부한 알칼리성 식품이다.

표 4.1 서류의 일반 성분 (생것 100g 기준)

성분 / 분류	열량 (kcal)	수분 (g)	단백질 (g)	지질 (g)	탄수화물 (g)	회분 (g)	무기질 칼슘 (mg)	인 (mg)	철 (mg)	칼륨 (mg)	나트륨 (g)	비타민 A (RE)	B_1 (mg)	B_2 (mg)	나이아신 (mg)	C (mg)
감자	63	82.7	2.4	0	13.9	1	14	117	4.2	556	21	1	0.26	0.04	0.4	8
고구마	131	66.3	1.4	0.2	31.2	0.9	24	54	0.5	429	15	19	0.06	0.05	0.7	25
돼지감자	68	81.2	1.9	0.2	15.1	1.0	13	55	0.2	630	2	0	0.07	0.05	1.7	12
마(산마)	00	73.5	5.1	0.7	19.6	1.4	27	53	0.2	–	–	0	0.1	0.02	0.4	9
토란	124	70	2.4	0	26.1	1.5	29	130	1.4	921	13	1	0.12	0.04	0.7	34
야콘	62	83.8	0.7	0.1	14.7	0.7	5	12	2.2	199	7	13	0.1	0.02	0.1	5

출처 : 농촌진흥청 국립농업과학원 국가표준식품성분표 제8차 개정판, 2011

- 표시는 수치가 측정되지 않음

02 다양한 서류

1) 감자

감자
potato,
Solanum tuberosum L.

감자는 페루, 칠레 등의 남미 안데스산맥이 원산지로, 중세유럽을 통해 전 세계로 점차 알려지기 시작하였으며 온대지방에서 널리 재배하고 있다. 비타민 C가 풍부한 감자는 생감자일 때 8mg/100g이지만, 삶았을 때 26mg/100g, 쪘을 때 30mg/100g으로 조리법에 따라 함량의 변화를 나타낸다. 감자의 비타민 C는 전분질에 둘러싸여 있기 때문에 가열조리에도 파괴되지 않고 안전하다.

솔라닌
solanine

감자는 저장 중 햇빛에 노출되면 싹이 나거나 표면이 녹색으로 변하는데, 이때 형성되는 물질이 솔라닌이라는 알칼리성 물질이다. 이는 먹었을 때 아린 맛을 나타내며 구토, 설사, 복통, 현기증, 환각, 마비 등의 독성을 유발하므로 조리 시 싹이 난 부분과 녹색 부분을 제거한다. 솔라닌은 물을 넣고 고열로 가열하면 제거할 수 있으나 완전 분해시키려면 200℃ 이상으로 가열해야 하므로, 조리 전 독성이 있는 부위는 제거하도록 한다. 160~170℃에서 튀길 경우에도 제거할 수 있으나, 수분을 첨가하지 않는 오븐구이의 경우에는 제거되지 않으므로 주의해야 한다.

(1) 감자의 종류

밸리감자
valley potatoes

수미
superior

감자는 용도에 따라 일반식용, 가공용, 기능성용으로 분류하고 재배 작형에 따라 1년에 한 번 심는 1기작과 1년에 두 번 심는 2기작으로 분류되며, 현재 우리나라에서는 남작, 수미, 대지, 세풍, 조풍, 남서, 대서 등의 16종이 생산되고 있으며, 다양한 색깔을 나타내는 밸리감자와 생식용 감자도 생산되고 있다. 최근 우리가 많이 사용하는 품종은 수미로, 미국에서 수입되어 1978년부터 재배되고 있다.

식용가
palatability factor

점질감자
waxy potato

분질감자
mealy potato

감자는 전분과 단백질 함유 정도를 나타내는 식용가(P.F.)에 따라 점질감자와 분질감자로 분류한다. 점질감자는 단백질함량이 높아 식용가가 높고 점성을 나타내며, 분질감자는 전분함량이 높아 식용가가 낮고 분성을 나타낸다. 또한 분질감자는 비중이 커서 소금물(10%)에 담그면 가라앉으며, 점질감자는 비중이 작아 위로 떠오른다.

$$* \text{식용가(P.F.)} = \frac{\text{감자의 단백질함량(g)}}{\text{감자의 전분함량(g)}} \times 100$$

표 4.2 점질감자와 분질감자의 조리성

분 류	점질감자	분질감자
조리성	전분함량이 낮고 단백질함량이 높아 가열 시 단단하고 찰지며 황색을 띰	전분함량이 높고 단백질함량이 낮아 가열 시 포슬포슬한 질감을 주며 백색을 띰
용 도	볶음, 조림, 샐러드	찐 감자, 오븐구이, 매시드포테이토

(2) 감자의 갈변

감자는 껍질을 벗겨 공기 중에 방치하면 갈변하는데, 이는 효소에 의한 갈변이라 할 수 있다. 감자에는 기질인 티로신과 티로시나아제라는 산화효소가 있어서 껍질을 벗기거나 자르면 티로신이 효소의 작용을 받아 멜라노이딘이라는 갈색물질을 형성하므로 감자를 갈변시킨다. 껍질 벗긴 감자는 물에 담가두면 갈변을 방지할 수 있는데, 이는 티로시나아제가 수용성이므로 물로 용출되기 때문에 갈변을 막을 수 있다.

티로신 tyrosine

티로시나아제 tyrosinase

Q_ 감자의 저장 중 변화는?

A_ 감자는 저장온도에 따라 수확 후 호흡속도가 달라져 저장 중 품질에 영향을 미친다. 실온에 감자를 저장하면 호흡속도가 빨라져 당 소모가 증가하므로 단맛이 감소하게 되고, 저온에 저장하면 호흡속도가 느려지고 아밀라아제나 말타아제 같은 전분 분해효소의 작용으로 당이 증가하여 단맛이 증가한다. 또한 저온저장으로 전분량이 감소하게 되면 포슬포슬한 식감은 줄어들게 된다.

아밀라아제 amylase

말타아제 maltase

2) 고구마

고구마는 쌍떡잎식물 메꽃과에 속하는 여러해살이풀로써 주로 따뜻한 기온에서 잘 자란다. 탄수화물을 31% 정도 함유하고 있으며 맥아당, 포도당, 과당, 자당 등을 함유하여 단맛이 강한 것이 특징이다. 또한 식이섬유소가 풍부하여 변비와 콜레스테

고구마 sweet potato, *Ipomoea batatas* Lam.

롤 배출에 도움을 주지만, 장내 미생물에 의해 가스를 생성하여 복부에 불편함을 준다. 칼륨함량이 높은 고구마는 나트륨 배출에 효과적인 알칼리성 식품이라 할 수 있으며, 최근 황색, 자색 등의 다양한 색을 가진 고구마가 개발되어 베타카로틴이나 안토시아닌 성분에 의한 항산화성, 항암성 등의 기능을 향상시킨 품종이 건강식으로 이용되고 있다.

고구마는 껍질을 벗겨 물에 오래 담가두거나 배수가 잘 되지 않는 땅속에 오래 묻혀있게 되면 삶아도 조직이 연화되지 않게 된다. 이는 세포액 내의 칼슘과 마그네슘 등의 금속이온이 펙틴과 결합하여 불용성염을 형성하여 조직을 단단하게 하는 관수현상이 일어나므로, 아무리 오래 가열해도 조직이 연화되지 않는 것이다. 그러므로 호화되지 않을 정도의 낮은 온도에서 너무 오래 가열 조리하거나 삶는 조리를 중지한 상태로 오래 방치하지 않도록 한다.

3) 카사바

카사바
cassava,
Manihot esculenta

타피오카
tapioca

마니오커라고도 하는 카사바는 남아메리카가 원산지이며 동남아시아, 남태평양 등의 열대와 아열대지역에 널리 분포한 쌍떡잎식물에 속하는 덩이뿌리이다. 고구마와 비슷한 모양의 카사바는 전분함량이 높아 전분을 제조하는데, 이를 타피오카라 한다. 최근 타피오카는 주조 및 사료용뿐만 아니라 제빵용, 버블티의 재료로도 이용하고 있다.

4) 돼지감자

돼지감자
canada potato,
Helianthus tuberosus L.

이눌린
inulin

뚱딴지라고도 불리는 돼지감자는 땅속줄기가 굵어진 덩이줄기 형태의 국화과에 속하는 여러해살이다. 개화기 전·후에 우리나라에 도입된 것으로 추정하며, 돼지사료로 사용되어 왔다. 최근 과당의 β-1,2 결합으로 중합된 이눌린 성분이 체내에서 분해되지 않기 때문에 혈당상승에 기여하지 않는 것으로 알려지면서 돼지감자가 당뇨에 긍정적인 식품으로 사용되고 있다.

5) 구약감자

토란과에 속하는 구약감자는 여러해살이식물로 인도, 인도지나반도 등의 원산지에서 중국을 거쳐 우리나라로 전래된 것으로 추정한다. 11~14%의 탄수화물을 함유한 구약감자는 소화가 안 되는 수용성 식이섬유인 글루코만난(곤약만난)을 함유하고 있어 구약감자의 전분을 이용하여 겔화시켜 묵처럼 만든 곤약을 제조한다. 곤약은 수분 97%, 글루코만난 2%를 함유한 저열량식품이므로 체중조절을 위한 식품으로 많이 이용한다.

구약감자
Amorphophallus konjac

글루코만난
glucomannan

6) 마

백합목에 속하는 외떡잎식물인 마는 품종에 따라 긴 막대형, 손바닥형, 덩어리형 등 형태가 다양하며, 식용으로 이용하는 품종에는 장마, 단마, 천마가 있다. 주성분은 전분이며 뮤신이라는 점질물 때문에 끈적이는 점성을 나타낸다. 마는 β-아밀라아제 등의 소화효소가 있어 생으로 갈아서 생식하거나 삶거나 튀김, 전 등으로 조리하여 먹는다.

마
yam

뮤신
mucin

03 서류의 조리

1) 감자의 조리

감자는 삶거나 구워 주식이나 간식으로 이용하며, 감자칩과 같이 기름에 튀겨서 이용하기도 한다. 또한 전분을 주성분으로 하기 때문에 전분제조나 물엿제조, 포도당 제조, 주정원료, 풀 등 다양한 가공품 생산에 이용한다.

감자는 점성과 분성의 정도에 따라 조리법이 달라지는데, 점성감자는 감자조림이나 감자샐러드에 이용하며, 포실포실한 분성감자는 오븐구이나 찜, 매시트포테이토 등에 이용한다. 매시트포테이토를 만들 때는 감자가 뜨거울 때 으깨는데, 이는 뜨거울 때 세포벽을 구성하는 펙틴의 용해성이 크므로 작은 물리적 힘에도 조직이 잘 으깨진다. 하지만 감자가 식었을 때나 무리한 힘으로 감자를 으깨면 세포가 파괴되어 호화전분이 흘러나와 매시트포테이토가 질어질 수 있으므로 주의해야 한다.

Q_ 감자 샐러드를 냉장고에 넣으면 맛이 없게 되는 이유는?

A_ 일반적으로 야채샐러드는 냉장고에서 차게 해서 먹는 것이 맛있지만, 감자샐러드만은 냉장고에 넣으면 맛이 없다. 전분질은 뜨거울 때는 전분이 부푼 α-전분 상태로 있어 맛이 좋지만 차가워진 전분은 굳는다. 즉 β-전분의 상태가 되면 맛이 떨어지고 입 안에서의 식감도 나쁘게 된다.
일반적으로 냉장고 5~10℃ 온도는 β-전분이 되기 쉬운 온도이기 때문에 감자샐러드는 실온에 두는 것이 맛있게 먹을 수 있는 방법이다. 또 삶았다면 뜨거울 때 소금, 설탕, 식초 등을 넣어 α-전분 상태의 감자 안으로 양념이 스며들게 섞는다. 그리고 식었을 때 마요네즈를 넣어 섞는 것이 맛있게 먹는 방법이다.

2) 고구마의 조리

고구마는 찌거나 굽거나 튀김 등으로 조리하며 전분제조, 당면, 물엿, 주정원료 등으로 가공하여 이용한다. 또한 고구마줄기는 채소반찬으로써 삶아서 나물로 이용한다.

고구마는 아밀로오스함량과 전분 결정도에 따라 점질고구마(물고구마)와 분질고구마(밤고구마)로 구분되는데, 일반적으로 찐고구마는 분질고구마를, 군고구마는 점질고구마를 선호하여 사용한다. 고구마는 β-아밀라아제를 함유하고 있는데, 이 효소의 최적활성온도는 50~70℃이다. 때문에 가열하면 이 효소가 활성되어 전분을 가수분해하여 맥아당을 형성하여 고구마의 단맛을 높인다. 그러므로 고구마를 서서히 익히거나 햇빛에 말리면 이 효소가 활성화되어 단맛이 증가한다.

Q_ 군고구마가 더 달콤한 이유는?

A_ 고구마를 가열조리하면 고구마의 β-아밀라아제가 활성화되어 고구마의 단맛이 증가한다. 그렇다면 어떻게 조리하는 것이 단맛이 많이 생길까? 고구마를 초단파조리, 가스오븐조리, 찌기방법으로 조리하여 단맛 성분을 측정해 보면 찜통에 찐 것이 더욱 단맛이 많이 생성된 것을 볼 수 있다. 이는 가열시간이 길어짐에 따라 전분과 β-아밀라아제의 반응시간이 길어져 많은 양의 당을 생성했기 때문이다. 그렇다면 군고구마는 어떨까? 군고구마는 직화로 구이하기 때문에 불조절이 중요한데, 낮은 온도 50~70℃에서 서서히 오랜 시간 구우면 β-아밀라아제와 전분의 반응시간이 길어지므로 달콤한 맛을 높일 수 있다. 때문에 가스불에 조리한 고구마보다 단맛이 강하게 느껴지는 것이다. 또한 군고구마의 경우 메일라드반응에 의해 구수한 향도 만들어지므로 풍미가 더욱 좋아진다. 앞으로 달콤한 고구마를 먹고 싶다면, 오랫동안 서서히 익는 찜이나 군고구마를 만들어 보자.

β-아밀라아제
β-amylase

【실험】 고구마의 조리 방법에 따른 호화도와 맛 비교

실험재료

고구마(대) 1개

실험기구

저울
피펫
전자레인지
오븐
찜통
분마기
당도계
타이머

1 실험 목적

가열 조리방법을 달리하여 고구마를 익히고 조리 기구에 따라 중량, 가열시간, 당도 등 관능적 특성의 차이를 비교한다.

2 실험 방법

- 시료A : 생고구마 1조각
- 시료B : 찜통에 1조각
- 시료C : 전자레인지에 1조각(랩에 싸기)
- 시료D : 오븐에 1조각(알루미늄 포일에 싸기)

재료준비
↓
씻기 — 껍질째 세척
↓
썰기 — 2cm 두께로 4조각(껍질째) 물에 담그기
↓
측정 — 물기제거 후 가열 전 중량 측정
↙ ↓ ↘
찜통 / 전자레인지 / 오븐(250℃)
↘ ↓ ↙
가열 — 각 기구별 익을 때까지 시간을 측정(이쑤시개로 확인)
↓
측정 — 가열 후 중량, 당도(고구마 10g+따뜻한 물 40g 넣어 분쇄)
↓
평가 — 색, 단맛, 향미, 촉감

항 목		생고구마	찜 통	전자레인지	오 븐
가열시간(익을 때까지)					
가열 전 중량(g)					
가열 후 중량(g)					
관능 평가	색				
	단맛				
	향미				
	촉감				
당도					

단원정리

1 서류의 종류와 특징

- 감자 : 전분과 단백질 함유량을 고려한 식용가에 따라 단백질함량이 높아 식용가가 높은 점질감자와, 전분함량이 높아 식용가가 낮은 분질감자로 구분한다.
- 고구마 : 맥아당, 포도당, 과당, 자당 등을 함유하여 단맛이 강하고 칼륨함량이 높은 알칼리성식품이다. 아밀로오스함량과 전분결정도에 따라 점질고구마(물고구마)와 분질고구마(밤고구마)로 구분한다.
- 카사바 : 마니오커라고도 하며, 전분함량이 높아 타피오카라는 전분제조에 사용된다.
- 돼지감자 : 뚱딴지라고도 불리며, 돼지사료로 사용되어 오다가 최근 이눌린 성분이 알려지면서 당뇨에 긍정적 식품으로 사용되고 있다.
- 구약감자 : 토란과에 속하며, 난소화성 식이섬유소인 글루코만난(곤약만난)을 함유하여 체중조절 식품으로 많이 사용된다. 구약감자의 전분을 이용하여 겔화시켜 묵처럼 만들어 곤약을 제조한다.
- 마 : 전분식품으로 뮤신이라는 점질물 때문에 끈적이는 점성을 나타낸다. 마는 β-아밀라아제 등의 소화효소가 있어 생으로 갈아서 생식하거나 삶거나 튀김, 전 등으로 조리한다.

2 서류의 조리 시 나타나는 변화

- 감자의 갈변 : 감자 껍질을 벗겨 공기 중에 방치 시 갈변현상이 일어나는데, 이는 감자의 티로시나아제 활성에 의해 티로신이 산화하여 멜라노이딘이라는 갈색물질을 형성하기 때문이다.
- 고구마의 관수현상 : 박피한 고구마를 물에 오래 담가두거나 배수가 안 되는 땅 속에 오래 묻혀있을 경우, 고구마 내 칼슘과 마그네슘 등의 금속이온이 펙틴과 결합하여 불용성염을 형성하게 되어 조직이 단단해지는 현상이다. 이런 경우 오래 가열해도 조직이 연화되지 않는다.

3 서류의 조리

- 감자
  - 점성감자 : 감자조림이나 감자샐러드에 이용하며, 포실포실한 분성감자는 오븐구이나 찜, 매시트포테이토 등에 이용한다.
    매시트포테이토 : 감자가 뜨거울 때 으깨야 세포벽을 구성하는 펙틴이 용해성이 커 물리적 힘에 조직이 잘 으깨진다. 하지만 식은 감자를 무리한 힘으로 으깨면 세포가 파괴되어 호화전분이 흘러나와 질어진다.
- 고구마
  - 일반적으로 찐고구마는 분질고구마를, 군고구마는 점질고구마를 선호하여 사용한다. 고구마를 서서히 익히거나 햇빛에 말리면 β-아밀라아제가 활성화되어 단맛이 증가한다.

단원종합문제

1 감자를 잘못 보관하여 싹이 나고 표면이 녹색으로 변화하였다. 이러한 감자의 올바른 손질법과 적합한 용도의 조리방법에 대해 쓰시오.

2 매시트포테이토를 만들기 위해 적합한 감자의 종류를 쓰고, 조리성에 대해 설명하시오.

3 감자채볶음을 할 때 적합한 감자의 종류를 쓰고, 조리성에 대해 설명하시오.

4 감자의 갈변에 관여하는 효소와 기질이 무엇인지 쓰시오.

5 감자조림을 하기 위해 직육면체로 썰었는데, 갑작스럽게 다른 작업을 해야 하는 상황이 되었다. 이때 감자를 어떻게 처리하는 것이 좋을지 설명하시오.

6 고구마 껍질을 벗긴 후 색이 변할까봐 물에 반나절 정도 담가두었다. 이 고구마를 삶았을 경우, 나타날 수 있는 품질 특성에 대해 설명하시오.

7 최근 저열량식품에 대한 관심이 증가하면서 곤약을 찾는 사람들이 증가하였다. 곤약을 만드는 재료와 만드는 원리가 무엇인지 간단히 서술하시오.

8 고구마를 서서히 익히면 단맛이 증가하는데, 이러한 원리에 대해 설명하시오.

9 삶은 감자를 차갑게 식히면 잘 부서지지 않고 단단해진다. 이때 무리하게 힘을 주어 으깨면 으깬 감자반죽이 끈적이고 질어지는데, 그 이유는 무엇인가?

10 감자를 실온에 저장하였더니 단맛이 감소하였다. 감자의 단맛을 증가시킬 수 있는 저장법에 대해 쓰시오.

Cooking Principles & Experimental Cooking

05

CHAPTER 05

당 류

01 당류의 종류

당류는 식물인 사탕수수, 사탕무, 단풍나무, 옥수수 등에서 대부분을 얻는다. 당류는 그 종류, 입체구조 등에 따라 정도의 차이는 있으나, 일반적으로 단맛을 가지고 있으며 천연감미료와 합성감미료로 구분되어 사용된다.

1) 설탕

설탕 : 이당류
sucrose

설탕은 사탕무와 사탕수수에서 얻어지며, 압착하여 짜낸 즙액을 가열, 침전, 원심분리 등의 정제과정을 거쳐 설탕이 만들어진다. 설탕은 가공방법에 따라 백설탕, 황설탕, 흑설탕으로 나누며 정제도가 높을수록 색이 희고 감미도가 높다. α, β의 이성체가 존재하지 않기 때문에, 같은 농도에서는 온도에 상관없이 일정한 단맛을 가지고 있다. 10% 설탕용액이 감미의 기준물질이 된다.

표 5.1 설탕의 종류

종 류	특징 및 이용
백설탕	1분자의 포도당과 1분자 과당이 결합한 것이다. 사탕수수나 사탕무의 즙액에 함유되어 있고, 여러 단계의 과정을 거쳐서 결정체로 만든 당이다. 모든 식품에 가장 많이 이용한다.
황설탕	황색을 띤 설탕으로, 백설탕보다 덜 정제된 것으로 백설탕보다 신맛이 더 강하고 수분함량도 많다. 제과에 많이 이용된다.
흑설탕	사탕수수로부터 설탕을 정제하는 과정에서 거의 정제되지 않은 것이나. 당도는 백설탕보다 낮으나 향미를 가진다. 강한 흡습력을 가져 보관 시 밀봉해야 한다. 제과 및 캔디 종류에 이용된다.
분말설탕	약 3% 정도의 옥수수전분과 혼합된 분말형태의 설탕으로, 제과 · 제빵을 만들 때 주재료로 쓰이며 수분결합을 도와준다.
각설탕	백설탕에 시럽을 넣어 틀에 넣고 가압하여 모양을 만들어 건조한 것이다. 음료에 많이 이용된다.

Q_ 머랭 만들 때 설탕을 나중에 넣는 이유는?

A_ 설탕에는 단백질 변성을 늦추는 작용이 있어 거품기로 기포, 기공을 함유할 때까지 잘 섞어준 후 설탕을 넣어야 시간을 단축할 뿐만 아니라, 기포가 곱고 안정도가 높은 머랭을 만든다.

Q_ 조리 시 소금과 설탕 무엇을 먼저 넣을까?

A_ 소금에는 재료 중 수분과 관련하여 침투시키는 작용이 있다. 그렇기 때문에 설탕과 함께 쓸 때에는 설탕을 먼저 넣는다. 소금을 먼저 넣으면 후에 첨가한 설탕이 침투하기가 어렵게 되어 소금맛만 나게 된다.

2) 포도당

포도당 : 단당류 glucose

포도당은 단맛이 나는 과일 등에 많고 설탕을 비롯한 이당류 및 올리고당류, 다당류의 구성성분이다. 따라서 다당류인 전분을 가수분해하여 쉽게 얻을 수 있다. 설탕 단맛에 비해 1/2의 단맛을 가진 포도당은 캔디, 음료, 제과, 통조림, 음료에 이용된다.

3) 과당

과당 : 단당류 fructose

과당은 천연의 과일과 꿀에 존재하고, 단맛은 설탕의 1.5~1.8배 정도이다. 과일의 맛과 중요한 관계가 있으며, 결정화가 어렵고 끈적거림이 있다. 용해도가 높아 캔디와 같은 식품에서 다른 당을 함유한 경우보다 부드럽다.

Q_ 과일을 차게 먹어야 단맛이 높아지는 이유는?

A_ 과일의 단맛은 과당에 의한 것이다. α, β의 이성체가 섞여 존재하며, β형이 α형보다 3배 더 단맛이 높다. 온도가 낮아지면서 안정한 β형이 더 많아지게 되어, 과일을 차게 먹으면 단맛이 높아진다. 하지만 0℃ 이하나 50℃ 이상에서는 감미(단맛)가 저하된다.

4) 유당

유당은 포유동물의 유즙에 함유되어 유장에서 추출되고, 젖산균에 의해 유산을 생성한다. 모든 당 중에서 가장 낮은 단맛을 가지며 이당류이다. 제빵제품의 갈색화를 위해 상업적으로 많이 사용된다.

유당 : 이당류
lactose

유장
whey

5) 맥아당

맥아당은 식물의 잎이나 발아종자에 널리 존재한다. 맥아(엿기름)는 보리와 수분, 온도와 산소를 작용시켜 발아시킨 것이다. 약한 감미(단맛)를 가지며 전분을 맥아당으로 분해하는 효소인 아밀라아제를 가지고 있어 식혜나 엿을 만들 때 사용한다. 그 외에도 맥주 제조, 캔디에 사용된다.

맥아당 : 이당류
maltose

아밀라아제
amylase

6) 시럽류

시럽은 설탕용액으로 다량의 수분을 함유하며 점성과 향이 있다. 대부분 옥수수전분에 산 분해효소를 넣어 가수분해하여 만들며 제과·제빵에 많이 이용된다.

시럽류
syrups

표 5.2 시럽류의 종류

종 류	특징 및 이용
설탕시럽	물과 설탕을 동량으로 넣어 젓지 않고 중불에서 끓여 제조하는 것이다.
옥수수시럽	옥수수전분에 산 분해효소를 넣어 가수분해하여 만든 시럽이다. 설탕보다 단맛이 강해 경제적이며, 음료, 제과, 디저트 등에 사용된다.
메이플시럽	단풍나무 즙액에서 대부분의 수분을 증발시켜 만든 것으로, 독특한 향이 있어 제빵·제과에 많이 쓰인다.
물 엿	전분이 함유된 식품에 산이나 효소를 가하여 가수분해되어 생성된 맥아당이 주원료인 감미료이다. 정제과정을 거쳐 투명하고, 음식 본래의 색을 변하게 하지 않아 사용하기 편리하다. 음식에 윤기를 주며 단맛을 더해준다.
꿀	여러 가지 꽃에 꿀벌들이 저장한 당액에서 꽃가루, 밀납을 제거하여 정제한 것으로, 설탕보다 과당의 함량이 더 많다. 꿀은 과당의 함량이 많기 때문에 흡습성이 있어 수분을 유지하고 마르지 않게 보관하게 해준다. 베이커리 제품에 촉촉함을 유지시켜 준다.
당 밀	사탕수수의 즙액에서 당을 정제하는 과정에서 생기며, 당의 결정을 침전하고 남은 것을 농축한 액체이다.
전화당	맑은 액체로서 설탕보다 더 단맛이 강하다. 결정성이 커서 캔디 제조에 이용된다.

종 류	특징 및 이용
조청과 엿	여러 가지 곡류인 찹쌀, 수수, 조, 고구마 등의 전분에 엿기름물을 넣어 7~8시간 삭힌 다음, 오랜 시간 끓여 엿물을 흘려보아 실이 생기지 않는 정도가 되면 조청이고, 농축하여 묽게 곤 것을 엿이라고 한다. 엿은 연속한 상태에서 잡아 늘어지면서 굳힌 것이다. 조청은 음식에 단맛과 향미, 윤기를 주어 과자나 조림에 많이 이용된다.
올리고당	천연식품에서 합성하거나 다당류를 효소에 의해 가수분해하여 얻어지는 당이다. 몸속에서 소화 · 흡수되지 않고, 충치예방의 효과가 있는 저열량 감미료이다. 또한 칼로리가 적고 유산균이나 발효에 도움을 주어 음료나 치료식에 이용된다.

Q_ 당 관련 용어정리

A_
- 당액 : 사탕무와 사탕수수에서 얻어지며 압착하여 짜낸 즙이다.
- 함밀당 : 당액에서 당밀을 제거하지 않고 그대로 농축하여 만든 설탕이다.
- 분밀당 : 당액에서 당밀을 제거하여 만든 설탕이다.
- 원당 : 당액에서 당밀을 제거하여 1차 정제한 후 여과, 농축, 결정 과정을 거쳐 만든 황갈색 설탕이다.
- 정제당 : 결정을 물에 다시 녹인 뒤, 원료당을 만드는 과정을 한 번 더 되풀이하는 것이다.

7) 당 알코올류

당이 환원되어 생성된 당 알코올류는 설탕의 대체물로 이용된다. 단맛을 주며 천천히 흡수되고 청량감을 주는 저열량식품이다.

표 5.3 당알코올류의 종류

종 류	특징 및 이용
솔비톨	글루코오스를 환원한 것으로, 캔디 제조에 보습제, 설탕 대체제 등으로 쓰인다.
만니톨	만노오즈에서 환원된 것으로, 당뇨병환자의 대체 감미료로 이용된다.
자일리톨	자일로즈에서 환원된 것으로, 충치예방에 효과적이다.

솔비톨 sorbitol
글루코오스 glucose
만노오즈 mannose
만니톨 mannitol
자일리톨 xylitol
자일로즈 xylose

8) 그 밖의 감미료

천연식품에서 추출한 특수감미료와 단맛을 내기는 하나, 열량이 거의 없으며 안정성에서 논란이 있는 합성감미료가 있다.

표 5.4 그 밖의 감미료의 종류

종 류		특성 및 이용
특수감미료	감 초	한약에서 단맛을 내는데 사용한다. 글리시리진이 단맛을 낸다.
	스테비오사이드	스테비아잎에서 추출한 것으로, 설탕보다 약 300배의 단맛을 가지며 청량음료, 탄산음료, 유제품 등에 사용된다.
합성감미료	아스파탐	페닐알라닌과 아스파트산을 합성하여 만든 아미노산계의 합성감미료이다. 설탕의 약 150~200배의 단맛을 가진다. 열량이 적어 저칼로리 제품으로 캔디, 디저트, 음료수 등에 사용된다. 단, 페닐케톤뇨증 환자는 페닐알라닌 섭취를 줄여야 하므로 주의해야 한다.
	사카린	설탕의 약 200~700배의 단맛을 내며, 열량이 거의 없고 충치도 유발하지 않아 식품 전반에 많이 사용한다. 뉴슈가로 판매되는데, 안정성에 있어 논란이 일고 있다.

스테비오사이드 stevioside

글리시리진 glycyrrhizin

아스파탐 aspartame

페닐알라닌 phenylalanine

아스파트산 aspartic acid

페닐케톤뇨증 phenyketonuria

사카린 saccharin

뉴슈가 new sugar

02 당류의 특성

당은 단맛 외에도 식품에 부여하는 여러 가지 기능들을 가지고 있다. 제과 · 제빵, 캔디류, 청량음료에 이용된다.

1) 단맛

당들은 종류에 따라 단맛의 크기가 다르고, 각각 독특한 단맛을 가지고 있다. 과당의 단맛이 가장 크며, 전화당 > 설탕 > 포도당 > 맥아당 > 갈락토오스 > 유당의 순으로 단맛이 감소한다. 온도에 영향을 받아 뜨거운 음식보다 찬 음식과 음료에서 단맛이 더 느껴지며, pH와 다른 요인들에 의해 달라진다.

2) 용해성

당류는 물에 모두 잘 녹으며 물의 온도에 따라 용해도가 다르다. 물의 온도가 높아질수록 당류는 더욱 잘 용해된다. 용해성은 과당이 가장 크며, 그 다음 설탕 > 포도당 > 맥아당 > 유당의 순으로 단맛이 감소하는데, 단맛이 강한 당이 용해성이 좋다. 당의 용해성은 식품과 음료의 입 안에서 느끼는 촉감과 조직감에 영향을 준다.

3) 흡습성

당류는 흡습성이 강하여 공기 중에 노출되면 수분을 흡수하여 덩어리를 형성하게 된다. 흡습량은 온도가 높을수록 증가하며, 당류의 흡습성은 식품의 수분과 조직감에 영향을 준다. 당류 중 과당은 흡습성이 가장 크므로, 케이크를 만들 때 꿀이나 전화당을 넣어 만드는 것은 촉촉한 상태를 유지하는데 도움을 준다.

4) 보습성

당의 보습성은 수분을 유지하는 것으로, 식품에 촉촉함을 주며 부드럽게 해준다.

5) 가수분해

당류는 산, 효소, 가열에 의해 가수분해 된다. 산에 의한 가수분해로 이당류는 묽은 약산에 의해 가수분해 된다. 특히 설탕이 가수분해가 쉽고, 유당과 맥아당은 천천히 일어난다. 효소에 의한 가수분해로 설탕을 전화효소로 가수분해하며 포도당과 과당이 같은 비율로 혼합된 전화당이 생성된다. 전화당은 설탕보다 단맛이 더 강하다. 가열에 의한 가수분해로 설탕을 가열하면 캔디를 만들 때 당의 가수분해가 일어나 포도당과 과당이 된다.

6) 결정성

결정화는 과포화 된 설탕용액을 100℃ 이상으로 가열한 후 냉각시키면서 용해도가 낮아져 과포화 된 부분 내 결정이 생겨, 고체가 되거나 망상구조를 만들어 결정이 형성되는 것을 결정화라고 한다. 결정화는 캔디 제조의 중요한 과정이다. 당의 결정형 여부에 따라 결정형 캔디와 비결정형 캔디로 나눌 수 있다.

표 5.5 당의 결정형에 영향을 주는 요인

요 인	특 징
당의 종류	당 용액을 이루는 당의 종류에 따라 다른 결정을 형성한다. 설탕은 결정 속도가 빠르게 형성하며, 포도당은 결정 속도가 느리게 형성한다.
당 용액의 농도	당 용액의 농도가 높을수록 핵이 더 많이 생기고, 결정 크기는 작아지며 결정은 더 많아진다. 이는 당 용액이 많이 농축될수록 점성이 증가하기 때문에, 결정의 표면으로 설탕분자들이 이동하지 못하여 성장이 느려져 큰 결정을 만들지 못한다.
당 용액의 온도	당 용액을 일정한 온도로 식힌 후 빠르게 저어주어야 결정화가 잘 된다. 높은 온도에서 젓기 시작하면 결정의 크기가 커져 거칠어지게 된다. 이유는 고온에서 용액의 유동성이 커서 설탕분자 이동이 쉽기 때문이다.
젓 기	당 용액을 저어주면 결정이 생긴다. 미세결정을 얻으려면 온도를 내린 후 빠른 속도로 젓는다. 시럽을 만들 때 저으면 결정화되므로 젓지 않아야 한다.
결정 방해물질	당 용액 안에 난백, 젤라틴, 시럽, 꿀, 우유, 크림, 초콜릿, 한천, 유기산, 주석영, 전화당 등 설탕 이외의 물질이 있으면 결정이 생기는 것을 막아준다. 이는 설탕결정 표면에 이물질이 흡착하여 결정 성장이 정지되거나 결정 크기가 작아지게 된다.

7) 갈색화 반응

갈색화 반응
browning reaction

당을 가열하면 점점 진한 갈색으로 변하며 타게 된다. 이 현상은 메일라드 반응과 캐러멜화 반응에 의해 갈색화가 일어난 것이다.

표 5.6 갈색화 반응의 종류

종 류	특 징
메일라드 반응	당류와 단백질을 가열하거나 저장할 때 환원당과 아민이 만나 멜라노이딘이라는 갈색 색소를 만드는 것으로 비효소적 갈변반응이다. 간장, 된장, 홍차, 커피 등의 색, 향 형성에 영향을 준다.
캐러멜화 반응	설탕을 160℃ 정도로 가열하면 맑은 용액과 점성이 생기고, 170℃에서 계속 가열하면 부드러우면서 광택이 있는 캐러멜화를 형성하는 비효소적 갈변현상이다. 푸딩, 캐러멜, 약식, 춘장의 색에 영향을 준 것이다.

메일라드 반응
maillard reaction

캐러멜화 반응
caramelization

멜라노이딘
melanoidin

8) 발효

당은 발효에 의해 이산화탄소, 알코올, 산 등을 생성한다. 발효는 맥주제조, 와인, 치즈, 요구르트, 빵 등에 이용한다.

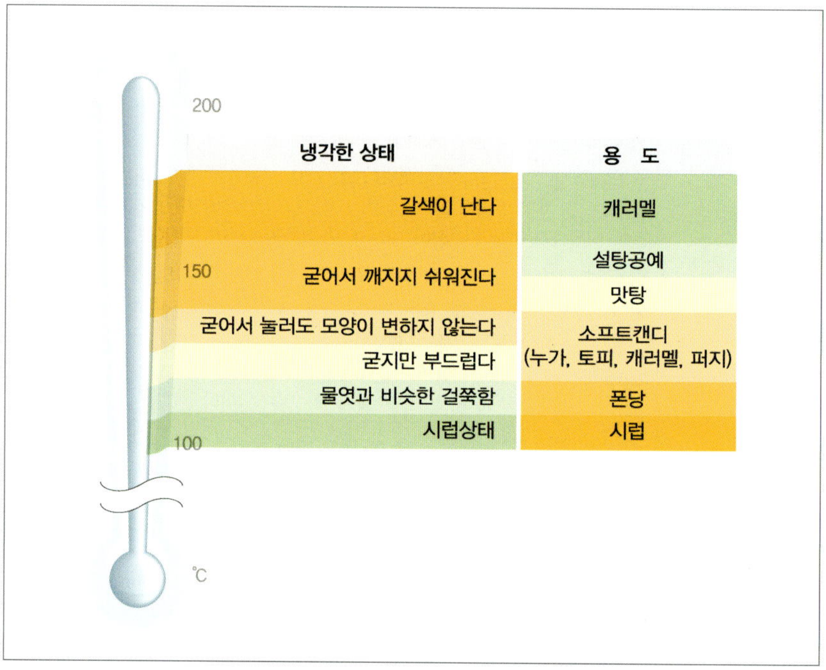

그림 5.1 설탕용액의 가열온도에 따른 상태변화와 용도

9) 저장성

당은 미생물의 세포와 당 용액 사이에서 일어나는 삼투작용에 의해 수분이 용출되어 미생물의 생육조건을 억제한다. 따라서 당은 잼, 젤리와 같은 저장식품 제조에 이용된다.

03 당류의 조리

1) 캔디

캔디는 설탕과 물엿을 주원료로 농축하고 응고시켜 만든 것이다. 설탕의 결정 유무에 따라서 결정형 캔디와 비결정형 캔디를 제조한다.

(1) 결정형 캔디

결정형 캔디
crystalline candy

설탕용액은 가열 후 130℃부터 포도당과 과당으로 분해되기 시작, 170℃부터 착색되고 타기 시작하여 180℃ 이상에서 캐라멜화가 된다. 가열온도에 의해 냉각 후의 상태가 변화되어 과포화 상태부터 교반에 의해 결정을 추출하게 된다. 즉 설탕시럽을 충분히 농축시켜 냉각시키면 단단한 결정을 가진 캔디가 만들어진다. 결정형 캔디는 쉽게 깨물어지며, 결정이 질서정연하게 분포한 캔디로 이 결정의 크기는 캔디 제조 시 온도, 휘젓기 등의 여러 조건에 의해 달라진다.

표 5.7 결정형 캔디의 종류

종 류	특 성
폰 당	설탕에 물을 넣고 112~115℃ 정도에서 가열하여 큰 접시에 부은 후 미지근하게 식히고 부드러워질 때까지 저으며 혼합한다.
퍼 지	설탕과 콘 시럽을 114℃까지 서서히 끓이고 버터를 첨가한 후 냉각하여 치대어 모양을 갖춘다.
디비니티	일명 누가라고 부르는 캔디로, 시럽을 119~121℃까지 가열하여 달걀흰자 거품이나 젤라틴 등에 조금씩 넣어서 계속 저으면 작은 크기의 수많은 결정을 형성한다.

폰당
fondant

퍼지
fudge

디비니티
divinity

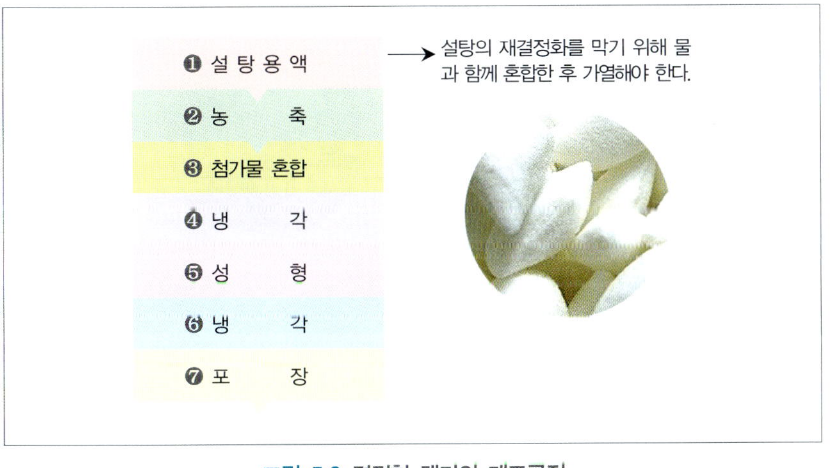

그림 5.2 결정형 갠디의 제조공정

(2) 비결정형 캔디

비결정형 캔디 non-crystalline candy

비결정형 캔디는 과포화 설탕용액에 결정형성 방해물질(시럽, 꿀, 우유, 크림, 버터, 달걀흰자, 유기산) 등을 넣거나, 고온으로 가열하여 결정 형성을 못하게 만든 끈적끈적한 캔디이다.

하드캔디 hard candy
캐러멜 caramel
태피 taffy
토피 toffee
마시멜로 marshmallow
브리틀 brittle

표 5.8 비결정형 캔디의 종류

종 류	특 성
하드캔디	가장 간단한 캔디로, 설탕과 시럽을 고온으로 가열하여 만든다.
캐러멜	설탕, 콘 시럽, 우유, 크림, 버터를 재료로 하여 119℃로 가열하여 버터를 바른 판에 부어 냉각 후 자른다.
태 피	캐러멜처럼 만들어지며 농도가 진하고 잘 늘어진다.
토 피	캐러멜보다 더 단단한 것으로, 일종의 하드캐러멜이다.
마시멜로	설탕, 콘 시럽, 달걀흰자, 젤라틴 등을 넣어 휘핑하여 만든다. 폭신폭신하고 부드러운 질감을 가진다.
브리틀	시럽을 고온에서 가열하여 견과류와 베이킹소다를 넣어 가스를 발생시키고 식혀서 만들어 낸다.

❶ 원료계량
❷ 농 축
❸ 반 죽
❹ 냉 각
❺ 성 형
❻ 냉 각 → 35~40℃까지 냉각한다.
❼ 포 장

그림 5.3 비결정형 캔디의 제조공정

2) 정과

수분이 적은 뿌리나 줄기, 열매를 적당한 크기로 썰어 시럽, 물엿, 꿀을 넣고 중불에서 서서히 조려 투명하고 쫄깃하게 만든 한과이다. 연근, 생강, 도라지, 인삼정과 등이 있다.

3) 빠스

고구마, 바나나 등의 과일이나 아이스크림에 전분을 묻혀서 튀겨 실이 나게 조려진 설탕시럽(140~160℃)에 넣어 묻혀 낸 것이다.

4) 젤리

펙틴에 산과 설탕을 넣어 가열하면 젤리가 된다. 펙틴은 주로 과즙에서 추출되고, 당의 종류에 따라 겔화의 상태가 다르다.

Q_ 설탕을 가열하면 왜 갈색으로 변하나요?

A_ 설탕용액을 150℃ 이상 가열하면 서당(설탕)은 일부 전화하여 포도당과 과당을 생성하며, 더 가열하면 탈수되어 당 탈수에 의한 축합물의 혼합물인 캐러멜이 생성되어 갈색반응이 일어난다.

【실험】 물엿을 첨가한 온도에 따른 시럽의 비교

실험재료

설탕 ½C × 2set
물엿 2Tbsp
물 ½C × 2set
흰색접시 6개

실험기구

온도계 2개
비커 6개
냄비 2개
나무주걱 2개

1 실험 목적

시럽은 우리 음식에서 집청용으로 많이 이용되고 있어, 물엿 첨가가 시럽의 품질에 미치는 영향을 알아본다.

2 실험 방법

- 시료를 준비한다.
- 시료A : 설탕 ½C + 물 ½C
- 시료B : 설탕 ½C + 물 ½C + 물엿 2Tbsp

※ 시럽 제조 시 저으면 결정이 생기므로 절대 젓지 않는다.

재료준비	시료 A, B를 준비
↓	
끓이기	시료를 젓지 말고 온도가 103℃, 115℃, 150℃ 될 때까지 가열
↓	
측정	흰색접시에 온도별 ½tsp을 채취해 색을 관찰
↓	
평가	비커를 이용, 수중테스트로 결정 유무를 표시

3 실험 결과

시 료	온도(℃)	설탕용액의 상태(색, 결정 유무)	수중테스트(상태, 경도)
A	103		
	115		
	150		
B	103		
	115		
	150		

단원정리

1 당류의 종류

- 설탕 : 자당이라고 한다. 이것은 사탕무와 사탕수수에서 얻어지며, 압착하여 짜낸 즙액을 가열, 침전, 원심분리 등의 정제과정을 거쳐 만들어진다.
- 포도당 : 단맛이 나는 과일 등에 많고, 설탕을 비롯한 이당류 및 올리고당류, 다당류의 구성성분이다.
- 과당 : 천연의 과일과 꿀에 존재하고, 천연의 당류 단맛이 강하며, 흡수성이 강하여 결정화가 어렵고 끈적거림이 있다.
- 유당 : 유장에서 추출되고, 모든 당 중에서 가장 낮은 단맛을 가지며 이당류이다.
- 맥아당 : 식물의 잎이나 발아종자에 널리 존재한다. 맥아(엿기름)는 보리, 수분, 온도, 산소를 작용시켜 발아시킨 것이다.
- 당 알코올류 : 당이 환원되어 생성된 당 알코올류는 설탕의 대체물로 이용된다.

2 당류의 특성

- 단맛 : 과당의 단맛이 가장 크며, 전화당 > 설탕 > 포도당 > 맥아당 > 갈락토오스 > 유당의 순으로 단맛이 감소한다.
- 용해성 : 용해성은 과당이 가장 크며, 그 다음 설탕 > 포도당 > 맥아당 > 유당 순으로 단맛이 강한 당이 용해성이 좋다.
- 흡습성 : 흡습성이 강하여 공기 중에 노출되면 수분을 흡수하여 덩어리를 형성하게 된다.
- 보습성 : 당의 보습성은 수분을 유지하는 것으로, 식품에 촉촉함을 주며 부드럽게 해준다.
- 가수분해 : 당류는 산, 효소, 가열에 의해 가수분해 된다. 설탕이 가수분해가 쉽고, 유당과 맥아당은 천천히 일어난다. 효소에 의한 가수분해 설탕을 전화효소로 가수분해하며 포도당과 과당이 같은 비율로 혼합된 전화당이 생성된다.
- 결정형 : 당의 결정형에 영향을 주는 요인은 당의 종류, 당 용액의 농도, 온도, 젓기, 결정방해물질 등이 있다.
- 갈색화 : 당을 가열하면 점점 진한 갈색으로 변하며 타게 된다. 이 현상은 메일라드반응과 캐러멜화반응에 갈색화가 일어난다.
- 발효 : 당은 발효에 의해 이산화탄소, 알코올, 산 등을 생성한다
- 저장성 : 당은 미생물의 세포와 당 용액 사이에서 일어나는 삼투작용에 의해 수분이 용출되어 미생물의 생육조건을 억제한다.

3 당류의 조리

- 캔디 : 설탕과 물엿을 주원료로 농축하고 응고시켜 만든 것이다.
  - 결정형 캔디 : 설탕과 물을 가열하여 만들어진 설탕시럽을 충분히 농축시켜 냉각시키면 단단한 결정을 가진 캔디이다.
  - 비결정형 캔디 : 비결정형 캔디는 과포화 설탕용액에 결정형성 방해물질(시럽, 꿀, 우유, 크림, 버터, 달걀흰자, 유기산) 등을 넣거나, 고온으로 가열하여 결정 형성을 못하게 만든 끈적끈적한 캔디이다.

단원종합문제

1 설탕의 종류를 구분하여 특징과 이용에 대하여 설명하시오.

2 과당의 단맛 비교는 설탕을 기준으로 하여 어느 정도의 단맛을 지니고 있는가요?

3 과일섭취 시 차게 먹을 때 단맛이 높아지는 이유를 설명하시오.

4 맥아당의 전분 분해효소를 이용하여 단맛을 상승시키는데 관여하는 효소는 무엇인가요?

5 다음 중 당 관련 용어들이다. 구분하여 설명하시오.
- 함밀당
- 분밀당
- 원당

6 대부분의 시럽류는 설탕용액으로 점성과 향을 가지고 있는 것이 특징이다. 그 중 당밀, 메이플시럽과 꿀, 올리고당에 대한 특징 및 이용에 대하여 설명하시오.

7 당 알코올에 대하여 간단히 설명하고, 특징 및 이용에 대하여 구분하시오.

8 당의 특성 중 결정형에 영향을 주는 요인에 대하여 설명하시오.

9 페닐알라닌과 아스파트산을 합성하여 만든 아미노산계의 합성감미료이다. 설탕의 약 150~200배의 단맛을 가진다. 열량이 적어 저칼로리제품으로 캔디, 디저트, 음료수 등에 사용된다. 단, 페닐케톤뇨증 환자는 페닐알라닌 섭취를 줄여야 하므로 주의해야 하는 감미료는 무엇인가요?

10 결정형 캔디와 비결정형 캔디에 대해 설명하고, 캔디의 종류를 각각 두 가지씩 쓰시오.

Cooking Principles & Experimental Cooking

06

CHAPTER 06

유지류

고체 · 액체 지방은 모두 물에 녹지 않으나 지용성용매에는 녹는 성질을 가지고 있다. 지방은 구소에 따라 중성지방, 복합지방, 유도지방으로 분류할 수 있으며, 지방은 탄수화물이나 단백질과 같이 탄소, 수소, 산소로 구성, 산소보다 탄소와 수소비율이 높아 탄수화물이나 단백질보다 2배 이상 농축된 에너지 공급원이 된다. 식용유지에는 옥수수기름, 참기름, 콩기름, 채종유, 들기름, 미강유와 목화씨, 고추씨기름, 해바라기유, 땅콩기름, 팜유, 올리브유, 야자유, 소 · 돼지기름, 쇼트닝, 마가린류 등이 있다.

01 유지의 구조

지방은 탄소, 수소, 산소의 3원소로 구성되어 있으며, 구조상으로 유지는 1분자의 글리세롤과 3분자의 지방산으로 결합되어 있다.

글리세롤 glycerol

지방산 fatty acid

1) 중성지방

식품과 체지방에 들어 있는 지질의 주요 형태(95%)로, 1분자의 글리세롤과 3분자의 지방산으로 구성되어 지방산의 수에 따라 모노글리세리이드, 디글리세라이드, 트리글리세라이드로 구분한다. 구성지방산의 종류에 따라 중성지방의 물리적 형태가 달라지고 건강에 미치는 영향이 다르다. 식용유지의 대부분은 중성지방이고, 약간의 모노글리세라이드와 디글리세라이드가 들어 있다.

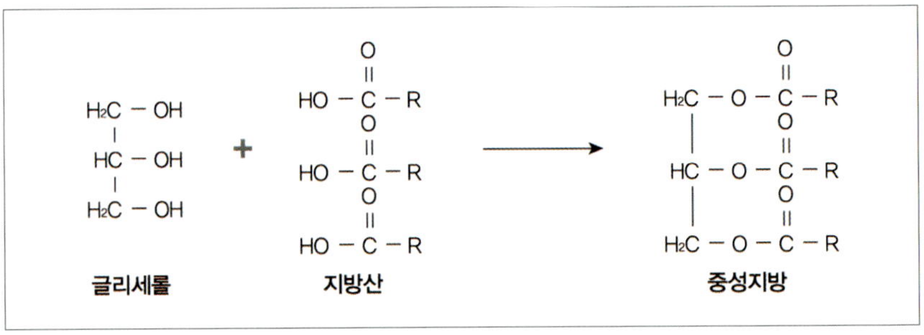

그림 6.1 중성지질의 구조

2) 인지질

중성지방을 구성하는 3개의 지방산 중 한 개의 지방산 대신 인산기가 결합된 형태로, 유화제 역할을 하여 물과 지방의 혼합을 돕는다. 달걀노른자, 콩류, 땅콩 등에 존재하며, 대표적인 예로 달걀노른자의 레시틴 성분이다.

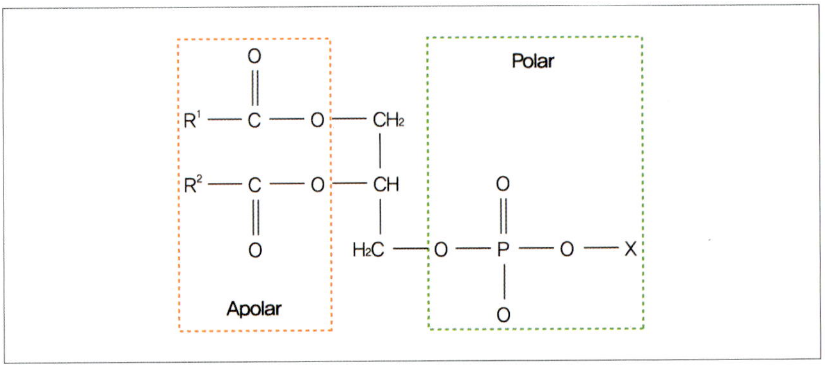

그림 6.2 인지질의 구조

3) 지방산

탄소원자가 사슬 모양으로 길게 연결된 것으로, 왼쪽 끝에 메틸기, 오른쪽 끝에 카르복실기가 있다.

(1) 지방산의 포화도에 따른 분류

유지의 융점은 구성지방산의 종류에 의해 크게 영향을 받는다. 불포화지방산의 함량과 포화지방산의 탄소사슬 길이에 의해 영향을 받는데, 지방이 팔미트산이나 스테아르산 같은 포화지방산 함유율이 높으면 융점이 높고 실온에서 고체상태가 된다. 반면, 올레산이나 리놀레산과 같은 불포화지방산의 함량이 많으면 비교적 융점이 낮아 실온에서 액체상태가 된다. 옥수수기름, 대두유 면실유, 마가린 등이 포함된다.

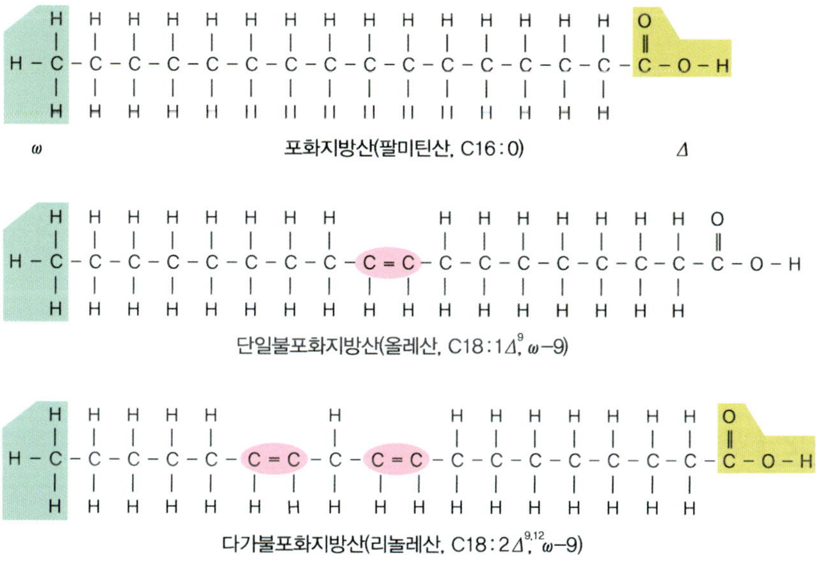

그림 6.3 지방산의 구조

(2) 불포화지방산의 이중결합 위치에 따른 분류

오메가-3지방산은 불포화지방산 중 탄소 간의 첫 번째 이중결합이 메틸기로부터 세 번째 탄소에 있는 지방산으로 리놀렌산, DHA, EPA 등이 포함되어 있다. **오메가-3지방산** ω 3 fatty acid

생리적 효능으로는 두뇌발달을 돕고, 혈중콜레스테롤 농도를 저하시켜 심장순환계 질환 예방이 되고, 암 발생을 억제하며 관절염 및 천식, 완화 효과가 있다. 주로 등푸른생선, 즉 고등어, 꽁치, 정어리, 연어 등에 많이 함유되어 있다.

오메가-6지방산 ω-6 fatty acid

오메가-6지방산 불포화지방산 중 탄소 간의 첫 번째 이중결합이 메틸기로부터 여섯 번째 탄소에 있는 지방산, 동물성지방과 식물성지방에 널리 포함되어 있다.

(3) 필수지방산

리놀레산 linoleic acid
리놀렌산 linolenic acid
아라키돈산 arachidonic acid

체내에서 합성되지 못하거나 합성되는 양이 부족한 지방산으로 성장, 생식, 피부건강에 필수적이어서 반드시 식품으로 섭취해야 하는 지방산이다. 리놀레산, 리놀렌산, 아라키돈산이 포함되며 식물성기름, 어유 등의 지질급원식품으로부터 섭취할 수 있다. 총열량의 1~2% 정도 섭취하는 것이 바람직하다.

4) 콜레스테롤

신체의 뇌와 신경조직에 높은 농도로 존재하며 간과 소장에서 합성된다. 동물성식품에 함유되어 달걀노른자, 오징어, 새우, 가재, 명란젓, 내장 등에 함유되어 있으며, 체내의 성호르몬과 담즙산은 콜레스테롤 유도체이다.

02 유지의 특성

1) 융점(녹는점)

고체지방이 액체로 전환되는 온도를 말하며, 지방산의 종류에 따라 녹는점이 달라진다. 지방은 순수한 물질이 아니고 트리글리세라이드의 혼합물로 사슬길이와 지방산의 포화정도, 불포화지방의 이중결합 위치, 분자 종류에 따라 영향을 받는다.

유 油, oil

일반적으로 융점이 높아서 상온에서 고체상을 유지하는 것을 지방이라 하며, 융점이 낮아서 상온에서 액체상의 것을 유라고 한다. 유지류의 융점은 여러 가지 요인에 의해 영향을 받으나, 지방산의 탄소사슬의 길이, 포화도, 이중결합의 수, 결정구조들에 크게 영향을 받게 된다.

2) 용해성

지방은 물에 녹지 않고 유기용매(클로로포름, 에테르, 벤젠)에는 용해한다. 지방은 물에 대한 친화력이 낮기 때문에 물과 쉽게 결합하지 않는다. 지방산의 카르복실기 부분은 수용성이지만, 탄화수소 부분은 물과 친화력이 낮은 소수성 영역이므로, 수소의 길이가 짧은 저급 지방산의 경우 물에 녹기도 하나 탄화수소 직쇄구조의 길이가 길어질수록 용해성은 떨어진다.

3) 비중

유지의 비중은 물보다 가벼우며, 식용유지의 경우 15℃에서 0.91~0.94 정도이다. 따라서 물보다 작기 때문에 물 위에 뜨게 된다. 일반적으로 포화지방산보다 불포화지방산이 많을수록 비중이 높고 유지가 변질되어 중화합물이 많이 생길수록 비중이 커진다.

4) 비열

유지의 비열은 0.47cal/g로 작으므로, 가열시 온도가 급상승하거나 급하강하는 성질이 있다. 특히 냉동식품 조리 시 온도가 내려가는 현상을 볼 수 있다.

5) 점노

유지류를 공기의 순환 없이 가열하면 200℃ 이하에서는 변화가 일어나지 않으나, 공기와의 접촉 면적이 크고 높은 온도로 가열하면 산화 중합반응에 의해 점도가 증가하다

6) 발연점

기름을 지속적으로 가열하면 일정온도에 이르면 연기가 나는데, 이 온도를 발연점

이라 한다. 식용기름은 각자의 제조과정 및 성분에 따라서 발연점이 다른데, 유지의 발연점은 유지의 정제 정도 및 순도, 유지 중의 유리지방산 함량 등에 따라 현저한 영향을 받는다.

화학용매 추출로 만들어진 식용유(대두유나 시판되는 대부분의 포도씨유는 화학용매 추출유임)의 경우는 제조과정에서 이미 화학성분과 열을 가하는 과정을 상당히 거쳤기 때문에 발연점이 높다. 그러나 올리브유의 경우, 올리브열매를 그대로 압축하여 얻어 낸 기름이므로, 화학성분과 열처리 과정을 거치지 않았기 때문에 발연점 자체가 일반식용유보다 낮다.

그러나 올리브유 중에서도 퓨어 올리브유의 경우는, 열을 전혀 가하지 않고 얻어진 엑스트라버진 올리브유와 열을 가하여 얻어진 정제 올리브유를 합하여 얻어진 경우이기 때문에, 엑스트라버진보다는 발연점이 높다.

7) 수소화(경화)

경화란, 액체상태의 식물성유지에 수소를 첨가하여 불포화지방산을 포화지방산으로 전환시켜 액체상태의 지방을 고체상태로 만드는 과정이다.

경화유의 예로 마가린, 쇼트닝을 들 수 있으며, 가수소화가 진행되는 동안 불포화지방산의 이중결합이 시스형에서 트랜스형으로 바뀌게 되며, 트랜스지방산은 불포화지방산이지만 구조가 직선상의 사슬 모양으로 포화지방산과 유사하여 체내 대사 시에 포화지방산처럼 작용한다.

시스 cis
트랜스 trans

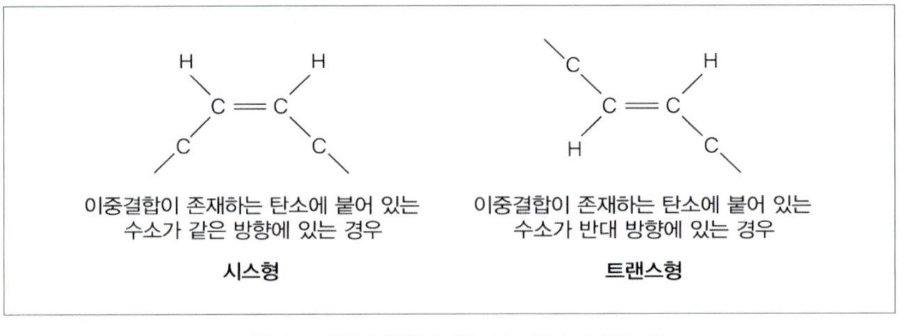

그림 6.4 불포화지방산의 시스형과 트랜스형

03 유지의 종류

1) 식물성유지

식물성유지는 식물의 종자나 배아에서 분리하여 탈검, 탈산(중화), 탈색, 동유처리 등으로 만든다. 예외로 각각 볶거나 그대로 압착하여 사용하는 것은 참기름, 들기름, 올리브유 등이 있다.

Q_ 요오드가란?

A_ 요오드가는 유지 100g에 흡수되는 요오드 g수로 표시한다. 불포화도의 척도와 이중결합이 많은 불포화지방산인 액체 유지는 요오드가가 높고, 고체 유지는 요오드가가 낮다.

표 6.1 식물성유지를 요오드가에 따른 분류

건성유	요오드가 130 이상	공기중에 두면 쉽게 굳어짐	들기름, 겨자유
반건성유	요오드가 100~130 이상	건성유와 불건성유의 중간적인 성질	콩기름 면실유 참기름 옥수수유 해바라기유
불건성유	요오드가 100 이하	공기 중에 두어도 굳어지지 않는 것	올리브유 피마자유 낙화생유

(1) 대두유

대두유 soybean oil
올레산 oleic acid
리놀레산 linoleic acid

콩기름으로 가장 많이 이용하며 불포화지방산인 올레산, 리놀레산을 많이 함유한다. 천연항산화제와 비타민 E가 풍부하다. 값이 저렴하고 발연점이 높아 튀김용으로 많이 사용되지만, 지방산화에 주의한다. 튀김용, 샐러드 드레싱용, 부침용으로 이용된다.

(2) 올리브유

올리브유 oilve oil

지중해 지역에서 많이 이용되고, 클로로필 때문에 녹색을 가지고 있으며 독특한 향이 있다. 불포화지방산이 많이 함유된 기름으로, 중성지방과 콜레스테롤 함량을 낮추어 주는 작용을 한다. 올리브유는 향을 잃지 않는 압착법을 사용한다.

엑스트라버진 extra-virgin
버진 virgin
퓨어 pure
포마스 pomace

Q_ 올리브유의 종류

A_
- 엑스트라버진 : 산가 1% 미만으로, 최상급의 올리브를 낮은 온도에서 압착법에 의해 추출한다. 특유의 향과 색을 갖고 있다.
- 버진 : 산가 2% 미만이며, 압착법에 의해 기름을 추출한다.
- 퓨어 또는 포마스 : 압착법에 의한 버진 올리브유와 추출법으로 정제한 올리브유를 혼합한 기름으로, 경제적이고 향이 덜하다.

옥수수유 corn oil

(3) 옥수수유

옥수수의 배아를 분리 · 압착하고 추출하여 얻는다. 다량생산 하여 조리용기름, 튀김, 마가린, 마요네즈, 쇼트닝의 원료로 이용된다.

참기름 sesame oil
토코페놀 tocopherol
세사몰 sesamol

(4) 참기름

참깨를 볶아 압착하여 짜낸 기름으로 고소한 향미를 가지며, 천연항산화제 작용을 하는 토코페놀과 세사몰을 함유한다. 주로 한국음식에 이용된다.

들기름 perilla oil
리놀렌산 linolenic acid

(5) 들기름

들깨를 압착법을 이용하여 짜낸 기름으로 독특한 향이 있다. 리놀렌산이 많이 들어 있으며, 영양적으로 필수지방산을 많이 함유하고 있다. 그러나 건성유에 속하므로 공기 중의 산소와 쉽게 산화되어 저장성이 떨어지므로 냉장 보관하는 것이 좋다.

면실유 cottonseed oil
고시폴 gossypol

(6) 면실유

목화 종자를 이용하여 얻어지는 기름이다. 항산화 성분인 고시폴을 함유하고 있으나 독성이 있으므로 정제 시 제거해야 한다. 튀김류, 샐러드용, 쇼트닝이나 마가린 제조의 원료로 이용된다.

Q_ **음식에 이용하는 그 외의 식물성기름들**

A_
- 코코넛유, 팜유 : 야자열매에서 얻어지는 식물성유지로, 포화지방산이 많아 상온에서 반고체상태이다. 이중결합이 적어 산화에 대한 안정성이 높다. 그러나 중성지방과 콜레스테롤의 농도가 높아지며 성인병질환을 일으킬 수 있다. 튀김유, 쇼트닝 원료로 이용된다.
- 포도씨유 : 포도씨를 압착하여 추출 정제한 것으로, 팔미트산과 리놀레산이 많이 함유되어 있어 체내의 심혈관계질환을 예방하는 효과가 있다. 발연점이 높아 튀김, 샐러드유에 이용된다.
- 카놀라유 : 독성물질인 에루스산이 있으나, 품종을 개량하여 이용하고 있다. 부침, 튀김에 이용된다.
- 코코아버터 : 카카오콩을 볶아 압착하여 얻은 지방으로, 포화지방산이 높아 실온에서 고체상태이다. 초콜릿에 주로 이용된다.
- 미강유 : 쌀겨에서 추출되어 지질분해효소인 리파아제에 의해 산패가 쉽다. 쌀과자 튀김에 이용된다.

코코넛유 coconut oil
팜유 palm oil
포도씨유 grape seed oil
팔미트산 palmitic acid
카놀라유 canola oil
에루스산 erucic acid
코코아버터 cocoa butter
미강유 rice bran oil
리파아제 lipase

2) 동물성유지

(1) 버터

우유에서 분리된 유지방의 크림으로 제조되는 것으로, 크림을 가열하면 지방가수분해 효소가 불활성화 된다. 교반에 의해 수중유적형 유화액이 파괴되어 유중수적형 유화액으로 지방 80%, 수분 16%, 그 외 밀크 고형물질 4%로 구성된다.

버터는 교반에 의해 지방의 인지질막이 깨지고, 우유에 지방이 응집하면 소금과 색소물질 등의 첨가물을 넣고 버터가 만들어진다. 버터의 향미는 디아세틸 때문이며, 그 외 유당에 의한 젖산균과 프로피온산, 아세트산 등 저급지방산에 의한 것이다. 버터의 노란색은 우유지방의 카로틴에 의한 것으로, 제과·제빵, 서양요리에 이용된다.

버터 butter
지방가수분해 효소 lipase
디아세틸 diacetyl
프로피온산 propionic acid
아세트산 acetic acid
카로틴 carotene

(2) 라드

돼지의 지방조직을 수증기나 건열로 추출하여 정제시킨 기름이다. 돼지의 복부에서 얻어진 기름이 좋으며 무색, 무취가 난다. 라드는 주로 포화지방산으로 우지나 융점이 낮으며, 쇼트닝효과가 커서 제과제품에 많이 이용된다. 크리밍성은 적으며, 발

라드 lard

연점이 높지 않아 튀김용으로는 적합하지 않다.

우지
beef tallow

(3) 우지

우지는 소의 장, 조직 등에서 얻어지는 고체지방이다. 주로 쇼트닝 제조나 제과·제빵에 마가린과 함께 사용된다.

어유
fish oil

(4) 어유

어종에 따라 차이가 있지만, 불포화지방산이 많아 상온에서는 액체상태이다. DHA와 EPA와 같은 ω-3계열 다가불포화지방산을 많이 함유하여 뇌세포 구성에 관여한다. 불포화가 높아 산패되기 쉽다.

3) 가공유지

마가린
margarine

모노글리세라이드
monoglyceride

디글리세라이드
diglyceride

디아세틸
diacetyl

(1) 마가린

버터 대용의 우유고형물로 80%의 지방, 16%의 수분, 버터와 조성이 비슷하게 제조되며, 유중수적형 유화액이다. 마가린은 식물성 유지에 수소로 경화시켜 유화제, 탈지우유, 모노 및 디글리세라이드, 비타민 A와 D, 디아세틸, 소금, 색소, 보존제 등을 넣어 만든다.

저렴한 가격의 마가린은 식물성유지로 만들어져 사용되고 있으나, 최근 수소화 과정에서 만들어지는 트랜스지방산이 문제가 되고 있다.

쇼트닝
shortening

(2) 쇼트닝

라드의 대용품으로 식물성유에 수소를 첨가하여 원하는 경도를 만들며, 공기를 주입시켜 가소성과 크리밍성을 증가시키고, 색을 더 희게 만들어 준다. 쇼트닝은 무색, 무미, 무취로 유화성과 크리밍성이 크기 때문에 모든 제빵·제과 제품에 주로 이용되고 발연점이 높아 튀김용으로 사용된다.

Q_ 조리 시 나쁜 기름 알아보는 방법

A_

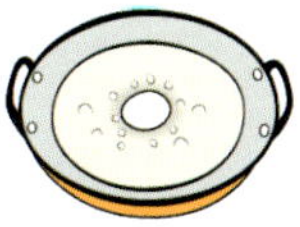

재료를 넣은 후 :
투명하고 기포는 바로 사라진다.

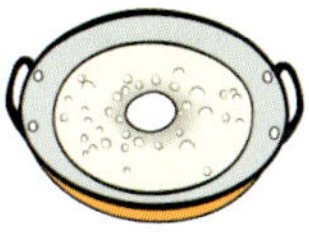

약간 나빠진 기름 :
잔 기포가 사그라지지 않는다.

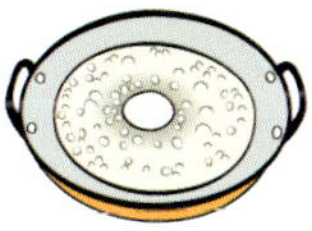

나빠진 기름 :
전체적으로 잔 기포가 많이 퍼져
끈적거리는 기포가 사라지지 않는다.

04 유지 조리 시 변화

1) 향미 증가

튀김과 볶음나물의 유지에 향미를 증진시키고 식욕증진을 가져온다. 유지 특유의 향미를 이용하는 것으로는 참기름, 들기름, 버터, 올리브유 등이 있다. 유지는 조리 시 음식에 피막을 형성하고 향기 성분은 휘발성이 있어 맨 마지막에 넣는다.

2) 열전달

유지는 열전달이 물보다 빠르며, 끓는점이 높고 비열이 낮아 음식이 빨리 익을 수 있게 하여 영양소 손실을 최소화시키고 외관을 좋게 한다.

(1) 튀김조리

식품이 기름에 담가지면 식품 표면의 수분은 뜨거운 기름에 닿아 수증기로 일부 날아가고, 이로 인해 식품 내부의 수분이 표면으로 이동하게 된다. 그리고 기름은 식품 속으로 흡수된다. 튀긴 표면이 바삭거리는 것은 식품 표면의 수분이 증발하고 기름이 약간 흡수되기 때문이다. 튀김에 기름이 흡수되고 기름의 열이 내부로 전달되어 식품이 완전히 익게 되는데, 이때 튀김 표면에 메일라드 반응으로 인해 갈색이 되어 먹음직스러운 껍질을 형성한다.

Q_ 튀김을 잘 하는 요령

A_
- 튀김 시 온도변화를 막기 위해 두꺼운 넓은 팬을 사용하여, 넉넉하게 기름을 넣고 튀겨야 온도변화가 적다.
- 수분이 많은 재료는 기름온도를 저하시키므로 수분을 제거한다.
- 튀김재료를 넣은 다음 젓가락으로 가볍게 흔들어주며 튀긴다.
- 튀김 시 너무 많은 재료를 한꺼번에 넣으면 온도가 내려가므로 적당히 나누어 튀긴다.
- 튀김냄비는 두껍고 넓은 스테인리스나 알루미늄이 좋다.

(2) 튀김기름

튀김 시 사용되는 기름은 발연점이 높고, 향을 가지고 있지 않은 식물성유나 유화제가 들어 있지 않은 쇼트닝이 좋다. 유화제가 첨가된 쇼트닝, 참기름, 들기름 정제되지 않은 기름, 버터와 마가린은 발연점이 낮아 튀김용 기름으로는 적합하지 않다.

Q_ 튀김기름의 온도와 떠오르는 속도관계

A_

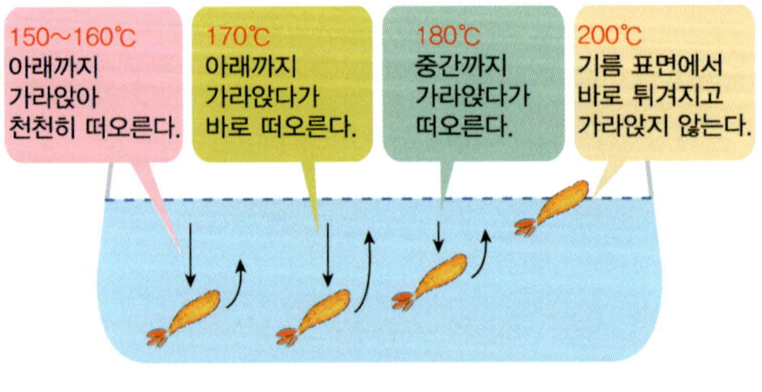

(3) 튀김 가열온도와 시간

튀김에 적당한 가열온도와 시간은 보통 180℃에서 2~3분 정도이며, 튀김시간은 튀김재료의 종류와 양, 튀김옷의 두께에 따라 달라진다. 표면만 익히고자 할 때는 고온에서 단시간에 튀겨야 하며, 내부 속까지 완전히 익히고자 할 때는 저온에서 서서히 익혀야 한다. 기름의 온도가 낮으면 기름의 흡수가 쉬워지며, 튀김시간이 길수록 기름의 흡수도 많아진다. 기름 흡수가 많아지면 눅눅해져 맛이 없어지고, 소화되는 시간이 길어진다.

(4) 튀김기름의 가열 시 변화

튀김기름은 가열에 의해 유리지방산과 과산화물이 생성되며, 지방의 중합현상이 일어나 점도가 증가한다. 튀김에 사용된 기름은 산패되면서 이물질의 증가가 커져 발연점이 낮아진다. 또한 튀김의 기름을 오래 사용하면 거품이 형성된다.

Q_ 튀김옷 반죽을 만드는 요령

A_
- 밀가루 : 글루텐이 적고 흡습성이 약하며 탈수가 잘 되는 박력분이 좋다. 박력분이 없으면 중력분에 전분을 섞어서 사용한다. 밀가루는 재료에 수분 및 단맛에 증발을 줄이고 기름을 흡수하여 맛이 좋아진다. 글루텐이 강하면 튀김옷이 끈적이고, 튀김 시 수분이 증발할 틈이 없어 튀김이 눅눅해진다.
- 물 : 글루텐은 온도가 올라가면 잘 형성되므로 생기지 않도록 하기 위해서 찬물이나 얼음물을 넣는 것이 좋다.
- 달걀 : 달걀물에 공기가 들이가 열로 인해 팽창하기 때문에 튀김옷이 바삭해진다. 그 외에 맥주 등의 알코올이 밀가루가 덩어리지지 않게 하고 글루텐에 점성을 억제하여 바삭하게 튀긴다.
- 젓가락 : 튀김반죽은 두꺼운 젓가락으로 직선으로 섞어준다.

A_ 이 외에도 중조는 튀김옷을 부풀게 하고 튀김옷을 노랗게 하며, 옥수수전분은 흡습성이 낮고 형태가 흐트러지지 않게 해준다.

3) 유화

유화 emulsion

유화란 물과 유지가 혼합되는데, 이러한 현상을 유화라고 한다. 유지는 물에 녹지 않으나 친수성기와 소수성기를 갖고 있는 유화제와 함께하며 반응하여 유화액을 이룬다.

모노글리세라이드 monoglyceride
디글리세라이드 diglyceride
솔비톨 지방산 에스테르 sorbitol fatty acid easter

- 천연유화제 : 레시틴, 식품 중에 존재하는 모노글리세라이드, 디글리세라이드, 담즙산, 단백질 등
- 합성유화제 : 솔비톨 지방산 에스테르
- 자연유화액 : 우유, 크림, 버터, 난황
- 인공유화액 : 마요네즈, 프렌치드레싱, 샐러드드레싱

수중유적형 oil in water, O/W형
유중수적형 water in oil, W/O형

표 6.2 유화의 두 가지 유형

수중유적형	물속에 기름이 있는 분산되어 있는 상태이다.	마요네즈
유중수적형	기름 속에 물이 분산된 형태이다.	버터, 마가린

유화를 이용한 대표적인 샐러드드레싱

❶ 마요네즈

마요네즈는 식물성유지, 식초, 난황으로 만들어지는 수중유적형 유화액으로, 레시틴 함유의 난황이 유화제이다. 천천히 기름을 조금씩 넣어주며 혼합한 후 서서히 기름의 양을 늘려야 안정된 유화액이 된다.

마요네즈가 분리되는 이유는?

- 초기에 기름을 너무 빨리 많이 넣었을 경우
- 난황에 비해 기름이 많았을 경우
- 젓는 속도와 방법이 잘못되었을 경우
- 기름의 온도가 너무 낮아 유화액 형성이 불완전한 경우
- 냉동 저장하여 지빙구를 둘러싸고 있는 유화제 막이 파괴된 경우

❷ 프렌치드레싱

프렌치드레싱은 식물성유, 식초, 소금을 섞고 저어준다. 주로 기름과 식초를 3:1의 비율로 만들며 기호에 따라 비율을 조절한다. 식초에 소금, 후추를 넣고 소금이 다 녹으면 기름을 넣어 섞어준다.

마요네즈 mayonnaise

프렌치드레싱 French dressing

4) 조직감

지방은 제과제품에 조직감을 좋게 하는데 부드러움, 부피감, 신선함 등을 준다. 지방함량이 많은 아이스크림은 부드럽다. 또한 코코아버터는 체온에 가까운 녹는점을 가지고 있어 초콜릿이 부드럽다.

조직감 texture

05 유지의 저장 중 변화

1) 산패

유지의 저장은 빛, 온도, 산소의 영향을 받아 빛깔, 맛, 냄새가 변하는데, 이것이

산패이다. 따라서 보관 시 주의해야 한다. 산패를 일으키는 화학적 변화는 대개 가수분해에 의한 것과 산화에 의한 것 두 가지로 나눌 수 있다.

산패 rancidity

산패는 식품 속의 지방과 유지가 조리가공 과정 중의 외부요인으로 인해 불쾌한 냄새와 맛, 점성 등을 가지게 되는 것이다. 유지의 저장이 길어질수록 산패가 진행된다.

(1) 산화적 산패

리폭시다아제 lipoxidase

지방은 산소에 노출되었을 때 리폭시다아제의 활성과 불포화도가 높을수록 산패가 더 쉽게 일어난다. 반대로, 인위적으로 수소가 첨가되었을 때와 천연의 포화지방산은 비교적 저항력이 있다. 그리고 불쾌한 냄새와 맛, 영양가가 저하되고 독성을 가지게 된다. 불포화지방산이 많이 가질수록 산화는 일어나며, 불포화도가 높은 식물성 유지나 어유가 쉽게 산화된다.

(2) 가수분해 산패

트리글리세라이드 triglyceride

유리지방산 free fatty acid

글리세롤 glycerol

리파아제 lipase

산가 acid value

지방이 물과 반응하여 가수분해되거나 리파아제효소에 의해 분해가 되는 산패이다. 트리글리세라이드가 가수분해되면 유리지방산과 글리세롤을 생성하는데, 이 반응은 리파아제에 의해 촉진된다.

가수분해를 일으키는 리파아제는 미생물에 의해 제공되므로, 식품을 저온 저장하거나 열을 처리하여 변성시켜 효소를 억제시키는 것이 좋다. 가수분해 산패는 에스테르와 글리세롤 결합이 되어 있지 않아 유리지방산이 생성되어 산가가 증가하여 산화가 촉진된다.

2) 산패방지

유지는 냉장온도에서 보존하며 빛, 습기, 공기 접촉을 차단하면 산패 방지에 도움이 된다. 산소를 제거하거나 진공상태를 만들어 산소의 접촉을 막는다. 식물성기름을 포장할 때 갈색 병에 넣어 포장 후 냉장보관 등을 하여 산소를 차단하며, 온도가 높으면 산화반응 속도가 증가되므로 낮은 온도인 서늘한 곳에 보관한다.

또한 산패의 진행을 늦추기 위해 항산화제를 사용한다. 천연항산화제로 식물성기름에 토코페롤류, 비타민 C, 참기름에 세사몰, 폴리페놀류 등이 있으며, 인공항산화제는 BHA, BHT, PG 등이 있다.

그리고 구리, 철 같은 금속이 지방산화를 촉진하는 산화적 전구체로 작용하므로 조리도구에 금속을 사용하지 않는다.

토코페롤 tocopherol

세사몰 sesamol

BHA butylated hydroxyanisole

BHT butylated hydroxytoluene

PG propyl gallate

산화적 전구체 prooxidant

3) 산패 측정방법

(1) 과산화물가 측정법

식용유지에 존재하는 과산화물의 함량을 측정하거나 또는 과산화물의 생성속도를 측정함으로써 산패의 발생을 검출하거나 유도기간의 길이를 측정한다. 일반적으로 유지 속의 과산화물 함량은 과산화물가로 표시되는데, 이것은 1kg의 유지에 함유된 과산화물의 mmol/kg로 표시한다. 이 방법의 가장 큰 단점은 산화가 진행됨에 따라 수치가 최고에 도달한 후 감소하기 때문에, 산패가 발생한지 오래된 식품의 과산화물가가 의외로 낮을 수 있다.

(2) TBA법

산화된 유지에 형성된 특정 카르보닐 화합물의 하나인 말론알데히드가 2-thiobarbituric acid와 빨간색의 복합체를 형성하며, 이 빨간색의 강도는 말론알데히드의 형성량, 따라서 일반적으로 유지의 산패도와 밀접한 관계를 맺고 있다는 데에 근거를 두고 있다. 이 방법의 단점은 육류의 경우 아질산염을 함유하고 있어서 여기에 적용시 TBA가가 떨어져 정확한 값을 얻기 힘들다.

말론알데히드 malonaldehyde

(3) 산가

산가는 유지 1g에 함유된 유리지방산을 중화하는데 소요되는 KOH의 mg수로, 유지의 산가가 높으면 해당 유지가 변질된 것을 의미한다.

식용유의 산가는 일반적으로 1.0 이하로 유리지방산 함량(%)으로 유지 중의 유리지방산이 모두 올레산(18 : 1)으로 구성되어 있다는 가정 하에 산가를 고려하여 계산한 것이다.

산가 acid value

올레산 oleic acid

(4) 요오드가

요오드가란 유지 100g에 흡수되는 요오드의 g수이다. 요오드는 유지 중의 불포화 결합의 부분에 부가된다. 따라서 요오드가는 유지를 구성하는 지방산의 불포화도에 비례되는 수치이므로, 요오드가가 높은 유지일수록 유지 중에 불포화지방산을 많이 함유하게 된다.

일반적으로 불포화도는 유지의 구성지방산의 성질을 말해주며, 요오드가에 따라 유지의 성질은 크게 달라질 수 있다. 그러므로 유지를 요오드가에 따라 분류하는 경우가 많다.

Q_ 맛있는 올리브유 고르는 방법과 보관 방법은?

A_ 맛있는 올리브유는 고를 때 수확 날짜가 1년 이내여야 가장 신선하다. 또한 유통기한이 2년 이하인 것이 좋으며, 올리브유 보관 시 용기는 병의 색깔이 짙을수록 빛을 더 잘 차단한다. 플라스틱 용기는 서서히 공기가 유입되므로 병의 용기를 사용하는 것이 좋다. 산소는 기름의 맛을 손상시키므로 반드시 밀폐된 용기에 담는다. 열은 맛을 변질시키는 반응을 촉진하므로 햇빛으로부터 멀리 보관하는 것이 좋다.

Q_ 다양한 유지는?

A_
- 카놀라유 : 다양도인 일반용 기름으로 흙 맛과 고소한 맛이 난다. 정제 카놀라유는 발연점이 높아 튀김요리 구이에 적합하다.
- 땅콩기름 : 발연점이 높아 고온에서 볶음요리를 할 때 적합하다. 다른 견과유와는 달리 부드럽고 고소한 맛이 난다.
- 코코넛오일 : 상온보다 조금 더 높은 온도에서 고체가 액체로 녹는다. 비정제한 코코넛오일은 튀기는 과정에서 과도한 연기를 낸다.

【실험】 유지의 발연점 실험

1 실험 목적

유지의 종류에 따른 발연점을 측정하여 비교한다.

2 실험 방법

재료준비	증발접시에 재료 담기
↓	
1차 가열	불꽃이 증발접시 옆 둘레까지 올라오지 않도록 연기가 잘 보이도록 뒷면을 어둡게 하기
↓	
1차 발연점 측정	엷한 푸른빛의 연기가 전면에서 발생 시 온도계가 접시 바닥에 닿지 않게 하기
↓	
냉각	상온에서 20분간 방치
↓	
2차 가열	불꽃이 증발접시 옆 둘레까지 올라오지 않도록 연기가 잘 보이도록 뒷면을 어둡게 하기
↓	
2차 발연점 측정	온도계가 접시 바닥에 닿지 않게 하기

3 실험 결과

발연점	대두유	채종유	버 터	쇼트닝
1차(℃)				
2차(℃)				

실험재료

대두유 100g
버터 100g
채종유 100g
쇼트닝 100g

실험기구

온도계(300℃ 이상)
증발접시 4개
튀김팬 4개
마른행주

단원정리

1 유지의 구조
- 중성지방 : 1분자의 글리세롤과 3분자의 지방산이 에스테르 결합 구성된다.
- 인지질 : 중성지방을 구성하는 3개의 지방산 중 한 개의 지방산 대신 인산기가 결합된 형태이다.
- 지방산은 탄소원자가 사슬 모양으로 길게 연결된 것으로 왼쪽 끝에 메틸기, 오른쪽 끝에 카르복실기가 있다.
- 오메가-3지방산 : 리놀렌산, DHA, EPA 등이 포함되어 두뇌발달, 혈중 콜레스테롤 농도를 저하, 심장순환계 질환 예방, 암 발생을 억제한다.

2 유지의 특성
- 융점(녹는점) : 포화지방산과 고급지방산이 많을수록 융점이 높아져 고체상태로 존재, 저급지방산이 많고 불포화지방산이 많을수록 융점이 낮아 액체상태로 존재한다.
- 용해성 : 지방은 물에 녹지 않고 유기용매(클로로포름, 에테르, 벤젠)에는 용해한다.
- 비중과 비열 : 비중은 물보다 가벼우며, 비열은 작으므로 가열시 온도가 급상승하거나 급하강하는 성질이 있다.
- 점도 : 구성지방산의 탄소수가 증가할수록 지방산의 분자 간 친화력 때문에 점도가 증가하며, 가열에 의해 중합될수록, 불포화도가 증가할수록 점도는 감소한다.
- 발연점 : 기름을 계속 가열할 때 일정온도에 이르면 연기가 나는 온도이다.
- 수소화 : 액체상태의 식물성유지에 수소를 첨가하여 불포화지방산을 포화지방산으로 전환시켜 액체상태의 지방을 고체상태로 만드는 과정이다.

3 유지의 종류
- 식물성유지 : 대두유, 올리브유, 참기름, 옥수수유, 면실유, 들기름 등
- 동물성유지 : 버터, 라드, 우지, 어유 등
- 가공유지 : 마아가린, 쇼트닝 등

4 유지의 조리 시 변화
- 향미증가 : 튀김과 볶음나물에 유지의 향미를 증진시키고, 식욕을 증진한다.
- 열전도(튀김) : 끓는점이 높고 비열이 낮아 음식이 빨리 익히고, 영양소 손실을 최소화한다.
- 유화 : 물과 유지가 혼합되는 현상이다.
  - 수중유적형(oil in water, O/W형)
  - 유중수적형(water in oil, W/O형)
- 조직감 : 제과제품에 조직감을 좋게 해주는데 부드러움, 부피감, 신선함을 준다.

5 유지의 저장 중 변화
- 산패 : 식품속의 지방과 유지는 조리가공 과정 중 열 또는 보관 시 공기 중의 산소, 빛, 효소 등의 외부요인으로 인해 불쾌한 냄새와 맛, 점성 등을 가진다.
- 산패측정 방법 : 과산화물가 측정법, TBA법, 산가, 요오드가 측정방법이 있다.

단원종합문제

1 유지의 중성지방, 인지질, 지방산의 구조에 대해서 설명하시오.

2 오메가-3지방산에 대한 설명과 생리적 효능에 대해 설명하시오.

3 유지의 특성 중 수소화(경화)에 대해 설명하시오.

4 유지의 특성 중 융점(녹는점)에 대해 설명하시오.

5 올리브유의 종류에 대해 설명하시오.
- 엑스트라버진
- 버진
- 퓨어 또는 포마스

6 식물성유지를 요오드가에 따른 분류 시 건성유, 반건성유, 불건성유로 나눈다. 그 특징과 종류에 대해 설명하시오.

7 튀김조리 시 잘하는 요령 및 반죽하는 방법에 대해 설명하시오.

8 유지의 특성 중 발연점에 대해 설명하시오.

9 유지의 수중유적형, 유중수적형의 차이점과 그 예를 한 가지씩 들어 설명하시오.

10 산패측정 방법에 대해 설명하시오.
- 과산화물가 측정법
- TBA법
- 산가
- 요오드가

Cooking Principles & Experimental Cooking

07

CHAPTER 07

07 두류 및 두류제품

01 두류의 구조

두류는 콩, 팥, 강낭콩, 완두와 같은 콩과식물이 생산하는 종실(씨)의 총칭으로, 단백질을 풍부하게 함유하고 있어 영양학적으로 가치 있는 식품이다. 형태는 작물에 따라 꼬투리의 형상이 편형과 원통형, 크고 긴 것과 작고 짧은 것, 곧은 모양과 나선형 등으로 다양하다. 구조는 배유, 자엽(90~92%), 종피(7~8%), 배아(2%)로 이루어져 있다. 자엽부가 대부분을 차지하고, 배유부는 퇴화되어 자엽부를 식용부위로 사용하고 있다. 영양성분의 조성에 따라 단백질과 지방함량이 높은 대두와 땅콩, 단백질과 전분함량이 높은 두류로 팥, 녹두, 완두, 강낭콩, 동부가 있으며, 채소의 특성을 갖은 청태콩, 풋완두콩, 껍질콩 등으로 나눌 수 있다.

표 7.1 두류의 분류

구 분	콩의 종류
단백질과 지방함량이 높은 두류	대두, 땅콩
단백질과 전분함량이 높은 두류	팥, 녹두, 완두, 강낭콩, 동부
채소의 특성을 가진 두류	청태콩, 풋완두콩, 껍질콩
자엽을 먹는 두류	대두, 팥, 녹두, 강낭콩, 완두콩

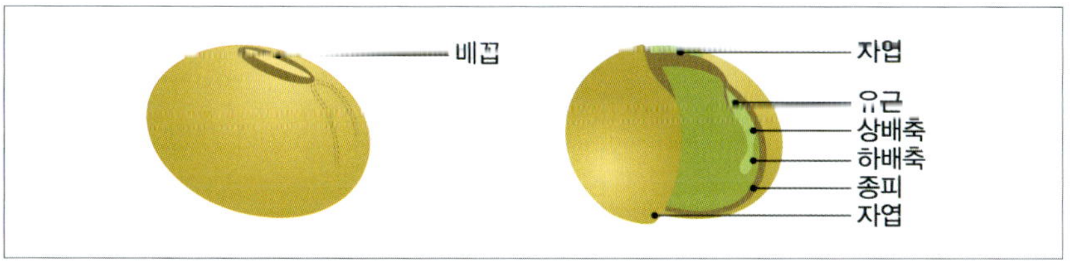

그림 7.1 두류의 구조

배꼽 hilum
자엽 cotyledon
유근 radicle
상배축 epicotyl
하배축 hypocotyl
종피 seed coat
자엽 cotyledon

02 두류의 성분

사포닌 saponin
탄닌 tannin
레시틴 lecithin

두류는 단백질과 지방질, 비타민 B_1이 풍부하며, 특수 성분으로 사포닌, 탄닌, 레시틴을 함유하고 있다. 두류는 영양가가 높고 단백질의 아미노산 조성이 우수하여 경제적인 단백질 급원이며 K, Ca 등의 무기질이 풍부한 알칼리성 식품이다.

1) 단백질

아이소류신 isoleucine
류신 leucine
페닐알라닌 phenylalanine
트레오닌 threonine
발린 valine
글로불린 globulin
글리시닌 glycinin
리신 lysine
파세올린 phaseolin

대두의 단백질의 함량이 20~40%로 대부분은 수용성으로 단백질함량이 곡류에 비해 약 3~6배나 많이 들어 있어 단백질함량이 우수하다. 대두의 필수아미노산인 아이소류신, 류신, 페닐알라닌, 트레오닌, 발린이 풍부하다. 대두에 주된 단백질은 글로불린에 속하는 글리시닌으로 필수아미노산을 골고루 함유하고 있는 완전단백질에 속하는 것으로, 리신의 함량이 높아 두류와 곡류를 혼합한 식사를 하면 단백가를 보완하는 데에 효과적이다. 팥에는 파세올린의 함량이 많다.

2) 탄수화물

대두는 전분의 함량이 낮고 20% 내 · 외의 탄수화물을 함유하고 있다. 대두의 탄수화물은 난소화성 다당류로, 기능성을 갖고 있는 올리고당과 식이섬유로서 구성되어 있다. 팥, 녹두, 강낭콩, 동부 등의 탄수화물은 주로 전분으로 구성되어 있어 묵과 당면, 떡의 고물이나 소의 원료로 이용되고 있다.

3) 지방

리놀렌산 linolenic acid
올레산 oleic acid

대두의 지방함량은 약 17~18%로 이들로부터 식용유를 채유하여 사용한다. 두류에서 얻은 식용유에는 리놀렌산과 올레산 등의 불포화지방산이 풍부하게 들어 있어 필수지방산의 급원식품으로 중요시되고 있다.

4) 무기질과 비타민류

두류는 칼륨이 가장 많고, 칼슘, 인, 철 등이 풍부하게 함유되어 있다. 비타민으로는 비타민 B 복합체가 풍부하며, 콩기름에는 비타민 E가 풍부하여 유지의 산패를 방지한다. 그러나 두류에는 비타민 C가 존재하지 않으나, 싹을 내어 발아하면 합성하여 비타민 C가 풍부해진다. 그 예로 대두와 녹두에는 비타민 C가 전혀 없으나 싹이 나서 자랄 때 합성하므로, 콩나물이나 숙주나물은 발아하여 성장할 때 비타민 C의 함량이 많다.

5) 그 외의 성분

(1) 이소플라본

대두 1g당 약 1mg 정도 함유된 이소플라본은 식물의 페놀계 노란색 색소인 플라보노이드의 하나로 대두의 껍질 부위에 많으며, 여성 호르몬인 에스트로겐과 유사한 작용을 하여 에스트로겐 분비를 촉진하여 유방암, 난소암, 대장암 등에 효과를 나타내며 골다공증, 우울증과 같은 갱년기 증세에도 효과가 있는 것으로 나타났다.

이소플라본
isoflavone

에스트로겐
estrogen

(2) 사포닌

사포닌
saponin

대두와 팥에 함유되어 있는 사포닌은 물과 친한 친수성기와 기름과 친한 소수성기를 모두 가지고 있는 양친성분자이다. 이 때문에 비누처럼 유화작용을 일으켜 거품을 형성하는 성질을 가지고 있어 콩을 씻거나 삶을 때 거품이 생기게 된다. 이러한 사포닌은 과량섭취 시 장을 자극하여 설사의 원인이 되기도 한다.

(3) 트립신 저해제

날콩에는 단백질 분해효소인 트립신의 작용을 방해하는 트립신 저해제가 들어 있어 소화 · 흡수를 어렵게 한다. 이들 물질은 100℃에서 4~5분 정도로 가열처리 하면 그 기능을 상실하고 단백질의 소화율이 향상되고, 날콩 냄새도 억제된다.

트립신 저해제
trypsin inhibitor

03 두류의 조리

1) 대두

대두를 이용한 대표적인 조리방법으로 콩조림, 콩국수, 콩가루, 두부, 두유, 콩나물이 있으며, 발효식품으로는 간장, 된장, 고추장, 청국장 등이 있다. 최근 대두에 함유된 이소플라본의 항암효과가 알려지고 있는데, 이소플라본의 함량은 대두 자체보다는 대두 발효식품이 더 풍부한 것으로 나타났다.

말린 콩은 딱딱한 외피에 둘러싸여 있으며 수분함량이 적기 때문에, 조리하기 전에 장시간 물에 담가 충분히 불려야 쉽게 물러지게 되는데, 콩을 불리는 시간은 대두, 검은콩 등은 5~6시간 정도가 적당하다. 담가둔 물의 온도에 따라 시간이 달라질 수 있으며, 경수를 사용할 경우 칼슘과 마그네슘 이온이 콩의 펙틴물질과 결합하여 가열 시에 콩의 연화를 저해하기 때문에 연수를 사용하는 것이 좋다.

글리시닌 glycinine
헤미셀룰로오스 hemicellulose
티아민 thiamin

Q_ 대두의 삶는 시간을 단축하기 위한 조리방법

A_
- 압력솥을 이용 : 가압을 이용하여 조리시간을 단축한다.
- 식염수에 담갔다가 삶기 : 대두의 주요 단백질인 글리시닌은 식염과 같은 중성용액에 잘 용해된다.
- 식소다와 같은 알칼리성 물질을 첨가하기 : 콩을 삶을 때 헤미셀룰로오스가 알칼리에 의해 연화되는 성질을 이용하여 쉽게 물러지고 조리시간이 단축되지만, 콩에 많이 들어 있는 비타민 B_1(티아민)의 파괴를 촉진하기도 한다.

크리산테민 chrysanthemin

Q_ 콩조림 시 색이 더 검어지는 이유

A_ 검은콩의 껍질색은 안토사이아닌계 색소인 크리산테민이라는 성분으로, 검은콩의 색소는 철이나 주석 등의 금속이온과 결합해서 더 짙은 검은색이 되므로 이런 성질을 이용하여 콩조림을 할 때에는 두꺼운 무쇠솥을 이용해 왔다.

리신
lysine

Q_ 흰밥에 콩류를 섞어서 먹으면 좋은 이유

A_ 두류에는 곡류에 부족한 리신의 함량이 높기 때문에, 곡류와 두류를 혼합한 식사를 하면 효과적이다.

(1) 대두의 가공조리식품

1 두유

두유는 콩을 물에 충분히 불린 다음 삶는다. 콩을 덜 삶으면 비린내가 나고, 너무 오래 삶으면 메주콩 냄새가 나므로 적절하게 삶는 것이 중요하다. 삶은 콩을 곱게 갈아 단백질을 용출시킨 후 제나 여과포로 여과하여 두유를 얻는다.

메티오닌
methionine

유당 불내증
lactose intolerance

두유는 우유에 비해서 칼슘, 비타민 A와 비타민 C 및 함황 아미노산인 메티오닌이 적게 함유되어 있으므로, 우유의 대용으로 사용할 때는 부족한 영양소의 보충이 필요하다. 두유에는 유당이 없어 유당 불내증 같은 증세를 보이는 사람들에게 우유 대용식품으로 이용된다.

2 두부

글리시닌
glycinin

대두렐딘
legumelin

두부는 콩을 물에 불려 분쇄한 후 끓여서 불용성을 제거한 다음, 응고제를 넣어 응고시킨 것을 압착한 것이다. 콩의 주된 단백질인 글리시닌과 레구멜린은 수용성으로 대두를 마쇄하여 물에 담그면 약 90%가 용출된다. 열에는 안정하나 금속염과 산에는 불안정하여 응고 침전한다. 두부는 단백질의 응고되는 성질을 이용하여 제조된 것으로, 소화력도 우수하고 독특한 맛과 탄력 있는 질감을 가지고 있어 많이 이용되고 있다.

두부에 응고제로는 전통적으로는 간수에 들어 있는 칼슘과 마그네슘 등의 전해질을 첨가하여 두부를 제조한다. 최근에는 주로 염화마그네슘($MgCl_2$), 황산칼슘($CaSO_3$) 등의 화학적 응고제를 이용하고 있다.

두부의 수율은 마쇄 정도에 따른 두유의 제조량에 따라 다르지만, 곱게 갈았을 경우 원료의 약 4배를 얻을 수 있다. 두부를 만들기 위해 두유를 짜내고 남은 찌꺼기를 비지로 이용하는데, 단백질함량은 적지만 고유의 질감과 고소한 맛이 있다. 두부는 기온이 낮은 겨울철에는 비교적 장시간 동안 그 선도를 보존할 수 있으나, 기온이 높은 여름철에는 쉽게 부패하므로 저장하는 데에 유의해야 한다.

표 7.2 두부응고제의 비교

응고제	첨가온도	용해성	장 점	단 점
염화칼슘 ($CaCl_2 \cdot 2H_2O$)	75~80℃	수용성	• 응고시간이 빠르다. • 보존성이 좋다. • 압착 시 물이 잘 빠진다.	• 수율이 낮다. • 두부가 거칠고 견고하다.
염화마그네슘 ($MgCl_2 \cdot 6H_2O$)	75~80℃	수용성	• 응고제로 많이 사용한다. • 맛이 좋다.	• 순간적 응고로 고도의 기술이 필요하다.
황산칼슘 ($CaSO_4 \cdot 2H_2O$)	80~85℃	난용성	• 두부의 색상이 좋다. • 조직이 연하고 탄력성이다. • 수율이 좋다.	• 온수에 희석하여 사용한다.
글루코노델타락톤 ($C_6H_{10}O_6$)	85~90℃	수용성	• 사용이 편리하다. • 응고력이 우수하다. • 수율이 높다.	• 신맛이 약간 있다. • 조직이 대단히 연하다.

두부 만들기

콩 씻어 불리기

불린 콩 맷돌(믹서기)에 갈기

냄비에 갈은 콩 끓이기

자루에 넣어 압착하기 (두유, 비지 분리하기)

간수 넣어 응고시키기

두부 틀에 넣어 굳히기

표 7.3 두부의 종류

분 류	종 류	특 징
두부류	일반두부	대두고형분이 6~8%인 두유를 응고시켜 수분이 85% 내 · 외인 것으로, 조직이 단단하고 탄력성이 있다.
	연두부	대두고형분이 11% 내 · 외인 두유를 가열냉각 후 가열 응고시킨 것으로, 조직이 균일하고 매끄러운 두부이다.
	순두부	대두고형분이 7% 내 · 외인 두유를 가열 응고시킨 것으로, 조직이 연하고 일정한 형태의 모양을 갖추지 못한 두부이다.
	경두부	일반 두부를 압착 시 수분이 78% 이하로 압착한 것이다.
	압착연두부	연두부 조직과 같이 압착한 두부이다.
가공두부류	유 부	3~5% 두유에서 얻어진 생지두부를 튀긴 것이다.
	유 바	두유 상층에 형성되는 피막을 응고, 성형한 것이다.
	군두부	두부의 표피를 구운 것이다.
	건조 두부	일반 두부를 압착하여 건조한 것이다.
	동결건조두부	두부를 급속 동결하여 건조시킨 것이다.
	달걀연두부	달걀을 생란으로 10% 이상 첨가하여 응고시킨 것이다.
	분말두부	두유를 분무건조 후 응고제를 첨가한 것으로, 물을 붓고 가열한 것이다.
	두부국수	두유에 겔화 물질을 첨가한 후 가열하여 응고시킨 것이다.
	강화두부	비타민, 미네랄 등을 두유에 첨가한 것이다.
	어육두부	어유(수리미)의 열 응고성을 이용하여 두부와 혼합 응고시킨 것이다.
	발효두부	두유를 발효시켜 응고하여 만든 것이다.
	야채두부	두유에 야채 등을 넣고 가열하여 응고시킨 것이다.
	두부햄, 두부소시지	두부에 콩단백, 고기맛소스, 유화제, 결착제 등을 첨가하여 육제품과 유사하게 만든 두부이다
	수 프	두유를 발효시켜 보존성을 늘린 것이다.
	간 모	두부를 으깨어 다른 첨가물을 넣고 유탕처리 한 것이다.
	우유두부	우유를 산처리 혹은 응고제로 응고시켜 압착한 것이다.
	혼합두부	두유에 야채, 해조류 등을 넣어 가열, 응고시킨 것이다.
	분리대두단백두부	분리대두 단백을 이용하여 단백질함량을 조정한 두부이다.
	전두부	전지 대두분을 이용하여 콩 전체 성분을 응고시킨 두부이다.
	조미두부	두부를 조미하여 인스턴트화 한 것이다.

③ 콩나물

아스파라긴산
asparaginic acid

콩나물은 발아과정에서 생기는 비타민 C를 함유하고 있으며, 유리아미노산인 아스파라긴산이 많이 들어 있는데, 콩나물의 뿌리 부분에 많이 들어 있고 숙취해소에 효과적이다. 또한 콩나물은 섬유소가 풍부하므로 변비에 많은 도움이 되는 식품이다.

콩나물의 제조는 대두를 선별하여 6~24시간 동안 수침(수온이 40℃ 정도인 경우 3~4시간)하면 원두의 2배가량 팽윤하며 발아되기 시작하고, 물이 잘 빠지는 구멍이 있는 통이나 시루 밑에 헝겊을 깔고 수침한 콩을 담은 다음, 검은 천으로 덮어 햇빛이 들어가지 않도록 어두운 곳에 둔다. 온도를 22~23℃로 유지하면서 매일 4~5번씩 미지근한 물을 주면 싹이 나오고 자라기 시작하여 5~6일 지나면 10cm 정도까지 자란다. 이때 비타민 C의 함량이 가장 많다. 콩나물을 삶을 때에는 자주 열면 냄비의 온도가 내려가 리폭시게나아제라는 효소가 활성화 되어 비린내가 나게 된다.

리폭시게나아제
lipoxygenase

④ 콩고기

콩고기는 탈지 대두에서 단백질을 분리해 추출한 식물성 단백질인 글루텐과 대두를 첨가하여 섬유상으로 만든 식물성단백질 식품으로 인조육이라 부른다. 육류 대체품으로 채식주의자, 사찰음식에서 즐겨 먹는다.

인조육
soybean textured protein

(2) 대두의 발효조리 식품

① 메주

재래식 메주의 제조는 콩을 잘 씻은 후 상온에서 12~16시간 정도 물에 불렸다가 냄비나 압력솥에서 부드러워지도록 충분히 삶는다. 잘 무른 콩을 절구에 넣어 찧은 다음 네모나 둥근 모양으로 빚어 말리는데, 겉은 건조되지만 안에는 충분한 습기가 있어서 안쪽에서부터 발효된다.

고초균
Bacillus subtilis

재래식 메주의 발효를 주도하는 미생물은 고초균이지만, 발효 환경을 엄격하게 통제하지 않는 경우 잡균의 번식이 동시에 일어날 수 있으므로 품질이 균일해지기 어렵다. 어느 정도 발효가 일어나면 메주는 햇빛에 말려 소독한 다음 볏짚으로 묶어 매달아 건조시킨다. 2~3개월 정도 지나면 메주가 완성된다.

개량식 메주는 콩을 찌거나 삶은 후 선별된 종균을 이용하여 발효시키는 것이다. 장류 제조에 관계하는 미생물에는 곰팡이류로서 아스퍼질러스 오리제, 세균류로서 젖산균, 초산균, 단백질 분해균, 효모류에 사카로마이세스 속 등이 있다. 이 중 당화력과 단백질 분해력이 강하며 향기와 맛을 동시에 향상시키는 균종인 아스퍼질러스 오리제 단일균종의 종국을 사용하여 개량식 메주를 제조한다. 메주에 비해 발효조건을 조절하므로 시일이 단축되고 잡균의 번식을 억제하여 균일한 품질의 메주를 얻을 수 있다.

아스퍼질러스 오리제
Aspergillus oryzae

사카로마이세스
Saccharomyces

메주 만들기

Q_ **좋은 메주 고르는 방법**

A_
- 메주는 겉이 발라 있고 노르스름하며 속은 약간 말랑말랑한 것이 잘 뜬 것이다.
- 표면이 거무스름하고 끈적거리며 축축하면 불량품이고, 겉이 노르스름하며 붉은색이 섞여 있어야 좋고, 쪼갠 면이 잘 떠서 검붉게 보이는 것이 좋다.
- 곰팡이는 흰색, 노란색을 띠어야 좋은데, 파랗거나 검은빛을 띠면 잡균이 많이 들어가 있어 장을 담그면 곰팡이 냄새가 나서 좋지 않다.
- 메주의 색이 처음의 콩 빛깔대로 노란 것은 덜 띄워진 것이고, 약간 갈색이 나는 것이 좋은데, 지나치면 떠서 속이 곯은 것으로 좋지가 않다.

2 간장

간장은 콩과 소금을 주원료로 콩을 삶아 메주를 만들고, 메주를 소금물(18% 염도)에 담가 발효시킨 후에 메주를 분리해 낸 여액을 간장이라고 한다.

간장을 담글 때 숯, 고추 등을 넣는 이유는 전통적으로는 액운의 침입을 막는다는 전통사상도 있지만, 과학적으로 간장의 발효과정에서 이상발효로 생길 수 있는 냄새의 성분을 흡수시키고 간장을 맑게 해주는 등의 목적으로 사용되었다.

숙성이 끝난 간장에서 메주와 액을 거르는데, 이때 여과액은 생간장이 되고, 건더기 메주는 된장이 된다. 생간장에는 각종 효소, 미생물, 불필요한 냄새 등이 함유되어 있으므로 저장성의 증진, 풍미의 개량을 위하여 끓여 달여내는 과정을 거치므로 살균 · 농축 과정을 거친다. 간장의 맛은 발효기간을 거치는 동안 형성되는데, 아미노산

재래식 간장 · 된장 만들기

의 구수한 맛, 당분의 단맛, 소금의 짠맛, 여러 가지 유기 성분의 향미가 어우러져 간장 특유의 향과 맛을 지니게 된다.

표 7.4 간장의 종류

종 류	특 성
재래식간장	콩만을 주원료로 소금물에 담가 발효 · 숙성시킨 것으로, 고초균에 의해서 착색한 미생물이 단백질 분해효소, 프로테아제와 전분질 분해요소 아밀라아제를 분비한다.
개량식간장 (양조간장)	콩과 탈지대두, 밀 등을 원료로 하고, 종국을 접종 배양시켜 소금물에 담가 발효, 숙성시킨 것으로 황국균을 사용한다. 아밀라아제, 프로테아제 효소를 많이 생성하여 분해 발효한다.
산분해간장 (아미노산간장)	탈지대두, 밀가루, 글루텐에 염산을 가하여 가수분해하여, 아미노산을 생성하고 중화제(Na_2Co_3)로 중화시켜 여과하여 만든 값싼 간장이다.
효소분해간장	탈지대두, 밀가루효소제, 소금물을 양조간장 제조법과 같이 전처리, 제국처리를 거쳐 2~5일간 5~15℃에서 냉염 침적시킨 것과 별도로, 제국하여 만든 간장에 효소제를 첨가한 것을 혼합하여 35~40℃에 2~3일간 숙성시켜 얻은 간장이다.
혼합간장	양조간장, 산분해간장, 효소분해간장을 혼합하여 만든 값이 싼 개량간장이다.
어장(魚醬)	멸치, 바지락 등의 어패류를 원료로 미생물의 힘을 빌리지 않고 자체 내의 효소에 의해서 분해 숙성되어 조미료와 간장대용으로 쓰인다.

Q_ 간장에 소금물 맞추는 방법

A_
- 메주가 소금물 위로 약간만 뜨면 적당하다.
- 소금물에 달걀을 띄워 달걀이 500원짜리 동전 크기만큼 올라오면 적당하다.
- 날이 추운 정월장은 18~19보메(°Be)가 좋고, 따뜻한 날이면 19~20보메(°Be)가 좋다.

3 된장

된장은 재래식 된장과 개량식 된장이 있다. 재래식 된장은 메주로 장을 담가서 장물을 떠내고 남은 메주로 담근 것이다. 간장과 된장이 한 과정에서 얻어지며 다양한 미생물에 의해 발효가 일어나게 된다. 된장은 효소에 의해 독특한 풍미가 생기나 주로 고초균이 주요 균으로 사용된다.

개량식 된장은 콩에 발효균을 띄우는 것이 아니라 쌀, 보리, 밀가루, 밀쌀 등 전분

고초균
Bacillus subtilis
황국균
Aspergillus oryzae

질 원료에 곰팡이를 띄우고, 삶은 콩과 소금, 물과 혼합하여 발효하는 것이다. 간장과 된장의 제조가 독립적으로 이루어지고, 발효과정에서 유익한 곰팡이균을 선별하여 이용하기 때문에 효율적이고 위생적이다. 황국균, 고초균이 주요 균으로 사용된다.

미소
miso

Q_ 일본된장 미소란?

A_ 일본식 된장인 미소는 황국균을 곡물에 번식시킨 코지를 이용하여 콩을 발효시킨 것이다. 콩 이외에 보리, 밀가루, 쌀 등 기타 재료가 함께 들어가 단맛이 더 느껴지며 보통 밝은 갈색을 띠고 있다. 맛이 순하고 입자가 미세하여 조직감이 부드러우며 짠맛이 적다. 염분농도에 따라 적된장, 백된장으로 나누며, 염분농도에 따라 숙성기간도 달라진다. 적된장은 염분농도가 높고 1년 이상 숙성하여 메일라드반응에 의해 갈색이 진해져 적된장이라 하고 맛이 깊다. 백된장은 염분농도가 낮고 숙성기간이 짧아 색이 희고 재료에 입자가 남아있는 경우도 있다.

표 7.5 재래식된장과 개량식된장의 비교

분 류	재래식된장	개량식된장
제조방법	메주로 장을 담가서 장물을 떠내고 남은 건더기로 만든 것이다.	콩에 쌀, 보리, 밀가루, 밀쌀 등 전분질 원료에 곰팡이를 띄우고 삶은 콩과 소금, 물과 혼합하여 발효하는 것이다.
제조 균	자연상태에 존재하는 복합균, 고초균	배양해서 접종시킨 단일균, 황국균, 고초균
맛	구수하면서 짠맛이 강하다.	달면서 담백한 맛이다.
장 점	혈전용해 능력, 항암효과가 우수하다.	재래식된장보다는 떨어진다.
단 점	균일한 제품 만들기가 어렵다.	균일한 제품생산이 산업화된다.

Q_ 된장의 표면에 흰 꽃이 피는 경우가 있는데, 그 이유는 무엇인가?

A_ 된장에 햇볕을 많이 쬐어 주게 되면 자외선에 의해 미생물이 죽게 되지만, 뚜껑을 닫아 두게 되면 표면에 흰 꽃이 피게 되는데, 높은 염도에서도 자랄 수 있는 효모가 산소와 접촉하면서 자라는 자연물질로 인체에 전혀 해롭지 않다.

4 고추장

고추장은 멥쌀, 찹쌀, 보리쌀 또는 밀 등에 메주가루, 고춧가루를 혼합하여 전분을 당화하여 얻어진다. 단맛, 소금의 짠맛, 고춧가루의 매운맛과 메줏가루의 구수한 맛이 들어 있는 우리의 고유한 식품으로, 고춧가루의 캡사이신이 매운맛을 부여하고 항균작용을 한다. 사용되는 곡류에 따라 멥쌀고추장, 찹쌀고추장, 보리고추장, 밀고추장 등이 있으며, 재래식고추장은 전분질 원료, 고추장용 메주, 고춧가루, 소금 등을 혼합하여 담금 숙성을 하고, 개량식고추장은 소맥분을 원료로 하여 종균인 황국균을 접종하여 만든다.

캡사이신 capsaicin

고추장 만들기

5 청국장

청국장은 콩을 삶아 볏짚이나 가랑잎을 깔고 40℃의 보온장소에 2~3일 정도 띄운 다음, 여기에 파 · 마늘 · 고춧가루 · 소금 등의 양념을 넣어 마쇄한 다음 성형하여 끓여 먹는다. 청국장 발효 시에 생성되는 점액물질은 글루탐산의 중합체인 폴리펩타이드와 프럭탄의 혼합물인데, 칼슘의 흡수를 촉진하는 효과가 있다.

폴리펩타이드 polypeptide

프럭탄 fructan

표 7.6 청국장과 낫토 비교

분 류	청국장	낫 토
발효방법	볏짚과 함께 발효시킨다.	볏짚을 이용한다.
사용 균	고초균을 사용한다.	순수 종균인 바실러스 서브틸리노 낫토를 이용한다.
먹는 방법	파 · 마늘 · 고춧가루 · 소금을 넣어 마쇄한 다음 찌개로 끓여먹는다. 저장성이 있다.	간장과 겨자, 달걀을 넣어 저어서 그대로 먹는다.

고초균 *Bacillus subtilis*

낫토 natto

템페 tempeh

라이조프스 올리고스포러스 *Rhizopus oligosporus*

Q_ 인도네시아에 템페 & 중국에 두시란?

A_ 템페는 인도네시아에서 예부터 식용되어 온 대두 발효식품이다. 콩을 불려서 껍질을 벗긴 콩에 종균인 라이조프스 올리고스포러스를 섞어서 둥근 형태로 빚은 뒤, 바나나 껍질로 싸서 30℃ 정도에서 1~2일 동안 발효시킨 것으로, 잘 된 템페는 흰색 곰팡이가 꽉 들어차 단단한 상태가 된다. 온도가 높거나 낮은 상태에서 발효된 것은 표면이 검게 되기 때문에 맛이 떨어진다. 템페는 간장을 발라서 굽거나, 썰어서 기름에 튀기거나, 수프에 넣어 먹는다.

두시는 중국에 삶은 콩을 발효시킨 것으로 함두시, 담두시가 있다. 함두시는 소금을 첨가한 것으로 된장, 간장에 해당한다. 담두시는 소금을 첨가하지 않는 것으로 청국장과 비슷한 방법으로 만든다.

2) 팥의 조리

팥 red bean

사포닌 saponin

팥은 티아민이 풍부하여 각기병 예방에 효과적이다. 내부조직에는 전분조직이 가장 큰 두류에 속하며, 전분이 많아 물을 쉽게 흡수하므로 미리 불려두지 않고 가열하여 삶는 것이 좋다. 팥을 삶을 때에는 한 번 끓인 물을 따라버린 다음, 다시 물을 붓고 삶아야 떫은맛을 없앨 수 있다. 팥 껍질에는 사포닌이라는 배당체가 있어 물에 담그거나 가열했을 때 거품이 난다.

팥을 이용한 조리법으로는 팥밥은 삶은 팥을 그대로 사용하여 밥을 짓기도 하고, 떡에 고물이나 떡의 소로 사용되며, 이때에는 팥을 두꺼운 냄비에 넣고 약한 불에서 눋지 않도록 계속 저으면서 가열하여 물기를 제거하여 만든다. 팥죽 또는 양갱을 만들 때에는 팥을 푹 삶아 체에 걸러서 껍질을 제거한 후 체에 내려 사용한다.

3) 녹두의 조리

녹두는 콩과는 달리 전분이 많이 들어 있고 대두에 비해 전분함량이 많아 아밀라아제 활성도가 높다. 죽을 만들 때는 통 녹두를 이용하기도 하지만, 녹두는 껍질이 두꺼워 주로 반으로 갈라 이용한다. 녹두의 이용은 녹두 싹을 길러내서 숙주나물로 이용하거나 떡의 고물, 떡의 소로 이용하는 데는 쪼갠 녹두를 8~12시간 정도 물에 담가 불린 다음, 먼저 껍질을 제거하고 찜통에 쪄서 체에 내려 이용한다. 또한 녹두전분은 점성이 높아 청포묵과 당면을 만드는 데에 이용된다. 쪼갠 녹두를 불려 갈아 빈대떡의 부침에 이용한다.

4) 완두의 조리

완두의 주성분은 당질이며, 대부분은 전분으로 구성되어 있다. 제철 완두는 밥에 넣어 먹거나 떡의 고물, 소, 양갱을 만들 때 이용된다. 완두의 어린 꼬투리는 채소용으로 이용하는데, 미숙한 완두를 청완두라 하며 단맛이 있어 통조림으로 많이 이용한다. 완두통조림은 제조 시 비타민 C가 대부분 파괴된다.

청완두
green peas

5) 강낭콩의 조리

원통 모양이거나 색, 크기, 형은 품종에 따라 다르나 보통 백색이다. 강낭콩의 주성분은 당질이고 단백질이 많다. 밥에 넣어 먹거나 떡소, 떡고물, 양갱, 앙금을 만들어 쓰기도 하며, 샐러드에 이용되기도 한다.

6) 땅콩의 조리

두류 중 유일하게 열매가 땅 속에 들어 있는 종류이다. 소립종은 유지 제조로 이용되고, 대립종은 식용으로 볶아 먹는다. 제과에 이용되기도 하고, 지방을 추출하여 식용유, 피넛버터 등에 이용한다.

7) 동부의 조리

팥과 비슷하고, 색은 여러 가지이며 밥에 넣어먹기도 하고, 떡의 고물, 떡소에 이용되며, 동부전분은 묵을 만드는 데에 이용한다.

8) 기타 조리에 이용되는 두류

(1) 잠두

잠두 Broad bean

레시틴 lecithin

잠두(누에콩)는 당질이 대부분이며 지질함량은 적으나 레시틴이 풍부하다. 잠두의 생것은 미숙할 때에 채소로 이용되고, 건조 종실은 혼반용으로 사용되며, 가공하여 간식용으로 사용한다.

(2) 병아리콩

병아리콩 Chick peas

종피를 벗긴 병아리콩은 콩과에 속하는 식물로 이집트콩 또는 칙피라고도 하며, 수프를 만들거나 삶거나 볶아서 이용하고, 가루로 만들어 밀가루와 보릿가루를 함께 섞어 다양하게 조리에 이용된다. 어린 꼬투리와 싹을 낸 것은 채소로 사용하며, 비타민 C와 칼슘과 철분, 식이섬유가 풍부한 식품이다. 삶을 경우에는 장시간 수침이 필요하다.

(3) 렌틸콩

달 dal

렌틸콩 lentil bean

우리나라에서 재배는 되지 않으나 지중해연안에서 많이 생산되며 수프와 각종 음식에 널리 사용되고, 주산지 인도에서는 달이라는 이름으로 불린다. 렌틸콩은 세계 5대 식품으로 선정되었을 정도로 영양이 풍부하며 항산화효과가 있는 것으로 알려지고 있다. 렌틸콩은 쉽게 수화되는 장점이 있어, 삶기 전에 수침을 한다.

【실험】 조리(볶기) 시 콩의 특성을 비교(마른콩, 불린콩)

실험재료

대두 100g(50g × 2)
물 1,000㎖(500㎖ × 1)

실험기구

프라이팬 2개
저울
타이머

1 실험 목적

태반엽이 단단한 두류의 전처리 과정이 볶은 콩에 미치는 영향을 알 수 있다.

2 실험 방법

	재료준비	계량하기
	↓	
	씻기	이물질 제거
	↓	
재료A	재료B	50g씩 용기에 옮기기
↓	↓	
	수침 6h	준비한 물에 담가 6시간 불리기(재료B)
	↓	
볶기	볶기	마른 팬에 각각 재료 A, B를 넣어 시간을 재면서 볶기
	↓	
	측정	저울로 계량
	↓	
	평가	맛, 시간, 경도를 평가

3 실험 결과

재 료	맛	시 간	경 도
재료A(불리지 않은 콩)			
재료B(불린 콩)			

단원정리

1 두류의 구조

- 두류는 콩과식물이 생산하는 종실의 총칭이다. 단백질이 풍부하고 영양학적으로 가치 있는 식품이다.
- 구조는 배유, 자엽(90~92%), 종피(7~8%), 배아(2%)로 이루어진다.

2 두류의 성분

- 단백질과 지방질, 비타민 B_1이 풍부하며, 단백질의 아미노산 조성이 우수하여 경제적인 단백질 급원이며 K, Ca 등의 무기질이 풍부한 알칼리성 식품이다.
- 그 외 성분으로는 이소플라본, 사포닌, 트립신 저해제 등이 있다.

3 두류의 조리

- 대두 : 대표적인 조리방법으로 콩조림, 콩국수, 콩가루, 두부, 두유, 콩나물이 있으며, 발효식품으로는 간장, 된장, 고추장, 청국장 등이 있다.
- 대두에 함유된 이소플라본의 항암효과가 알려지고 있는데, 이소플라본의 함량은 대두 자체보다는 대두 발효식품이 더 풍부한 것으로 나타난다.

(1) 대두의 가공조리 식품

- 두유 : 콩을 물에 충분히 불린 다음 삶는다. 두유는 유당이 없어 유당 불내증 같은 증세를 보이는 사람들에게 우유 대용식품으로 이용된다.
- 두부 : 콩을 물에 불려 분쇄한 후 끓여서 불용성을 제거한 다음, 응고제를 넣어 응고시킨 것을 압착한 것이다. 응고제로는 전통적으로 간수에 들어 있는 칼슘과 마그네슘 등의 전해질을 첨가하여 제조한다.
- 콩나물 : 발아과정에서 생기는 비타민 C를 함유한다. 유리아미노산인 아스파라긴산이 많이 들어 있어 숙취해소에 효과적이다.

(2) 대두의 발효조리 식품

- 간장 · 된장 : 콩과 소금을 주원료로 콩을 삶아 메주를 만들고, 메주를 소금물에 담가 발효시킨 후 메주를 분리해 낸 여액을 간장이라 한다. 숙성이 끝난 간장에서 메주와 액을 거르는데, 이때 여과액은 생간장이 되고, 건더기 메주는 된장이 된다.
- 고추장 : 멥쌀, 찹쌀, 보리쌀 또는 밀 등에 메줏가루, 고춧가루를 혼합하여 만든 것으로써 우리의 고유한 식품 고춧가루의 캡사이신이 매운맛을 부여하고 항균작용을 한다.
- 청국장 : 콩을 삶아 볏짚이나 가랑잎을 깔고 40℃의 보온장소에 2~3일 정도 띄운 다음, 마쇄하여 성형한다.

4 그 외의 두류

- 팥 : 티아민이 풍부하여 각기병 예방에 효과적이다. 가열하여 삶는 것이 좋고, 팥 껍질에는 사포닌이라는 배당체가 있어 물에 담그거나 가열했을 때 거품이 생긴다.
- 녹두 : 전분함량이 많아 아밀라아제 활성도가 높다. 녹두의 싹을 길러내어 만든 숙주나물, 묵, 죽에 이용된다.

단원종합문제

1 두류에 트립신 저해제에 대해 설명하시오.

2 대두의 삶는 조리시간을 단축하기 위한 조리방법을 설명하시오.

3 대두 1g당 약 1mg 정도 함유된 이소플라본의 성분과 기능에 대해 설명하시오.

4 대두와 팥에 들어 있는 사포닌의 성분에 대해 설명하시오.

5 유당이 없어 유당불내증 같은 증세를 보이는 사람들에게 우유 대용식품은 무엇인가요?

6 두부응고제는 전통적으로 간수에 들어 있는 칼슘, 마그네슘 등의 전해질 등을 첨가하여 제조하였으나, 최근 사용하는 두부응고제에 대해 비교하여 설명하시오.

7 대두의 발효조리식품인 재래식간장, 재래된장을 제조하는 방법을 설명하시오.

8 재래식된장과 개량식된장을 비교하여 설명하시오.

9 흰밥에 콩류를 섞어 먹으면 좋은 이유를 설명하시오.

10 우리나라의 청국장과 일본의 낫도를 비교하여 설명하시오.

Cooking Principles & Experimental Cooking

08

CHAPTER 08

08 채소류 및 과일류

01 채소류

1) 구조

채소는 수분이 80~95% 차지하고 에너지원으로는 거의 이용되지 않는다. 비타민, 무기질의 공급원으로 특수한 색소, 맛, 향기 등이 그 가치를 더해주고 있다. 근래에는 생식뿐만 아니라 통조림 및 발효제품으로 사용되고 있으며, 샐러드용으로 수요가 증가하고 있다. 채소의 가식 부분은 식물의 뿌리, 줄기, 잎, 꽃, 열매 등이며, 채소의 종류에 따라 일부 또는 전체를 식용으로 사용하고 있다. 모양에 따라 엽채류, 근채류, 과채류, 경채류, 화채류, 비늘줄기류로 나눈다.

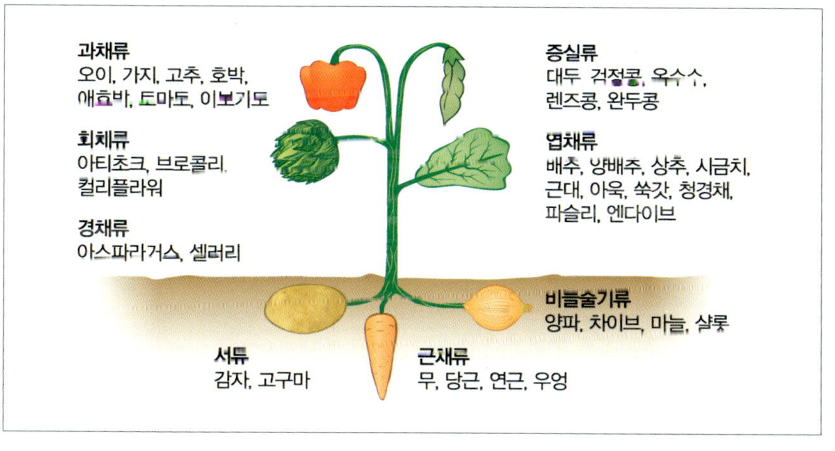

그림 8.1 채소류의 분류

Q_ 채소를 자를 때 결을 확인해야 하는 이유는?

A_ 채소가 자라는 방향으로 섬유를 따라 자르면 섬유가 절단되지 않아 싱싱한 식감을 잃지 않는다. 반대로, 끓이는 음식에 채소를 이용할 때는 섬유를 결과 반대방향으로 자르면 부드럽게 먹을 수 있다.

2) 종류 및 특성

(1) 엽채류

잎을 먹는 엽채류는 배추, 양배추, 양상추, 상추, 시금치, 쑥갓 등을 들 수 있다.

클로로필 chlorophyll

카로틴 carotene

표 8.1 엽채류의 종류 및 특징

종 류		특 징	조리이용
시금치		시금치에 함유되어 있는 색소는 클로로필과 카로틴이다. 수용성 유기산으로서 구연산, 사과산 및 수산이 존재하며, 수산은 칼슘과 결합되어 불용해성인 수산칼슘을 형성하므로 칼슘의 흡수를 방해한다. 수산은 데치면 물에 쉽게 용출되어 제거된다. 시금치 포항초는 뿌리 쪽이 붉고 잎이 뾰족하다. 서양종은 뿌리 쪽에 붉은색이 적으며 잎이 크다.	나물, 국, 샐러드
배 추		저온에서 재배되는 식물로서 늦은 가을과 이른 봄에 성장한다. 특히 생육 말기에 기온이 낮으면 배추는 결구하여 통통하게 자란다. 배추에는 비타민 C가 풍부하며, 무기질로는 칼슘, 칼륨, 나트륨 등이 함유되어 있다. 배추는 삶으면 이상한 냄새가 나는데, 이는 황화합물이 가열에 의해서 분해되어 황화수소가스 및 기타 화합물을 형성하기 때문이다.	나물, 국, 김치
양배추		잎사귀가 서로 포개져 구형을 형성하며, 종류에 따라 구형의 모양이 다르고 백색과 적자색이 있다. 당질로서 포도당과 자당을 함유하며 비타민 C의 좋은 급원이다. 무기질은 칼륨, 칼슘, 인, 철, 망간 등이 들어 있으며, 특히 칼륨의 좋은 급원이다. 양배추도 배추와 같이 황화합물을 함유하고 있다.	생채, 샐러드, 쌈
상 추		녹색인 것과 자색이 많이 섞인 잎상추, 양상추 등이 있다. 그 밖에도 로메인, 엔다이브, 치커리 등이 있다. 상추의 일반 성분은 다른 엽채류와 유사하며, 주요 유기산으로는 사과산, 주석산, 옥살산 등이 있다.	샐러드, 쌈

수분을 90% 이상 함유하고 있지만 당질, 단백질, 지방의 함량은 적다. 그러나 엽채류는 비타민 A, 비타민 B_2, 비타민 C 등의 비타민과 철, 칼슘 등 무기질의 좋은 급원이고 식이섬유도 풍부하다.

락투신
lactucin

Q_ **상추를 먹으면 졸린 이유는?**

A_ 상추 줄기를 잘랐을 때 나오는 흰 즙 안에 함유된 락투신이라는 성분이 신경을 안정시키기 때문이다.

(2) 경채류

줄기를 먹는 경채류는 아스파라거스, 샐러리, 죽순, 땅두릅 등과 비늘줄기를 먹는 양파, 마늘 등은 인경채류라 한다. 경채류는 수분함량이 많고 당질이 적게 들어 있다.

이눌린
inulin

표 8.2 경채류의 종류 및 특징

종 류		특 징	조리이용
셀러리		잎사귀보다는 주로 줄기 부분을 식용한다. 수분함량이 많으며 독특한 향미 성분이 있다.	샐러드, 생식용
아스파라거스		땅속에서 연화 재배된 것으로, 독특한 향을 지니고 있다. 신선한 것을 삶아 조리하기도 하지만, 일반적으로 통조림이나 냉동한 것을 사용하고 있다.	샐러드, 생식용
마 늘		파류에 속하며 채소가 지니고 있는 독특하고 자극성 있는 맛과 향기로 인해 양념으로 사용한다. 마늘은 황화합물 외에 단수화물로는 이눌린이 존재한다.	모든 양념에 이용
양 파		양파에는 용해성 당분이 상당량 함유되어 있으며, 그 중 자당 함량이 많다. 신선한 양파는 비타민 C의 함량이 많으며 크기가 작은 것에 더 많이 들어 있다. 양파의 자극성 향미는 황화합물에 기인하며, 이는 휘발성이므로 조리과정에서 약화된다.	모든 음식에 이용

(3) 근채류

뿌리나 줄기 부분을 먹는 근채류는 일반적으로 수분함량이 적은 대신 당질함량이 많다. 서류로 구분하는 감자, 고구마 등에는 당질이 전분 형태로 함유되어 있고 무, 당근, 비트 등에는 당분으로 존재한다. 저장성이 우수하여 온도와 습도만 조절하면 오랜 기간 신선하게 저장할 수 있다.

표 8.3 근채류의 종류 및 특징

종 류		특 징	조리이용
무		무는 수분함량이 90%나 되며 당질은 주로 포도당으로 3~4%가량 함유되어 있다. 비타민 C가 풍부하게 들어 있으며 칼륨, 칼슘, 나트륨 등이 함유되어 있다. 무청이 달린 부분은 달고 윤기가 있어 무즙이나 날로 먹는 요리에 어울린다. 가운데 부분은 매운맛이 적고 부드러워 조림에 적당하다. 꼬리 가까운 쪽은 매운맛이 강해 국, 육수에 사용한다.	나물, 생채, 김치, 단무지
당 근		등황색 색소는 카로틴과 라이코펜이다. β-카로틴의 함량이 많아 비타민 A의 급원으로 중요한 식품이다. 당근에는 과당의 함량이 많아 당도가 높다.	생채, 나물, 주스
비 트		유럽이 원산지이며 색은 안토사이아닌계의 베타인으로 수용성이다. 단맛이 있으며 주된 당질은 포도당, 과당 및 서당이다.	생채, 샐러드
우 엉		직경에 비해 길이가 길다. 우엉 껍질은 흑자갈색이나 껍질을 벗기면 담황색이다. 탄닌의 함량이 많아 공기 중에 노출되면 곧 갈변된다. 갈변현상을 막기 위하여 절단한 우엉을 식초물이나 소금물에 담근다. 우엉을 삶으면 가끔 청색을 띠는데, 이것은 우엉에 함유되어 있는 알칼리성 무기질이 안토사이아닌계 색소와 반응하여 변색된 것이다.	조림, 볶음
연 근		연꽃뿌리로, 당질로는 전분과 섬유질이 주로 함유되어 있으며 칼륨의 함량이 많다. 연근도 페놀레이스와 페놀화합물인 탄닌물질을 다량 함유하고 있으므로 절단면이 공기와 접촉하면 갈변한다. 절단한 연근은 식촛물에 담가둔다.	조림, 볶음

카로틴 carotene
라이코펜 lycopene

(4) 과채류

열매가 채소로 이용되는 종류는 호박, 오이, 가지, 고추, 토마토 등이다. 일반적으로 수분함량이 많고 당질함량이 적다. 호박은 당질이 많아 단맛을 준다. 토마토, 풋고추는 비타민 C의 함량이 많다.

표 8.4 과채류의 종류 및 특징

종 류		특 징	조리이용
오 이		오이는 수분함량이 많아 95%를 차지하고 있으며, 나머지 고형물 내에 당질, 섬유질, 무기질, 비타민류가 들어 있다. 무기질로는 칼륨과 인이 주로 들어 있다. 오이꼭지가 굉장히 쓴 것이 있는데, 이는 배당체의 일종인 큐커비타신 때문이다. • 취청오이 : 가시오이라고도 하며 색이 짙다. • 백오이 : 조선오이라고 하고 씨가 적다. 소박이, 오이지에 이용한다. • 늙은오이 : 완전 성숙하여 누렇게 된 오이를 말하며 노각이라 한다.	생채, 나물, 김치, 오이지, 피클
고 추		매운맛 성분인 캡사이신은 식욕증진, 소화촉진작용이 있다. • 풋고추 : 완전히 성숙하지 않는 짙은 녹색이다. • 홍고추 : 풋고추가 익어서 된 것으로 밝은 적색이다. • 꽈리고추 : 풋고추보다 작고 쭈글쭈글한 고추이다. • 청양고추 : 캡사이신이 많아 매운맛이 강하다.	양념, 장아찌, 볶음
호 박		카로틴이 많고 비타민 A가 풍부하다. • 애호박 : 과피가 연한 녹색이고, 육질이 치밀하고 단단하다. • 쥬키니호박 : 과피가 짙은 녹색이고 선명하다. • 단호박 : 과피가 진한 녹색으로 전분, 카로틴함량이 높다. • 늙은 호박 : 과육이 진한 주황색이고 카로티노이드 색소를 가지고 있다.	나물, 전, 볶음, 죽

큐커비타신
cucurbitacin

캡사이신
capsaicin

(5) 화채류

꽃이 채소로 이용되는 종류는 컬리플라워, 브로콜리, 아티초크 등이며, 푸른색 채소는 비타민 A, C, 비타민 B_2, 칼슘 및 철을 다량으로 함유하고 있다.

표 8.5 화채류의 종류 및 특징

종 류		특 징	조리이용
브로콜리		진한 녹색이며 긴 줄기 끝에 쑥갓 꽃송이 같은 꽃이 소복이 붙어 있는 이 식물은, 비타민 C가 풍부할 뿐만 아니라 철분과 칼슘의 좋은 급원식품이다. 주요 유기산은 사과산과 구연산이며, 조리는 푸른색을 유지하도록 데쳐서 이용한다.	샐러드, 볶음
컬리플라워		양배추와 같은 모양이지만 잎사귀 속에 백색 꽃 군이 자라며 이 꽃 부분을 식용으로 한다. 주요 유기산은 사과산과 구연산이고, 비타민 C도 풍부하게 들어 있다.	샐러드, 피클

3) 조리

(1) 영양소의 변화

1 수분함량의 변화

마른채소는 조리수를 흡수하나, 신선한 채소를 삶거나 찌면 수분은 다소 상실된다. 채소를 오래 삶으면 물을 다량 흡수하여 채소의 질감이 지나치게 부드러워져 뭉개질 수 있다.

Q_ 채소를 데칠 때 중조를 넣으면 안 좋은 이유는?

A_ 채소를 데칠 때 녹색을 선명하게 유지하기 위해 소량의 중조를 첨가하는 경우가 있는데, 이는 비타민 B_1 및 비타민 C의 파괴를 촉진하는 요인이므로 사용하지 않는 것이 좋다. 또한 중조는 알칼리성이므로 섬유소를 뭉그러뜨릴 염려가 있다. 그러나 고사리, 고비 등과 같은 산채나물에는 질감을 부드럽게 하기 위해 중조를 사용하기도 한다.

2 비타민의 손실

채소의 종류, 조리방법, 취급법에 따라 다소 차이는 있으나, 비타민은 조리과정을 통해 손실이 된다. 원인은 산화에 의한 파괴와 조리수에 수용성비타민의 용해, 알칼리에 의한 분해 등이다. 조리과정에서 가장 손실되기 쉬운 비타민 B와 비타민 C, 무기질 등은 조리하는 동안 조리액이 흘러나와 가열에 의해서도 손실된다. 채소와 같이 수분이 많은 재료는 고온에서 단시간 가열하여야 재료에서 물이 나오는 것을 방지하고 비타민의 손실을 줄인다. 볶음, 튀김 등은 단시간 가열하여 비타민에 손실을 줄이고 지용성카로틴 흡수를 좋게 한다.

아스코르비나아제
ascorbinase

Q_ 당근, 오이, 호박과 무를 같이 사용하면 안 되는 이유는?

A_ 당근, 오이, 호박에는 비타민 C를 파괴하는 아스코르비나아제를 갖고 있어 무와 같이 사용하면 비타민 C가 파괴된다.

(2) 색소 성분의 변화

1 클로로필의 변화 : 녹색

클로로필 색소는 식물의 잎, 줄기세포 내에 엽록체에 존재한다. 엽록소는 지용성 색소이므로 물에 녹지 않으나, 산이나 알칼리 또는 가열에 의해 변색되는 일이 많다.

클로로필 chlorophyll

표 8.6 클로로필의 색의 변화

요 인	변 화	조리의 예
산성 (녹색 → 녹황색)	녹색채소를 가열하면 엽록소에 결합되어 있는 마그네슘(Mg^{2+})이온이 빠져나오고 수소(H^+)이온이 그 자리에 대치되어 페오피틴을 형성하기 때문에 누런색으로 변한다. 따라서 녹색채소를 데칠 때는 가열 시 냄비의 뚜껑을 열어두면 휘발성 유기산이 휘발되므로 색의 변화는 어느 정도 막을 수 있다.	녹색채소 데치기(유기산) 오이생채(식초에 산)
알칼리 (녹색)	엽록소는 알칼리에 안정하므로 조리수가 약알칼리일 때 녹색채소는 초록색을 최대한으로 보유한다. 이것은 알칼리성 용액에서 엽록소의 피톨이 떨어져 나가 수용성 클로로필리드가 되고, 계속해서 메탄올이 떨어져 나가 짙은 청록색에 클로로필린을 형성한다.	녹색채소에 중조를 넣어 데치면 선명해진다.
금속이온	구리, 아연, 금속이온과 함께 가열하면 클로로필 중의 마그네슘이온이 금속이온과 치환되어 안정되며 선명한 녹색으로 형성된다.	통조림완두콩(황산구리)

페오피틴 pheophytin

클로로필리드 chlorophyllide

클로로필린 chlorophylin

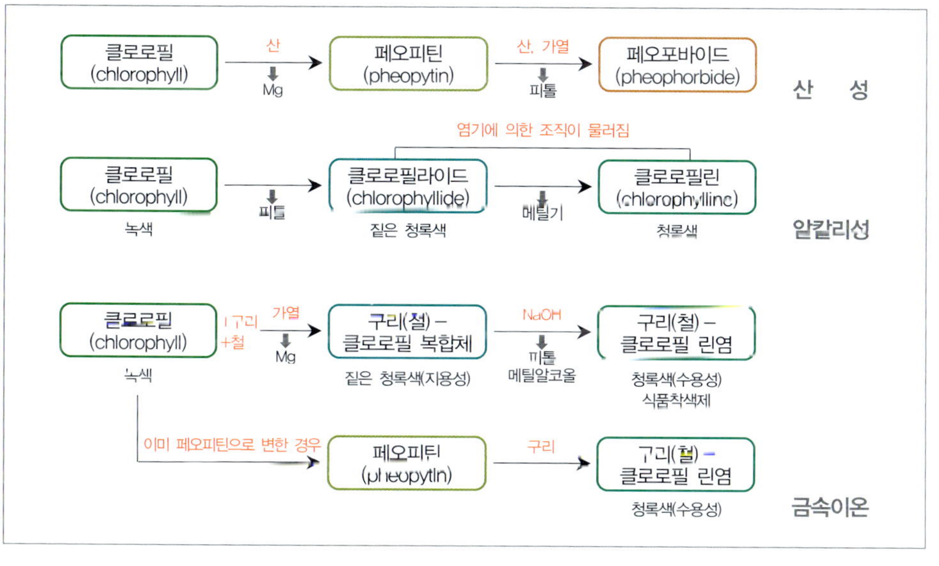

그림 8.2 조리 시 클로로필의 색의 변화

Q_ 녹색채소의 색을 유지하는 방법은?

A_
- 데치는 물의 양을 충분하게 사용하여 비휘발성 유기산 농도를 희석시킨다.
- 데치는 물에 소금을 넣으면 클로로필 용출을 적게 하고 안정화에 좋은 역할을 한다.
- 뚜껑을 덮지 않고 가열하여 휘발성 유기산을 휘발하도록 한다.
- 채소를 데칠 때 소량의 중조를 넣으면 색이 선명하나 비타민 B, C의 손실이 크다.
- 채소를 끓는 물에 넣고 데쳐서 재빨리 찬물이나 얼음물에 헹구어 사용한다.

카로티노이드 carotenoid
카로틴 carotene
잔토필 xanthophyll
라이코펜 lycopene

2 카로티노이드계 색의 변화 : 등황색

카로티노이드계 색소는 지용성 등황색 색소로, 조리과정이나 조리온도에 큰 영향을 받지 않으며 광선이나 가열에 의해 이성체를 형성하여 선명한 황색을 나타내기도 한다. 카로티노이드의 종류는 카로틴류와 잔토필로 나누며, α, β, γ 카로틴은 당근에 비교적 많이 들어 있고, 적색을 띠는 라이코펜은 토마토에 많이 함유되어 있다.

표 8.7 카로티노이드계의 색의 변화

요 인	변 화	조리의 예
산 성 (안정)	열에 비교적 안정하며, 산 · 알칼리에 영향을 받지 않아 조리과정에서는 비교적 안정한 색소이다. 지용성 색소가 포함된 식품은 기름으로 조리하면 흡수율이 좋고, 영양 면에서 효과가 있다.	당근, 토마토 기름에 볶기
알칼리 (안정)		

플라보노이드 flavonoid

3 플라보노이드 색의 변화

수용성이며 안토시아닌, 안토잔틴 색소를 포함하고 있다.

안토시아닌 anthocyanin

○ 안토시아닌 : 적자색 채소

수용성이며 조리과정에서 매우 불안정한 색소이다. 일반적으로 pH에 따라 색이 변한다.

표 8.8 안토시아닌의 색의 변화

요 인	변 화	조리의 예
산 성 (붉은색 → 안정)	산성용액에서는 붉은색을 띠고, 적색채소는 일반적으로 조리수 소량을 가하고 뚜껑을 덮어 조리하는 것이 유기산을 이용할 수 있어 바람직하다.	생강, 적양배추를 초를 절이면 적색으로 변한다. 사과주스나 레몬즙을 첨가하면 색이 변색되는 것을 방지한다.
알칼리 (자색 → 청색)	알칼리에 의해 색이 변하며 붉은색에서 자색, 청색으로 변한다. 물에 쉽게 침출되므로 조리하는 동안 적색 채소는 탈색되기 쉽다. 또 조리수가 알칼리성이면 색 변화가 더욱 심하다.	우엉을 삶으면 우엉 속에 들어 있는 알칼리성 무기질이 나와 청색으로 변한다.
금속이온	주석, 철, 알루미늄 등의 금속과 반응하여 색이 암청회색, 적갈색으로 변한다.	가지, 검은 콩 조리 시 철냄비를 사용하면 색소가 유지된다.
열	열에 의해 파괴되므로 장시간 가열하면 퇴색하여 색상이 나빠진다.	볶음, 튀김은 색을 유지할 수 있다.

o 안토잔틴 : 백색 채소

수용성이며 조리과정에서는 비교적 안정한 색소이나, 금속이나 장기 가열에 의해 영향을 받는 색소이다. pH에 따라 색이 변한다.

안토잔틴
anthoxanthin

표 8.9 안토잔틴의 색의 변화

요 인	변 화	조리의 예
산 성 (안정)	조리할 때 식초, 주석산 등의 산에 의해 색이 희어진다.	무생채를 만들 때 식초를 넣으면 무의 색이 선명한 흰색이 된다.
알칼리 (담황색)	알칼리에서는 불안정하여 담황색, 갈색으로 변하게 된다.	우엉, 연근 조리 시 산을 첨가하여 변색을 방지한다.
금속이온	수산기(-OH)를 가지고 있는 채소는 금속이온과 반응하여 착화물을 만든다.	양파를 철로 만든 칼로 다져서 방치하면 적갈색으로 변한다.
열	가열하면 당이 분리되어 색이 더 진해진다.	감자, 고구마 가열조리 시 색이 진해진다.

Q_ 비트에 붉은색은 무엇인가요?

A_ 비트의 베타레인은 수용성색소로, 적자색은 베타시아닌이며, 비트의 껍질을 벗겨서 조리하면 다량의 색소가 손실된다. 베타시아닌은 산성에서 적색, 알칼리에서는 적자색으로 변한다.

베타레인
betalains

베타시아닌
betacyanin

(3) 질감의 변화

채소의 질감은 섬유소와 펙틴물질, 수분에 의한 것이다. 섬유소가 많고 질긴 채소를 삶을 때 약간의 알칼리(중조)를 첨가하면 섬유소가 분해되어 단시간 조리에도 섬유소가 연화되나, 시간이 너무 길어지면 섬유소의 분해가 지나쳐 질감이 나빠진다. 그러나 산은 섬유소의 질감을 단단하게 만든다.

채소의 펙틴물질은 불용성 복합체를 형성하여 조직을 단단하게 만든다. 그러므로 경수에서 채소를 조리하면 연수에서 삶을 때보다 잘 연해지지 않는다.

채소는 수분이 많아서 농도가 높은 조미액에 넣으면 삼투압에 의해 세포 내의 수분이 나와 조직이 단단해진다. 채소의 간은 약하게 단시간에 가열하는 것이 좋다.

Q_ 채소 조리 시 특유한 맛의 제거방법은?

A_
- 씀바귀, 도라지에 아린 맛은 물 또는 1% 소금물에 담근다.
- 고사리, 고비에 쓴맛은 끓는 물에 데친다.
- 죽순, 토란에 떫은맛은 쌀뜨물에 삶는다.

(4) 향미의 변화

채소의 향미 성분은 유기산, 당분, 무기질, 황화합물 등이다. 채소의 종류에 따라 함유된 향미 성분의 종류, 함량이 다르다. 조리에 의한 영향도 다르지만, 조리시간이 지나치게 길면 성분의 분해로 향미가 감소한다.

채소를 삶거나 찔 때 냄비뚜껑을 꼭 닫고 조리하면 향미 성분을 더 많이 보유할 수 있으나, 뚜껑을 열고 조리하면 휘발성 향미물질은 휘발된다.

채소를 데치거나 삶게 되면 맛 성분, 당분, 유기산, 무기질 등이 용출된다. 그러므로 채소의 맛을 유지하려면 채소가 익을 수 있을 정도의 소량의 물로 뚜껑을 덮고 조리해야 한다.

Q_ 십자화과 채소, 마늘, 양파조리 시 향의 변화는?

A_
- 십자화과 채소 : 십자화과 채소에는 배추, 무, 겨자, 케일, 콜라비, 컬리플라워, 브로콜리 등이 있다. 시니그린이라는 알릴이소티오시아네이트의 배당체인 황화합물로 조리된 배추류에서 겨자유가 가열에 의해 분해하여 생성된 디메틸디설파이드와 기타 휘발성 화합물에 의해 강한 불쾌취를 생성한 것이다. 이들 채소를 조리할 때는 단시간에 조리하는 것이 좋다.
- 마늘 : 마늘조직이 파괴되고 알린과 알리나제가 접촉하여 알리신을 형성한다. 알리신은 마늘의 주요 매운맛 성분으로 불안정하여, 분해하면 강한 냄새를 지닌 디알릴디설파이드를 형성한다. 마늘은 가열하면 향미 성분이 없어진다.
- 양파 : 양파를 썰면 눈물이 나는데, S-프로페닐 시스테인설폭사이드가 알리나제에 의해 변한 티오프로파날-S-옥사이드이다. 휘발성으로 장시간 가열하면 냄새가 나지 않는다.

시니그린
sinigrin

알릴이소티오시아네이트
allylisothiocyanate

디메틸디설파이드
dimethyldisulfide

알린
alliin

알리나제
alliinase

알리신
allicin

디알릴디설파이드
diallyldisulfide

S-프로페닐 시스테인설폭사이드
S-propenyl-L-cysteine sulfoxide

티오프로파날-S-옥사이드
thiopropanal-S-oxide

4) 저장

채소는 미성숙할 때 수확하여 숙성 적기에 먹는 것이 좋다. 대부분의 채소들은 성숙함에 따라 수분이 적어지고 섬유질이 많아져 질겨진다. 채소는 신선한 제철채소를 골라 씻지 않고 구멍을 뚫은 비닐봉지에 담아 냉장하면 오래두고 먹을 수 있다.

엽채류와 화채류는 보관 시 수분이 증발하지 않도록 젖은 종이로 싸거나 비닐 팩에 넣어 보관한다. 근채류와 경채류는 물기가 닿으면 썩기 때문에 서늘한 장소에 종이 등으로 싸서 보관한다.

Q_ CA 저장이란?

A_ 산소와 이산화탄소 농도 조절을 통해 호흡률을 낮춰 채소나 과일의 신선도를 장기간 유시하는 것이다. 산소의 농도는 대기에 약 4~20배 낮추고, 이산화탄소 농도는 약 30~150배 증가하는 조건으로 O_2, CO_2를 1~5%에서 저온 저장한다.

CA
controlled atmosphere storage

02 과일류

1) 구조

과일은 풍부한 당과 유기산, 향긋한 향, 특유의 맛과 색에 있으며, 다른 재료와 달리 주로 신선한 것을 그대로 생식하고 있다. 또 비타민, 무기질의 공급원으로 알칼리성 식품이고 펙틴질이 풍부하다. 주스, 잼, 통조림, 과실주 등의 각종 과실가공품 제조에 이용되고 있다.

2) 종류 및 성분

(1) 종류

1 인과류

꽃받침이 발달하여 결실한 과일로 꼭지와 배꼽이 서로 반대편에 있다.

폴리페놀 옥시데이즈 polyphenol oxidase

시부올(떫은맛) shibuol

표 8.10 인과류의 종류 및 특징

종 류		특 징
사 과		당분은 과당과 포도당이며, 주된 유기산은 사과산이다. 칼륨이 많으며 펙틴이 많아 잼, 젤리를 만들기에 좋다. 사과 껍질이 제거되어 산소와 접촉하면 폴리페놀 옥시데이즈에 의해 산화되어 갈색을 띠게 된다. 색의 변화를 막기 위해 설탕물에 담가두기도 한다.
배		알칼리성 식품으로서 주성분은 탄수화물이고 사과산 · 주석산 · 시트르산 등의 유기산, 비타민 B와 C, 섬유소 · 지방 등이 들어 있다. 기관지 질환에 효과가 있으며, 배변과 이뇨작용을 돕는다.
감		당분은 포도당과 과당으로 곶감 표면은 흰색가루 당알코올인 만니톨로 단맛이 있다. 미숙한 감은 떫은맛이 나지만, 감이 익으면서 생긴 알데히드와 시부올(떫은맛)이 결합하여 불용성 콜로이드를 이루어 혀에 녹지 않아 떫은맛이 감소한다.
감귤류		과육보다 귤 껍질에 비타민 C의 함량이 더 많다. 귤이 익기 전에는 당분이 적고 구연산 함량이 많으며, 익어감에 따라 당분이 많아지고 구연산함량은 적어져 단맛이 증가한다.

2 핵과류

과육 중앙에 씨방이 발달하여 결실한 과일로 중간에 딱딱한 핵 층이 있고, 그 속에 종자가 있다.

표 8.11 핵과류의 종류 및 특징

종 류		특 징
복숭아		복숭아의 과육의 색은 안토시아닌계 색소에 의한 것이고, 유기산으로는 주로 사과산을 포함하고 있다. 백도는 생과일, 단단한 황도는 통조림으로 이용된다. 비타민 A는 황도에 많으며 과육에는 아스파라긴산이 많다.
자 두		자두에는 탄닌이 함유되어 있어서 떫은맛을 내고, 펙틴이 다량 포함되어 있어서 잼, 젤리에 이용된다. 통조림, 과실주 등으로도 이용한다.

3 장과류

꽃받침이 주머니 모양으로 발달하고 씨방이 과육으로 발달한 것으로, 즙이 많은 육질로 되어 있다.

표 8.12 장과류의 종류 및 특징

종 류		특 징
포 도		당분은 포도당과 과당이며, 신맛은 주석산에 의한 것이다. 포도 껍질에는 안토시아닌 색소, 식이섬유인 펙틴과 레스베라트롤이 있다. 주스, 잼, 젤리 등의 재료에 이용한다.
딸 기		항암작용, 식이섬유인 펙틴이 많이 포함되어 있어 혈중 콜레스테롤 수치를 낮추는 효과가 있다. 딸기에는 붉은 과일에 주로 들어 있는 라이코펜이 많아, 면역력을 높이고 노화방지를 한다.
무화과		무화과는 유기산의 함량이 적게 포함되어 있다. 피신이라는 단백질 분해효소가 포함되어 있어서 연육제로 사용할 수 있다. 알칼리성 식품으로서 날로 먹거나 말려서 먹고, 잼 · 젤리 · 술 · 양갱 · 주스 · 식초 등으로 이용한다.

레스베라트롤
resveratrol

피신
ficin

4 열대과일류

열대, 아열대 지역에 분포하는 과일로, 기후 특성에 따라 실온보관을 하며, 냉장 온도에서는 냉해를 입을 수도 있다.

표 8.13 열대과일류의 종류 및 특징

종 류		특 징
바나나		열량이 높고 칼륨이 많다. 바나나는 숙성되면서 전분이 당분으로 분해되어 단맛이 증가한다. 바나나는 냉장고에 넣어두면 냉해가 발생하여, 껍질이 단시간 내에 검게 변색된다.
파인애플		수용성 당이 다량 포함되어 있다. 브로멜라인이라는 단백질 분해효소가 포함되어 있어 연육제로 사용한다. 파인애플의 가공품으로는 통조림, 주스, 파인애플 당절임, 파인애플 슬라이스 등이 있다.
아보카도		멕시코와 남아메리카가 원산지이다. 과육은 버터같이 부드럽고, 노란색을 띠며 독특한 향미가 있다. 열대과일로 샐러드, 정식요리 혹은 디저트로 이용한다.
키 위		키위에는 루테인, 제아잔틴이 다량 함유되어 있어 눈질환을 예방하는 기능이 있다. 수확 후 후숙이 필요한 과일로 실온에서 익혀서 먹는다. 비타민 C의 함량이 높고 단백질 분해효소인 엑티니딘이 있어 고기를 연하게 한다.

브로멜라인
bromelain

루테인
lutein

엑티니딘
actinidin

5 견과류

과피가 단단한 겉껍질 형태로 되어 있고, 가식부는 종자의 자엽부이다.

표 8.14 견과류의 종류 및 특징

종 류		특 징
잣		불포화지방산이 많아 보관 시 산패가 빨리 일어나고, 잣에 있는 아밀라아제는 내열성이 있어 잣죽을 끓일 때 묽어지게 하는 원인이다.
밤		전분은 30% 정도로 밤의 속껍질은 엘라직산이 들어 있어 떫은맛이 있다. 밤을 말린 것을 황률이라고 한다.
호 두		지방함량이 많고, 불포화지방산이 많아 오래 보관하면 산패가 일어난다. 호두에 속껍질은 떫은맛이 강하므로, 조리 시 끓는 물에 살짝 데친 후 속껍질을 벗겨 사용한다.

엘라직산
ellagic acid

(2) 성분

1 일반 성분

과실의 일반 성분은 수분함량이 많고 열량지방, 단백질함량이 낮다. 그 외에 칼륨, 칼슘 등이 많이 들어 있으며, 비타민 등도 다양하게 함유되어 있는 편이다.

성숙한 과일에는 미숙과에 비해서 다량의 당분이 함유되어 단맛을 지니고 있으며, 주로 포도당, 과당 및 자당이다. 또한 무기질과 비타민의 좋은 급원식품으로서 인, 철분 및 비타민 C가 풍부하다. 감귤류, 딸기류, 메론류 등은 다른 과일에 비해 특히 비타민 C를 많이 함유하고 있다. 과육이 등황색인 살구, 황도 및 바나나는 비타민 A의 급원인 카로틴이 풍부하다. 과일은 펙틴과 가용성 섬유질이 많아서 혈당과 혈장 콜레스테롤을 낮춘다.

포도당 glucose
과당 fructose
자당 sucrose

2 유기산

유기산은 각종 과일의 향기와 맛을 내는 주요 성분이 되고 있다. 과일이 덜 익었을 때에는 산도가 높으며, 과일이 잘 성숙될수록 산도가 낮아진다. 과일에 분포되어 있는 보편적인 유기산은 감귤류에 구연산, 사과나 복숭아의 사과산, 포도에 주석산 등이 많이 함유되어 있다. 과일에는 산이 많으며, 따라서 pH가 5 이하 정도이다. 레몬, 라임, 크랜베리는 pH 2~3으로 신맛이 강하다. 바나나, 배는 pH 4.5 이상으로 산도가 낮다. 과일의 휘발성 유기산은 과일을 오래 가열하면 손실된다.

구연산 citric acid
사과산 malic acid
주석산 tartaric acid

3 향기 성분과 색소

과실의 향기는 일반적으로 알코올류, 에스테르류, 휘발성 산류가 많으며, 카보닐화합물 등도 많이 검출되고 있다. 수많은 휘발성 방향 성분이 서로 혼합되어 있고, 특히 에스테르 화합물이 과일냄새의 주된 성분이다. 과일의 주된 향기 성분인 에스테르는 과일을 오래 가열하면 손실되므로 너무 오랜 시간 가열하지 않아야 과일의 향기를 유지할 수 있다. 과일의 색소는 노랑-주황색을 띤 카로티노이드와 빨강-청색을 띤 안토시아닌 색소가 주로 함유되어 있다. 안토시아닌 색소는 금속이온(주석, 철, 알루미늄) 등과 결합하여 청색, 녹청색 등으로 변하여 식욕을 저하시킨다. 잼을 가열 시 안토시아닌을 함유하는 과일은 점차 적갈색으로 변할 수 있다.

4 과일의 갈변현상

과일의 자른 단면이 공기 중에 노출되면 조직 속에 있는 폴리페놀화합물이 산소와 접촉하여 갈색물질이 생성된다. 이는 효소적 갈변현상으로 폴리페놀옥시다아제에 의한 갈변현상이라고 한다. 주로 사과, 바나나, 복숭아, 살구의 껍질을 벗겨 잘라놓으면 자른 단면이 공기 중에 노출되어 효소적으로 갈변되는 것이다.

폴리페놀옥시다아제 polyphenol oxidase

표 8.15 효소적 갈변 방지법

효소적 갈변 방지법	방 법
효소 불활성화	데치거나 열처리를 하면 효소가 불활성화 되어 갈변이 방지된다.
산소제거	산소에 접촉을 피하기 위해서 설탕물, 소금물에 담그거나 진공처리 한다.
아황산가스, 아황산염, 염소이온 이용	아황산가스, 아황산염, 염소이온은 폴리페놀옥시다아제의 활성을 억제시킨다. 소금물에 담근다.
금속저해제	철로 만든 칼은 사용하지 않는다.
pH 변화	pH를 산성(pH 5.8~6.8)으로 변화시켜 폴리페놀옥시다아제의 활성을 억제시킨다.
항산화제 사용	아스코르빈산이 산소를 소모시켜 갈변을 억제한다.
천연갈변억제제	천연과즙 및 여러 당류의 비효소적 갈변 생성물 등이 이용되고 있다.

(3) 조리

과일은 조리과정에 의해 다음과 같은 변화를 받게 된다.

1 질감의 변화

과일에 물을 가하고 가열하면 섬유소는 연화되고, 세포막은 변성되며 투과성을 잃는다. 수분은 주로 삼투압에 의해서 세포벽을 통하여 이행되나, 일단 가열하면 확산에 의해 수분이 이동한다.

2 색의 변화

과일의 조리과정에서 과육 내에 함유되어 있는 유기산과 조리수의 pH, 무기질 등에 의해 일어난다.

3 향미의 변화

과일의 향미 성분은 주로 당과 휘발성인 유기산과 에스테르이다. 과일은 너무 오랫동안 가열하면 과일 자체가 지니고 있는 향미를 잃게 된다.

4 조직의 연화

삶아진 과일의 질감이나 조직은 더욱 연하게 된다. 이는 세포 간에 견고히 부착되어 있는 불용성인 프로토펙틴이 가열에 의해서 용해되어 펙틴으로 전환되기 때문이다.

프로토펙틴
protopectin

펙틴
pectin

Q_ 잼과 젤리란?

A_ 과일은 펙틴을 가지고 있어 당과 산이 적당량 존재하며 잼, 젤리, 마멀레이드 등을 만들 수 있다.

- 펙틴 : 펙틴의 함량이 높을수록 단단한 젤을 형성한다. 성숙도가 높은 과일을 선택하여야 펙틴함량이 높다.
- 설탕 : 펙틴 교질용액에 설탕을 첨가하면 펙틴분자를 탈수시켜 펙틴분자 간의 수소결합을 가능하게 하여 펙틴 젤이 형성된다.
- 산 : 설탕첨가 후 산에서 형성된 수소이온에 의해 펙틴분자들이 가진 음전하가 중화되어 펙틴분자끼리의 결합과 침전이 용이해져 망상구조를 형성한다.
- 이용 과일 : 포도, 사과, 딸기, 감귤류 등 펙틴과 유기산함량이 펙틴 젤 형성에 적당하다.

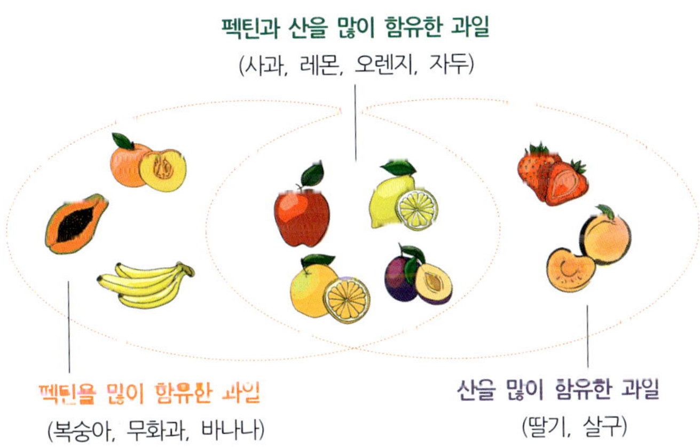

Q_ 젤리점이란?

A_ 젤리나 잼을 조리할 때 펙틴 젤이 적절히 형성되어 졸이는 것을 끝마치는 점을 젤리점이라고 한다.

- 스푼법 : 과즙액을 스푼으로 떠서 흘러내리는 모양을 관찰하는 것으로, 묽으면 부적당하고 일부는 떨어지고 일부는 붙어서 오르면 적당하다.
- 컵법 : 끓는 과즙을 한 스푼 떠서 충분히 냉각시킨 다음, 냉수 담은 컵 속에 떨어뜨려 당액이 뭉쳐지는 모양을 관찰한다. 풀어지면 부적당하다.
- 온도계법 : 끓고 있는 과즙에 온도계를 넣어서 103~104℃가 될 때까지 농축시킨다.

(4) 과일의 숙성과 저장

과일이 숙성하는 과정에 전분이 분해되어, 포도당과 과당이 생성되어 단맛이 증가한다. 또 효소작용에 의해 프로토펙틴이 펙틴으로 전환됨에 따라 조직이 부드러워진다.

유기산이 호흡작용에 의해 소모되고 과일 고유의 향기를 나타내는 에스테르로 전환되어 산도가 저하되고 향기로워진다. 과일은 숙성 적기에 맛과 향기 성분의 함량이 최고로 올라가 품질이 가장 우수하다.

표 8.16 후숙과일과 완숙과일 특징 및 종류

	후숙과일(호흡기 과일)	완숙과일(비호흡기 과일)
특 징	• 수확 후 호흡률이 증가한다. • 약간 덜 익었을 때 수확한다.	• 수확 후 호흡률이 저하한다. • 완전히 익은 후 수확한다.
종 류	• 바나나, 토마토, 키위, 살구, 자두, 감, 한라봉, 망고	• 딸기, 포도, 수박, 귤, 오렌지, 레몬, 체리, 버찌, 블루베리

【실험】 사과와 감자의 갈변현상의 실험

실험재료

감자 1개(약 200g)
물 300㎖
1%의 구연산용액 300㎖
사과 1개
1%의 소금물 300㎖

실험기구

메스실린더
타이머
흰색 접시
강판
분무기 3개

1 실험 목적

공기 중에서 쉽게 갈변하는 채소와 과일들의 갈변을 방지할 수 있는 여러 가지 방법들을 확인하고 그 원리를 이해하고자 한다.

2 실험 방법

재료준비	3가지 용액준비 및 재료세척
↓	
껍질 벗기기	감자, 사과껍질 제거
↓	
4등분하기	시료 4등분, 12조각으로 자르기
↓ / ↓ 물 / ↓ 1%의 소금물 / ↓ 1%의 구연산용액	
시료에 용액 분사	시료에 용액(무처리, 물, 소금물, 구연산) 분사 후 0, 10, 30분 경과
↓ ↓ ↓ ↓	
강판에 갈기	준비 시료(4가지), 시간대별(3가지) 시료 동시에 갈기
↓	
평가	색 변화

3 실험 결과

경과시간(분)	항 목	사과색 변화	감자색 변화
0	무처리		
	물		
	1%의 소금물		
	1%의 구연산용액		
10	무처리		
	물		
	1%의 소금물		
	1%의 구연산용액		
30	무처리		
	물		
	1%의 소금물		
	1%의 구연산용액		

단원정리

1 채소류의 구조
- 가식 부분은 식물의 뿌리, 줄기, 잎, 꽃, 열매 등이며, 모양에 따라 엽채류, 근채류, 과채류, 경채류, 화채류로 나눈다.

2 채소류의 종류 및 특성
- 엽채류 : 잎을 먹는 엽채류는 당질, 단백질, 지방의 함량이 적다. 그러나 비타민과 철, 칼슘 등 무기질의 좋은 급원이고 식이섬유도 풍부하다.
- 경채류 : 샐러리, 죽순, 땅두릅 등과 비늘줄기를 먹는 양파, 마늘 등은 인경채류라 한다. 수분함량이 많고 당질이 적게 들어 있다.
- 근채류 : 뿌리나 줄기 부분을 먹으며 일반적으로 수분함량이 적은 대신 당질함량이 많다. 저장성이 우수하여 오랜 기간 신선하게 저장이 가능하다.
- 과채류 : 열매가 채소로 이용되며, 일반적으로 수분함량이 많고 당질함량이 적다.
- 화채류 : 꽃이 채소로 이용되는 종류이다.(컬리플라워, 브로콜리 등)

3 채소류의 조리
- 클로로필의 색소 : 엽록소는 지용성색소이므로 물에 녹지 않으나, 산이나 알칼리 또는 가열에 의해 변색되는 일이 많다.
- 카로티노이드계 색소 : 조리과정이나 조리온도에 큰 영향을 받지 않으며, 광선이나 가열에 의해 이성체를 형성하여 선명한 황색을 나타내기도 한다.
- 플라보노이드 색소 : 수용성이며 안토시아닌(적자색), 안토잔틴(백색) 색소를 포함한다.
- 채소의 향미 성분 : 유기산, 당분, 무기질, 황화합물 등으로, 채소의 종류에 따라 함유된 향미 성분의 종류와 함량이 다르다.

4 과일류의 구조 및 종류
- 인과류 : 꽃받침이 발달하여 결실한 과일로, 꼭지와 배꼽이 서로 반대편에 있다.
- 핵과류 : 과육 중앙에 씨방이 발달하여 결실한 과일로, 중간에 딱딱한 핵층이 있고 그 속에 종자가 있다.
- 장과류 : 과일을 중과피와 내과피로 구성되어 있으며, 즙이 많은 육질로 되어 있다.
- 열대과일류 : 열대, 아열대지역에 분포하는 과일로, 기후 특성에 따라 실온보관을 하며 냉장온도에서는 냉해를 입을 수도 있다.
- 견과류 : 과피가 단단한 겉껍질 형태로 되어 있고, 가식부는 종자의 자엽부이다.

5 과일류의 성분
- 풍부한 당과 유기산, 향긋한 향, 특유의 맛과 색이 있으며, 다른 재료와 달리 주로 신선한 것을 그대로 생식하고 있다. 또 비타민, 무기질의 공급원으로 알칼리성식품이고 펙틴질이 풍부하다.

6 과일류의 조리
- 과일의 자른 단면이 공기 중에 노출되면 조직 속에 있는 폴리페놀화합물이 산소와 접촉하여 갈색물질이 생성된다. 이를 효소적 갈변현상으로 폴리페놀옥시다아제에 의한 갈변현상이라고 한다.

단원종합문제

1 채소를 자를 때 결을 확인해야 하는 이유를 설명하시오.

2 엽채류, 근채류, 과채류, 경채류, 화채류에 특성 및 종류에 대해 설명하시오.
- 엽채류
- 근채류
- 과채류
- 경채류
- 화채류

3 당근, 오이, 호박과 무를 같이 사용하면 안 되는 이유는?

4 채소의 색소 중 클로로필 색소에서 산성, 알칼리, 금속이온의 색의 변화와 조리의 예를 설명하시오.

5 클로로필 색소를 유지하기 위해 녹색채소의 색을 유지하는 방법에 대해 설명하시오.

6 채소의 플라보노이드 색소 중 안토시아닌의 산성, 알칼리, 금속이온의 색의 변화와 조리의 예를 설명하시오.

7 채소의 플라보노이드 색소 중 안토잔틴의 산성, 알칼리, 금속이온의 색의 변화와 조리의 예를 설명하시오.

8 비트의 붉은색은 무슨 색소인가?

9 과일의 갈변현상과 효소적 갈변방지법에 대해 설명하시오.

10 과일의 숙성과 저상에서 후숙과일과 완숙과일에 대해 설명하시오.

Cooking Principles & Experimental Cooking

09

CHAPTER 09

09 해조류 및 버섯류

01 해조류

1) 구조

해조류는 서식하는 바다 깊이에 따라 광합성을 하는 능력이 다르고 뿌리, 줄기, 잎 등의 구별이 확실하지 않다. 우리나라 연안에 서식하고 있는 해조류의 종류는 400여 종이 넘는데, 식용으로 할 수 있는 것은 50여 종이다.

2) 종류 및 성분

(1) 종류

녹조류는 얕은 바다에서 서식하며 갈조류, 홍조류 순으로 생육 환경이 깊어진다. 이들 해조류에는 클로로필, 카로티노이드, 피코에리스린 등의 여러 가지 색소가 들어 있으며, 녹조류, 홍조류, 갈조류로 분류된다.

표 9.1 해조류의 분류

분 류	지 역	종 류	주요 색소
녹조류	연안지역	파래, 청각, 클로렐라, 보사반	엽록소(클로로필)가 많고 카로틴, 잔토필계 색소 함유
갈조류	조금 더 깊은 지역	미역, 다시마, 톳	카로티노이드 색소인 β-카로틴의 푸코잔틴과 소량의 엽록소(클로로필) 함유
홍조류	가장 깊은 지역	김, 우뭇가사리	붉은색의 피코에리스린과 그 외 엽록소, 소량의 카로티노이드계 함유

녹조류 green algae

갈조류 brown algae

홍조류 red algae

푸코잔틴 fucoxanthin

피코에리스린 phycoerythrin

(2) 성분

1 탄수화물

대부분이 비소화성 복합다당류로 소화율이 낮아, 저열량식이에 이용되고 다량의 식이섬유를 함유하고 있다. 해조류에는 만니톨, 솔비톨 등의 당알코올이 있어 단맛이 난다.

녹조류에는 포도당과 헤미셀룰로오스가 풍부하고 갈조류에는 알긴산, 푸코이단, 라미나린, 만니톨이 풍부하다. 알긴산은 끈적끈적한 물질로 안정제, 유화제로 이용되고, 홍조류에는 한천, 만나 등이 들어 있다.

만니톨 mannitol
솔비톨 sorbitol
알긴산 alginic acid
푸코이단 fucoidan
라미나린 laminarin
만나 manna

Q_ 다시마 표면의 흰 가루는?

A_ 다시마 표면의 흰 가루는 만니톨로 설탕의 60%의 단맛을 낸다.

2 단백질

해조류에는 약 10~30%의 단백질이 함유되어 있으며, 필수아미노산을 많이 함유하고 있다. 미역과 다시마에는 트립토판의 함량이 많고, 김에는 그 양이 적게 들어 있는 편이다. 김에는 구수한 맛을 내는 알라닌과 글리신이 많고, 다시마에는 감칠맛을 내는 글루탐산이 많다.

트립토판 tryptophane
글리신 glycine
글루탐산 glutamic acid

3 지방

해조류에는 지방이 약 1% 내 · 외로 중성지방은 거의 없다.

4 무기질과 비타민류

종류에 따라 다르지만 전반적으로 무기질이 풍부한 알칼리성 식품이다. 특히 나트륨, 칼륨, 칼슘, 인, 철 그리고 요오드가 풍부히 함유되어 있으며 비타민 A가 많고, 비타민 B군과 비타민 C도 함유되어 있다.

5 기타

갈조류의 냄새는 테르펜계 물질이며, 녹·홍조류에서는 함황계 화합물이 원인 물질이다. 김의 냄새는 다이메틸설파이드에 의한 것이다.

테르펜계
terpene

다이메틸설파이드
dimethyl sulfide

3) 조리

(1) 녹조류

표 9.2 녹조류의 종류 및 조리

종 류		조 리
파 래		파래에는 칼슘, 인, 철 등의 무기질이 있고, 비타민 U가 양배추의 70배 이상이나 있어 위궤양 예방에 좋다. 파래는 다이메틸설파이드 향을 가지며, 물파래는 진한 초록색이 싱싱하며 초무침을 해먹는다. 마른파래는 잡티를 고른 다음 볶아서 밑반찬을 해먹는다.
청 각		청각에는 단백질, 탄수화물, 섬유질이 많이 함유하고 있다. 냉국, 김치, 물김치에 넣거나 샐러드에 이용한다.
매생이		매생이는 콜레스테롤 수치를 낮추고 체내 과도한 나트륨 등 인체에 유해한 물질을 배출시키는 작용을 한다. 청정지역에 서식하며, 굴을 넣어 국을 끓이거나 칼국수를 만들어 먹는다.

(2) 갈조류

표 9.3 갈조류의 종류 및 조리

종 류		조 리
미 역		미역은 무기질을 다량으로 함유하고 있어 임산부에게 좋은 식품이다. 고를 때는 검은 색깔을 띠며, 손으로 만져보아 부드럽고 윤기가 있는 것을 선택한다. 미역은 장곽과 염장한 것, 굵은 실처럼 만든 것 등이 있다. 마른미역은 물에 불리면 8~10배 정도로 불어나므로 맑은 물에 빨리 씻어 사용해야 흐물해지지 않는다. 미역국은 소고기, 홍합, 바지락을 넣어 같이 끓이기도 한다. 물미역은 냉채, 샐러드로 먹고, 염장미역은 쌈밥, 샐러드 등을 해먹는다.
다시마		다시마는 색이 검고 두꺼운 것이 좋으며, 맛 성분인 글루탐산이 많이 들어 있다. 국물을 낼 때 다시마를 끓이면 다시마 특유의 냄새와 점성물질들이 함께 추출되어 맛이 떨어지므로 오래 끓이지 않는다. 다시마튀각은 적당한 크기로 잘라 기름에 튀긴 음식이다. 튀각용 다시마는 넓고 주름이 없이 두꺼운 것이 좋다.
톳		봄부터 초여름에 번성하며 초봄에 채취하는 것이 좋다. 무기질이 다량 함유되어 있으며, 날로 먹으면 비린내가 나므로 데쳐서 나물, 무침, 샐러드 등에 이용한다.

(3) 홍조류

표 9.4 홍조류의 종류 및 조리

피코시아닌
phycocyanin

종 류		조 리
김		김의 감칠맛 성분은 글리신, 알라닌 등에 의해 생기며, 냄새는 디메틸설파이드에 의해 생긴다. 김에는 재래김, 돌김, 파래김 등이 있어 재래김은 구멍이 많기는 하지만 부드럽고, 돌김은 두껍고 까칠까칠하며, 파래김은 연녹색을 띤다. 김에 들어 있는 지용성 비타민인 카로티노이드색소의 이용을 증진시킨다. 김을 불에 구우면 김의 붉은 색소인 피코에리스린이 청색의 피코시아닌으로 바뀌고 또 클로로필이 열에 의해 퇴색되어 청녹색으로 변한다. 김은 햇빛과 수분이 많을 때 클로로필이 파괴되므로 보관 시 습기가 없고 어둡고 서늘한 곳에 두어야 한다. 김부각은 건조저장법으로 찹쌀풀을 묻혀 말려서 기름에 튀긴 음식이다.
우뭇가사리		우뭇가사리의 세포벽 성분으로 한천이라는 다당류를 추출할 수 있다. 이는 겔 형성능력이 좋아 주로 양갱, 빵, 과자를 만들 때 첨가제로 이용한다.

Q_ 함초란?

A_ 함초는 소금을 흡수하면서 자라는 풀로 바다의 약초라고 불린다. 청정갯벌에서 자라며 여러 가지 무기질, 엽록소, 효소 등을 함유하고 있다. 데친 후 나물로 무쳐먹거나 말려서 차로 다려서 마신다.

Q_ 김을 두 장 겹쳐 굽는 이유는?

A_ 김을 구우면 열에 의해 단백질이 변성하여 조직 전체가 수축된다. 이 때문에 두 장을 겹쳐서 구우면 열에 의해 휘발하는 수분, 향기 성분이 반대편 김에 흡수되고 너무 바싹하게 건조되거나 향이 날아가는 것을 방지할 수 있다.

02 버섯류

1) 구조

버섯은 엽록소를 가지고 있지 않은 하등식물로 독립 영양을 할 수 없어 나무에 기생하는 균류로, 영양기관인 균사체와 번식기관인 자실체로 되어 있다. 버섯류는 담자균에 속하며, 독특한 맛과 향으로 기호성이 높고, 저지방, 저칼로리, 친환경 및 유기농 식품이라는 의미에서 소비 수요가 꾸준히 증가하는 식품이다. 또한 버섯은 재배하는 장소와 방법에 따라 천연버섯과 재배버섯으로 분류된다.

표 9.5 천연버섯과 재배버섯의 분류

분 류	종 류
천연버섯	천연에서 얻고 있는 버섯은 송이버섯, 표고버섯, 느타리버섯, 송로버섯, 서양송로버섯, 싸리버섯 등이 있다.
재배버섯	재배버섯에는 표고버섯, 양송이버섯, 느타리버섯, 팽이버섯, 새송이버섯, 석이버섯, 목이버섯 등 약 20종이 있다. 연중 재배가 가능하여 조리에 많이 이용된다.

2) 성분

버섯은 수분이 90% 정도 함유되어 있다. 또한 식이섬유의 좋은 급원이다. 비타민 A, C는 거의 없고, 비타민 B_1, B_2, B_6와 비타민 D의 전구체인 에르고스테롤이 많이 들어 있다. 버섯의 구수한 맛은 핵산 성분으로 아데닐산, 구아닐산 등과 글루탐산의 상승효과에 의해 감칠맛이 난다. 버섯을 썰어놓으면 폴리페놀 옥시다아제에 의해 변색되므로, 생것으로 사용하기 직전에 썰어서 레몬즙이나 식초를 넣은 물에 넣어 변색을 방지한다. 독버섯에는 무스카린, 뉴린 등의 독성분이 있다.

에르고스테롤 ergosterol

아데닐산 adenylic acid

구아닐산 guanylic acid

폴리페놀 옥시다아제 polyphenol oxidase

무스카린 muscarine

뉴린 neurine

3) 종류 및 조리

버섯의 향을 즐기려면 구이로 조리하고, 맛이나 질감을 즐기려면 전골, 찌개, 국, 덮밥, 튀김, 볶음 등의 조리법을 이용한다.

(1) 표고버섯

표고버섯은 비타민 D의 전구체 에르고스테롤을 많이 함유하고 식이섬유인 베타글루칸 성분이 있어 영양이 우수하다. 생 표고버섯은 수분이 너무 많지 않고 갓이 적당하게 펴져 있으며, 갓 안쪽 주름이 뭉개지지 않고 줄기가 통통하며 짧은 것이 좋다. 향은 약하지만 질감이 우수하여 찌개, 나물, 전, 찜 등의 조리에 많이 이용된다. 건 표고버섯은 건조과정에서 핵산 성분인 구아닐산과 향기 성분인 렌티오닌이 들어 있어 특유의 맛난 맛과 향기를 지닌다.

구아닐산 guanylic acid
렌티오닌 lenthionine

구아닐산은 콜레스테롤 수치를 낮추는 역할을 하고, 렌티오닌은 항암물질로 면역체계를 활성화한다. 한국음식이나 중국음식에는 건 표고버섯을 많이 사용한다.

Q_ 건 표고버섯을 빨리 불리려면?

A_ 건 표고버섯은 충분한 시간을 가지고 불리는 것이 좋으나, 빨리 불려야 할 때는 미지근한 설탕물에 10~30분 정도 담가두면 된다. 불린 물에는 버섯의 맛난 맛이 녹아있으므로 육수에 사용하도록 한다.

(2) 송이버섯

아스파르트산 aspartic acid

살아 있는 소나무의 뿌리에서 기생하는 독특한 버섯으로 글루탐산, 아스파르트산과 구아닐산이 있어 감칠맛이 있고 질감과 향이 우수하다. 가을이 시작되는 9월 초부터 10월 중순까지 채취하여 생으로 유통한다. 송이버섯은 구이, 산적, 덮밥, 전골 등에 사용하는데, 송이 자체의 고유한 향이 살아나도록 양념을 강하게 하지 않는다.

(3) 새송이버섯

자연산 송이버섯의 대용품으로, 육질이 치밀하고 씹는 맛이 자연송이와 비슷하며, 수분함량이 낮아 저장성이 좋다. 새송이버섯은 필수아미노산, 식이섬유 및 각종 비타민과 미네랄 성분을 함유하고 있다. 전골, 찌개, 버터구이에 이용된다.

(4) 양송이버섯

세계적으로 가장 많이 재배되고 있는 버섯으로 송이버섯에 비해 갓이 부드럽고 자루가 짧으며, 색이 백색이거나 크림색이다. 통조림으로 많이 이용되기도 한다. 수프, 샐러드, 구이, 볶기, 찜 등에 많이 사용된다.

(5) 느타리버섯

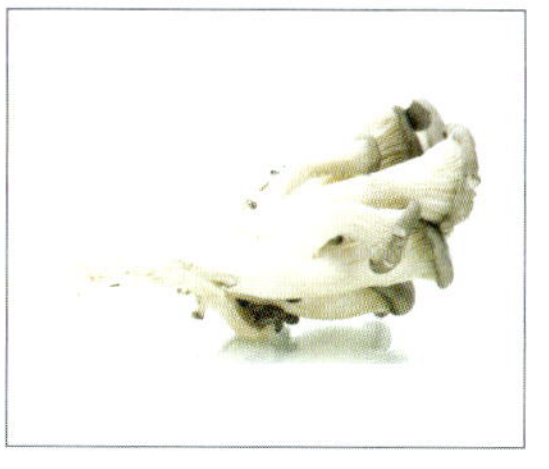

느타리버섯은 참나무나 오리나무 등의 뿌리에서 자라며, 맛이나 향은 약한 편이다. 볶음, 전골, 찌개, 나물로 많이 이용된다.

(6) 팽이버섯

팽이버섯은 물에 살짝 씻어 날것을 그대로 식용하거나 버터구이, 찌개, 전골, 튀김 등에 이용한다. 너무 오래 가열하면 질겨지므로 맨 마지막에 넣어 조리한다.

(7) 목이버섯

건조품으로 유통되고 있어 미지근한 물에 불려 사용한다. 불리면 약 5배가량 증가한다. 독특한 질감과 색을 가지고 있으며 잡채, 무침, 볶음, 수프 등 중국음식에 많이 이용된다.

(8) 석이버섯

미지근한 물에 불렸다가 까만 물이 나오지 않을 때까지 손으로 비비면서 흐르는 물로 씻어 안쪽의 껍질을 벗겨 사용한다. 볶을 때에 참기름과 소금을 소량 이용하여 저온에서 볶는다. 석이버섯은 말렸다가 가루로 만들어 저장해 두고 사용하며, 색을 내기 위한 고명으로도 쓰인다.

(9) 송로버섯(알버섯, 松露)

4~5월경 모래땅의 소나무 숲, 특히 해변의 땅 속에서 자생한다. 한국 · 일본을 비롯한 북반구에 널리 분포한다. 맛있고 향기로운 식용버섯이다.

(10) 서양송로버섯

담자균류에 속하는 송로버섯(알버섯)과는 전혀 다른 버섯이며, 한국에서는 아직 발견되지 않고 있다. 주로 프랑스, 이탈리아, 독일 등지의 떡갈나무 숲 땅 속에 자실체를 형성하며, 지상에서는 발견하기가 힘들다. 버섯은 호두 크기에서 주먹만한 감자 모양의 덩이이다. 땅 속에서 자라는 서양송로는 찾기 어려워 특별히 훈련된 동물을 이용해서 찾게 된다. 프랑스에서는 흑송로, 이탈리아에서는 백송로가 인기가 있어 고급요리에 사용되며, 음식 속의 다이아몬드라고 불린다. 향이 매우 강하여 서양송로 버섯의 잘라낸 조각들을 올리브유에 담가 충분히 향이 옮겨지면 그 기름을 이용하기도 한다. 생으로 먹기도 하며, 향을 살려야 하므로 너무 강한 열을 사용하지 않는 간단한 조리법이 좋다. 상하기 쉬우므로 병조림, 통조림으로 만든다.

흑송로
black truffle

백송로
white truffle

(11) 싸리버섯

싸리버섯은 싸리 빗자루처럼 생긴 버섯으로 맛과 향, 씹는 식감이 좋고 맛이 짙다. 구이, 무침, 장국 등에 이용된다. 그러나 독성이 있으므로 주의해야 한다.

(12) 능이버섯

능이버섯은 독특한 향과 맛으로 인하여 요리에 귀하게 쓰인다. 건조시키면 향이 더욱 강해지며 씹는 맛과 쓴맛이 좋고, 익히면 검은 색으로 변하며 육질이 아삭하고 쫄깃하다.

【실험】 미역의 종류에 따른 특성의 비교

실험재료

돌미역 20g
일반미역 20g
염장미역 20g
물

실험기구

온도계
비커
저울
타이머
마른행주

1 실험 목적

미역 종류별로 끓이는 시간에 따른 미역의 성질을 비교한다.

2 실험 방법

- 시료A : 돌미역 10g(2개) + 물 3C(2회) − 불리기용 물 2L
- 시료B : 일반미역 10g(2개) + 물 3C(2회) − 불리기용 물 2L
- 시료C : 염장미역 10g(2개) + 물 3C(2회) − 불리기용 물 2L

재료준비
↓
시료별 2등분 하기 — 돌미역, 일반미역, 염장미역 각각 10g씩, 2개
↓
수침(20min) — 2L의 물에서 20분간 물에 불림
↓
물기 제거 — 비커 속의 남은 물 따라내기(마른행주 이용)
↓
측정 — 비커에 미역중량 측정
↓
끓이기 — 물 3C을 넣어 시료미역을 5분(25분 경과 후 가열시작), 30분 끓이기
↓
평가 — 끓인 시간에 따른 질감, 맛 평가

3 실험 결과

시 료		수침 전/후 중량	질 감	맛(국물, 미역)
돌미역	5분	10g /		
	30분	10g /		
일반미역	5분	10g /		
	30분	10g /		
염장미역	5분	10g /		
	30분	10g /		

단원정리

1 해조류의 종류 및 성분

- 녹조류 : 얕은 바다에 서식하며, 포도당과 헤미셀룰로오스가 풍부하다.
- 갈조류 : 알긴산, 푸코이단, 라미나린, 만니톨이 풍부하다. 알긴산은 안정제, 유화제로 사용한다.
- 홍조류 : 가장 깊은 지역에 서식하며, 한천, 만나 등이 들어 있다.
- 해조류에 단백질은 미역과 다시마에는 트립토판의 함량이 많고, 김에는 구수한 맛을 내는 알리신과 글리신이 많으며, 다시마에는 감칠맛을 내는 글루탐산이 많다.

2 해조류의 조리

- 녹조류 : 파래는 디메틸설파이드향을 가지며, 물파래는 진한 초록색이 초무침에 이용된다.
- 갈조류 : 미역은 무기질을 다량 함유하고 있어 임산부에게 좋은 식품이다. 다시마는 맛 성분인 글루탐산이 많이 들어 있다.
- 홍조류 : 김의 감칠맛 성분은 글리신에 의해 생기며, 냄새는 디메틸설파이드에 의해 생긴다. 김을 구우면 붉은 색소인 피코에리스린이 청색의 피코시아닌으로 바뀌고, 또 클로로필이 열에 의해 퇴색되어 청녹색으로 변한다.

3 버섯류의 구조

- 버섯류는 담자균에 속하며, 독특한 맛과 향으로 기호성이 높고, 저지방, 저칼로리, 친환경 및 유기농식품이라는 의미에서 소비 수요가 꾸준히 증가하는 식품이다.
- 버섯은 재배하는 장소와 방법에 따라 천연버섯과 재배버섯으로 분류된다.

4 버섯류의 성분

- 버섯은 비타민 B_1, B_2, B_6와 비타민 D의 전구체인 에르고스테롤이 많이 들어 있다.
- 버섯의 구수한 맛은 핵산 성분으로 아데닐산, 구아닐산 등과 글루탐산의 의해 감칠맛이 난다.

5 버섯류의 종류 및 조리

- 표고버섯 : 비타민 D의 전구체 에르고스테롤을 많이 함유하고, 식이섬유인 베타글루칸 성분이 있어 영양이 우수하다. 건표고버섯은 핵산 성분인 구아닐산과 향기 성분인 렌티오닌이 있어 특유의 맛난 맛과 향기를 가진다.
- 조리에 이용되는 버섯으로는 느타리버섯, 새송이버섯, 석이버섯, 팽이버섯, 송로버섯 등이 있다.

단원종합문제

1 해조류의 녹조류, 갈조류, 홍조류를 분류하여 특징과 색소에 대해 설명하시오.
- 녹조류
- 갈조류
- 홍조류

2 다시마 표면에 생기는 흰 가루는?

3 녹조류 파래의 조리적 특성을 설명하시오.

4 갈조류 미역, 다시마의 조리적 특성을 설명하시오.

5 홍조류 김의 조리적 특성과, 구운 후의 색 변화에 대해 설명하시오.

6 다음 설명의 (　　)에 채우시오.
해조류의 단백질은 미역과 다시마에는 (　　　)의 함량이 많고, 김에는 구수한 맛을 내는 (　　　)이 많으며, 다시마에는 감칠맛을 내는 (　　　)이 많다.

7 다음 설명의 (　　)에 채우시오.
버섯은 비타민 B_1, B_2, B_6와 비타민 D의 전구체인 (　　　)이 많이 들어 있다.

8 다음 설명의 (　　)에 채우시오.
버섯의 구수한 맛은 핵산 성분으로 (　　　), (　　　) 등과 (　　　)의 의해 감칠맛이 난다.

9 표고버섯의 조리적 특성에 대해 설명하시오.

10 서양의 송로버섯에 대해 설명하시오.

Cooking Principles & Experimental Cooking

10

CHAPTER 10

10 젤라틴과 한천

01 젤라틴

1) 성분

젤라틴은 동물의 결체조직에 존재하는 단백질로, 콜라겐을 부분적으로 가수분해하여 얻게 되는 유도단백질이다. 동물성 단백질이기는 하나, 필수아미노산의 함량이 적고 생물학적 영양가가 낮은 불완전단백질이다. 젤라틴 자체에 맛, 냄새는 없으나 소화 흡수가 쉽다. 젤라틴은 동물의 뼈, 가죽 등의 콜라겐을 산 또는 알칼리로 분해시킨 후 정제하여 식용 젤라틴으로 만든다. 판상이나 분말 형태로 젤리 제조 및 각종 가공식품 제조 시에 이용되고 있다.

젤라틴 gelatin

2) 성질

(1) 흡수팽윤과 가열용해

젤라틴은 흡수성이 있어 물에 담그면 젤라틴 중량의 6~10배에 해당하는 물을 흡수한다. 조리 시에는 약 10배의 물을 담그는데, 이때 분말로 된 젤라틴은 흡수표면적이 크기 때문에 흡수가 촉진되므로 약 5분만 담그면 되고, 판상의 젤라틴은 20~30분간 담가 두어야 한다. 흡수팽윤 된 젤라틴을 40~50℃로 가열하면 용해한다. 이것을 다시 냉각시키면 겔을 형성하고 거품기로 치면 기포를 형성한다. 젤라틴을 직화로 가열하면 분해취가 나오므로 중탕으로 용해시키는 것이 좋다.

(2) 응고

졸 sol
겔 gel

젤라틴을 물에 섞어두면 물을 흡수하거나 용해되어 졸 상태가 되고, 이것을 냉각시키면 겔을 형성하여 응고된다. 이러한 응고는 여러 가지 조건에 따라 현상이 다르게 나타난다. 젤라틴 겔은 매우 낮은 농도에서 단단하게 형성되며 투명하다. 젤라틴의 응고에 영향을 주는 요인들은 다음과 같다.

1 농도

젤라틴의 농도함량이 클수록 형성된 겔의 견고성도 강하며, 응고온도와 융해온도가 높아진다. 젤라틴의 농도가 낮으면 겔화하는 시간이 길다. 기온이 높은 여름에는 젤라틴의 농도를 2배 이상 높여준다. 젤라틴의 농도는 음식의 종류에 따라 다르지만, 대부분 2~10%인데, 기온 및 계절에 따라서 농도를 조절해야 한다.

2 온도

젤라틴은 3~10℃에서 냉각하여야 겔화가 잘 된다. 일반적으로 온도가 낮을수록 빨리 응고되며, 빨리 응고시키고자 할 때는 냉장고나 얼음물 등을 사용한다.

3 시간

젤라틴의 농도 및 온도에 따라 응고시간과 경도에 이르는 시간이 다르다. 일반적으로 온도가 낮을수록 빠르게 최대의 경도에 도달하게 된다.

4 젤라틴분자의 분자량

일반적으로 겔 형성에 사용되는 젤라틴의 분자량이 클수록 겔의 견고성도 커진다.

5 염의 영향

염은 물의 흡수를 막아 견고성을 강하게 한다. 경수에 의하여 빨리 응고되며, 단단한 응고물을 형성한다. 또한 우유를 첨가하면 우유 중의 염류가 응고를 돕는다.

6 pH와 산의 영향

젤라틴 등전점 pH가 4.7 근처에서 분자 간의 응집력이 커져 응고한다. pH가 산성인 경우는 젤라틴분자에 서서히 가수분해가 일어나며 견고성도 감소한다. 그러므로 과일즙, 토마토주스, 레몬주스, 식초 등을 첨가하면 젤라틴의 응고를 방해하고 심하면 응고하지 않는다.

7 당의 영향

설탕의 농도가 증가하면 겔의 강도는 감소한다. 설탕 첨가는 20~25%가 적당하다.

8 효소의 영향

젤라틴은 단백질이므로 단백질 분해효소를 사용하면 젤라틴이 분해되어 응고를 방해하고 심하면 응고하지 않는다. 파인애플의 브로멜린은 젤라틴을 분해하여 응고를 방해하므로 2분 정도 가열하여 사용한다.

브로멜린 bromelin

3) 젤라틴을 이용한 음식

젤라틴은 입 안에서 녹고 쉽게 매끄러워 탄력성이 있다. 과일젤리와 젤라틴과 난백을 이용한 시폰케이크, 무스케이크, 커스터드와 크림 등이 이에 속한다. 소의 족에 함유된 콜라겐을 가열하여 젤라틴을 만든 후에 굳히는 족편도 있다.

02 한천

1) 구조

한천은 해조류 중 홍조류인 우뭇가사리에서 추출된 복합 다당류이며 한천의 주요 성분은 갈락탄이다. 한천의 구조는 겔 형성 능력이 뛰어나고 보수성이 큰 아가로스(70%)와 점탄성이 높은 아가로펙틴 성분으로 구성되어 있다. 한천은 식이섬유나 저에너지식품 소재로 많이 이용된다.

갈락탄 galactan

아가로스 agarose

아가로펙틴 agaro pectin

2) 성질

흡수팽윤 imbibition

(1) 흡수팽윤

한천은 물에 담그면 흡수팽윤하고 가열하면 용해된다. 용해된 한천은 냉각하면 겔화된다. 팽창도는 수질에 따라 다르며 중성 > 알칼리 > 산성 순으로 적어진다. 입상이나 분말의 경우는 침지시간에 관계없이 비슷한 정도의 수분을 흡수하나, 실한천이나 각한천은 침지시간이 다르다.

(2) 가열용해

흡수팽윤 한 한천에 물을 가하여 가열용해 하는 것으로, 물에 침지시킨 후 80% 정도를 흡수하면 가열한다. 한천의 농도가 낮을수록 빨리 용해하고 농도가 2% 이상이면 용해되기가 힘들다. 조리에 쓰이는 한천의 농도는 0.8~1.5% 정도이다.

응고 solidification

(3) 응고

가열 용해하여 한천용액을 냉각하면 급격하게 점도가 증가하고, 이때 망목구조를 형성하며 유동성을 잃고 겔화한다. 한천의 응고온도는 농도에 따라 차이가 있어서 농도가 높을수록 높은 온도에서 빨리 응고할 수 있으며, 겔의 강도도 크고 융해 온도도 높다.

이장 syneresis

(4) 이장

겔은 시간이 증가하면 겔의 조직을 구성하고 있는 망목구조가 서서히 수축한다. 그러면 망목구조 사이에 있던 액체가 서서히 나오기 시작하는데, 이러한 현상을 이장이라고 한다. 한천 농도가 높고, 설탕에 농도를 높이고, 가열시간이 길면 겔의 강도가 크기 때문에 이장률이 적다. 또한 겔을 방치하는 온도가 낮으면 이장량이 적다. 한천 농도가 1% 이상이고, 설탕농도가 60% 이상이면 이장은 전혀 일어나지 않는다.

(5) 설탕의 영향

한천에 설탕을 첨가하면 점성과 탄력성, 투명도가 증가한다. 설탕의 농도가 높을수록 겔의 강도가 증가하고 이수현상을 줄인다.

설탕
sugar

(6) pH의 영향

한천은 알칼리성에서는 강하게 응고하지만, 산성에서는 약하게 응고한다. 한천에 과즙을 첨가하여 가열하면 과즙이 유기산에 의해서 가수분해를 일으키므로 겔이 약화된다. 그러므로 한천용액을 60℃ 정도로 가열한 후에 과즙을 첨가하도록 한다.

(7) 첨가물의 영향

우유는 많은 양을 첨가할 경우에 영향을 받는다. 이는 우유 중의 지방과 단백질이 한천의 겔의 망상구조를 방해한다. 그러므로 우유를 첨가할 경우는 한천의 농도를 높여주어야 한다.

망상구조
network structure

난백을 첨가할 경우에는 난백 거품의 비중이 가볍기 때문에 위에 떠서 분리될 우려가 있으므로, 난백에 설탕을 첨가하여 거품을 안정시킴으로써 분리되는 것을 방지한다. 팥앙금, 밤, 고구마를 첨가하는 경우에는 비중이 무겁기 때문에 밑에 가라앉을 수도 있으므로, 응고시킬 때 온도를 높여서 40℃ 정도에서 겔이 응고되기 직전에 넣고 잘 저은 후에 응고시킨다.

난백
egg white

3) 한천을 이용한 음식

한천 젤리는 한천에 물을 가하여 흡수시킨 후에 설탕을 가하고 가열 용해한 다음 60℃ 정도에서 일정량의 과즙을 넣고 냉각, 응고시킨다. 그리고 양갱은 한천에 물을 가하여 30분 정도 침지시킨 다음, 가열하여 용해시킨 후에 설탕을 가하여 끓인다. 끓으면 팥앙금을 가하고, 다시 끓여 틀에 넣고 응고시킨 후 40℃를 유지하면서 응고시킨다. 이외에도 제과나 제빵 시 또는 과즙, 유제품, 청량음료 등의 안정제로 사용하고, 미생물의 배양 배지 등에 이용된다.

한천
agar

Q_ 곤약은 한천과 같은 것인가요?

A_ 한천은 우뭇가사리와 같은 해조류에서 추출되어 만들어진 것이다. 겔 형성 능력이 뛰어나 응고제 역할을 한다. 곤약은 구약감자라는 식물의 주원료로, 뿌리 부분을 이용하여 전분으로 만든 묵의 형태이다.

표 10.1 젤라틴과 한천 비교

특 성	젤라틴	한 천
성 분	• 동물성 뼈나 가죽 등의 콜라겐	• 식물성 홍조류인 우뭇가사리
용해방법 및 온도	• 물에 담가 가열하여 끓인다.	• 물을 흡수시킨 후 뜨거운 물을 넣는다.
겔화조건	• 10℃ 이하 냉장, 산에 약간 약하다.	• 실온에서 응고, 산에 약하다.
겔 특성	• 연하고 독특한 점성이 있다. • 보수성이 높다. • 열에 불안정하다.	• 투명감이 낮고 점성이 없으며 보수성이 낮다. • 실온에서 안정하다.
사용 예	• 족편, 젤리, 무스, 전약, 아이스크림	• 양갱, 케이크 장식, 미생물용 배지

Q_ 젤라틴과 한천은 물을 넣어 가열하면 Sol(콜로이드용액)이 된다. 적당한 농도의 Sol은 식으면 Gel이 되어 젤리를 만드는 것으로 첨가량이 달라지는데, 그 이유는?

A_ 한천과 젤라틴의 흡수 팽윤되는 정도가 달라 한천은 물에 불릴 때 수분함량이 22~24%이고, 젤라틴은 10~16%라서 물에 30분 정도 불리면 10배 정도로 증가한다. 참고로 Sol이 되려면 한천은 100℃, 젤라틴은 50℃에서 가열하면 용해된다.

【실험】 양갱과 젤리 만들기

1 실험 목적

한천과 젤라틴의 성질을 비교한다.

2 실험 방법

- 시료A : 한천 5g + 물 2C + 설탕 120g + 팥앙금 200g + 소금 약간
- 시료B : 한천 10g + 물 2C + 설탕 120g + 팥앙금 200g + 소금 약간
- 시료C : 판젤라틴 1장(2g) + 물 2C + 설탕 120g + 오렌지주스 100g + 소금 약간
- 시료D : 판젤라틴 2장(4g) + 물 2C + 설탕 120g + 오렌지주스 100g + 소금 약간

재료준비
↓
계량 — 한천, 젤라틴과 각각의 재료 측정
↓
수침 — 한천, 젤라틴 10분간 물에 담그기
↓
끓이기 — 각각의 재료를 넣고 가열
↓
굳히기 — 틀에 넣어 냉장고에 60분 굳히기
↓
평가 — 맛, 질감, 외관 평가

3 실험 결과

시 료	맛	질감(경도)	외관(투명도)
시료A(한천 5g)			
시료B(한천 10g)			
시료C판(젤라틴 2g)			
시료D판(젤라틴 4g)			

* 한천(79~85℃)과 젤라틴(23.5~25℃)의 용해 온도는 다르다.

실험재료

한천 15g
물 6컵
설탕 480g
팥앙금 400g
소금 약간
판젤라틴 3장(6g)
오렌지주스 200g

실험기구

저울
온도계
냄비
계량스푼
타이머
마른행주
사각틀
나무주걱
비커

단원정리

1 젤라틴의 성분
- 동물의 결체조직에 존재하는 단백질로, 콜라겐을 부분적으로 가수분해하여 얻게 되는 유도단백질이다.
- 필수아미노산의 함량이 적고 생물학적 영양가가 낮은 불완전단백질이다.
- 판상이나 분말 형태로 젤리 제조, 각종 가공식품 제조 시에 이용된다.

2 젤라틴의 성질
- 젤라틴은 흡수성이 있어 물에 담그면 6~10배에 해당하는 물을 흡수한다. 분말로 된 젤라틴은 약 5분만 담그면 되고, 판상의 젤라틴은 20~30분간 담근다.
- 젤라틴을 물에 섞어두면 물을 흡수하거나 용해되어 졸(sol) 상태가 되고, 이것을 냉각시키면 겔(gel)을 형성하여 응고된다.
- 젤라틴의 견고성에 영향을 주는 요인은 농도, 온도, 시간, 젤라틴분자의 분자량, 염의 영향, pH와 산의 영향, 당의 영향, 효소의 영향이 있다.

3 젤라틴을 이용한 음식
- 과일젤리와 젤라틴과 난백을 이용한 시폰케이크, 무스케이크, 커스터드와 크림 등이 있다.
- 소족에 함유된 콜라겐을 가열하여 젤라틴을 만든 후에 굳히는 족편 등이 있다.

4 한천의 구조
- 한천은 해조류 중 홍조류인 우뭇가사리에서 추출된 복합다당류이다.
- 주요 성분은 갈락탄이다. 한천의 구조는 겔 형성 능력이 뛰어나고, 보수성이 큰 아가로스와 점탄성이 높은 아가로펙틴의 성분으로 구성되어 있다.

5 한천의 성질
- 한천은 물에 담그면 흡수 팽윤하고, 가열하면 용해된다. 용해된 한천은 냉각하면 겔화된다.
- 한천의 팽창도는 중성 〉 알칼리 〉 산성 순으로 적어진다.
- 우유 중의 지방과 단백질이 한천의 겔의 망상구조를 방해한다. 우유를 첨가 시 한천의 농도를 높여주어야 한다.
- 난백을 첨가할 때에는 난백거품의 비중이 가볍기 때문에 분리될 우려가 있으므로, 난백에 설탕을 첨가하여 거품을 안정시킴으로써 분리되는 것을 방지한다.
- 이장(syneresis) : 겔 시간이 증가하면 겔의 조직을 구성하고 있는 망목구조가 서서히 수축한다. 그러면 망목구조 사이에 있던 액체가 서서히 나오기 시작하는 현상이다.

6 한천을 이용한 음식
- 한천 젤리는 한천에 물을 가하여 흡수시킨 후 설탕을 가하고, 가열 용해한 다음 60℃ 정도에서 일정량의 과즙을 넣고 냉각, 응고시킨다.
- 양갱은 한천에 물을 가하여 30분 정도 침지시킨 다음, 가열하여 용해시킨 후 설탕을 가하여 끓인 음식이다.

단원종합문제

1 다음 설명의 ( )에 채우시오.
젤라틴은 ( )에 존재하는 단백질로, ( )을 부분적으로 가수분해하여 얻게 되는 유도단백질이다.

2 다음 설명의 ( )에 채우시오.
젤라틴을 물에 섞어두면 물을 흡수하거나 용해되어 ( ) 상태가 되고, 이것을 냉각시키면 ( )을 형성하여 응고한다.

3 젤라틴의 견고성에 영향을 주는 요인에 대해 설명하시오.

4 젤라틴에 이용되는 음식을 설명하시오.

5 한천의 구조에 대해 설명하시오.

6 겔 시간이 증가하면 겔의 조직을 구성하고 있는 망목구조가 서서히 수축한다. 그러면 망목구조 사이에 있던 액체가 서서히 나오기 시작하는 현상은?

7 다음 설명의 ( )에 채우시오.
( ) 중의 지방과 단백질이 한천의 겔의 망상구조를 방해한다. 첨가 시 한천의 농도를 높여주어야 한다.

8 다음 설명의 ( )에 채우시오.
( )을 첨가할 때에는 거품의 비중이 가볍기 때문에 분리될 우려가 있으므로, 설탕을 첨가하여 거품을 안정시킴으로써 분리되는 것을 방지한다.

9 한천을 이용한 음식 중에 한천에 물을 가하여 흡수시킨 후, 설탕을 가하고 가열 용해한 다음 60℃ 정도에서 일정량의 과즙을 넣고 냉각, 응고시킨다. 이것은 무엇인가요?

10 다음 설명의 ( )에 채우시오.
( )은 한천에 물을 가하여 30분 정도 침지시킨 다음, 가열하여 용해시킨 후에 설탕을 가하여 끓인다.

Cooking Principles & Experimental Cooking

11

CHAPTER 11

11 육 류

우리나라에서 주로 이용되는 육류는 소고기, 돼지고기, 닭고기 등이다. 육류의 연간 소비량을 살펴보면 돼지고기가 가장 많으며, 소고기의 경우는 수입량이 생산량과 비슷하다.

01 육류의 구조

동물의 종류와 관계없이 식용으로 하고 있는 육류는 근육조직, 결체조직, 지방조직, 골격 내장과 같은 부산물 등으로 구성되어 있다.

근육조직 muscle tissue
결체조직 connective tissue
지방조직 adipose tissue
골격 bone

1) 근육조직

근육조직은 세 종류로 분류되는데, 횡문근은 골격에 부착되어 있는 골격근은 근육으로 식육 또는 고기라 불리는 가식부위가 대부분이다. 평활근은 소화기관, 즉 내장을 구성하는 근육이며, 심근은 심장을 구성하는 근육이다.

근육조직은 근섬유로 구성되어 있으며, 근섬유를 전자현미경으로 보면 직경이 1~3㎛ 정도의 가느다란 근원섬유로 구성되어 있다. 근원섬유는 굵은 필라멘트와 가는 필라멘트의 두 가지 유형의 미오필라멘트로 구성되어 있다. 근원섬유가 모여 근섬유를 형성하고, 이것이 더 커져서 근속이 되고, 더욱 커져서 근육이 된다. 근섬유 내에는 점도가 높은 액체가 들어 있으며 이 액체를 근장이라고 하는데, 여기에는 무기질, 비타민, 효소, 색소인 미오글로빈 및 단백질이 용해되어 있다.

근원섬유 myofibril
굵은 필라멘트 thick filament
가는 필라멘트 thin filament
미오필라멘트 myofilament
근섬유 muscle fiber
근장 sarcoplasm

Q_ 조리하기에 연한 부분의 고기는?

A_ 근육조직은 연령이 낮을수록 연하고 운동이 적은 등심, 안심 같은 부분의 고기가 연하며, 건열조리법에 많이 이용된다.

힘줄 tendon
근섬유 muscle fiber
근내막 endomysium
근외막 epimysium
뼈 bone
근주막 perimysium
섬유속 fascicle
혈관 blood vessel

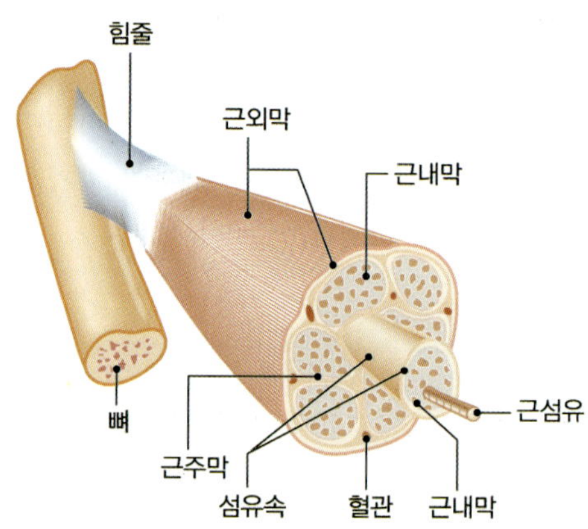

그림 11.1 근육조직의 세부구조

2) 결체조직

결체조직 connective tissue
엘라스틴 elastin
레티큘린 reticulin
교원섬유 collagen fiber
탄성섬유 elastic fiber
콜라겐 collagen

결체조직에는 교원섬유와 탄성섬유 두 가지가 있으며, 다량의 콜라겐과 엘라스틴, 소량의 레티큘린이 함유되어 있다. 교원섬유는 주로 콜라겐으로 구성되어 있고, 콜라겐은 껍질, 힘줄, 근육과 결합하는 뼈나 가죽 부위에 많으며, 물과 함께 가열하면 65℃ 부근에서 수용성의 젤라틴이 되고, 다시 온도가 내려가면 식으면서 굳어져 젤 화되는데, 백색을 띠고 직선상의 가는 섬유상이다. 습열로 장시간 가열하면 수용성의 젤라틴으로 변한다.

탄성섬유는 황색을 띠는 엘라스틴을 주성분으로 하고 있으며, 가열해도 변하지 않으므로 먹을 수가 없다. 레티큘린은 근섬유막의 주성분을 이루는 제3형 콜라겐으로, 콜라겐처럼 조리 시 물러질 수 있다. 운동을 많이 하거나 나이가 많이 들면 결합조직이 발달되는데, 암컷보다는 수컷, 돼지고기와 닭고기보다는 소고기에 많다.

3) 지방조직

지방조직은 피하, 복부, 장기 또는 근육 사이 등에 분포한다. 동물의 종류에 따라 차이가 있는데, 돼지는 주로 피하에 존재하고, 소는 피하와 근육 사이에 존재한다. 근육 내에 작은 백색 반점 같이 산재되어 있는 지방조직을 근내지방이라고 하며, 적당히 산재되어 있어 입에 닿는 촉감, 풍미 등이 우수하여 건열조리법인 구이에 적합하다. 암컷이나 운동량이 적은 부위의 고기에 지방함량이 많은 편이다.

불포화지방산의 함량이 많을수록 녹는점이 낮아지고, 포화지방산 함량이 많을수록 녹는점이 높아진다. 불포화지방산 함량은 소기름 < 돼지기름 < 닭기름 < 오리기름 순으로 높다. 녹는점은 이와 반대이다.

지방조직
adipose tissue

근내지방
marbling

Q_ 맛있는 구이를 먹으려면?

A_ 맛있는 구이를 먹으려면 근내지방(마블링)이 있는 것이 좋다. 마블링은 근섬유를 짧게 하므로 육질이 연하고 맛과 풍미가 좋아 육질등급이 가장 좋다. 마블링은 식육 내의 수분 증발을 억제시켜 씹었을 때 뻣뻣하지 않고 육즙이 풍부하며 촉촉하다. 지방함량은 소고기보다 돼지고기가 많고, 닭고기, 칠면조고기보다 오리고기에 더 많다.

4) 골격

뼈의 상태는 동물의 연령과 암수에 따라 다르다. 어린 동물의 뼈는 작고 가늘며, 연하고 분홍빛을 나타내는 반면, 성숙한 동물의 뼈는 단단하고 백색을 띤다.

골격
bone

Q_ 우족, 사골을 뽀얗게 탕을 끓이려면?

A_ 탕을 끓일 때에는 우족이나 앞다리 쪽 사골을 이용하는 것이 좋다. 이는 운동량이 많고 체중이 더 가해져 골격이 치밀하게 발달되어 인지질 함량이 많다. 또 뼈를 끓이기 전에는 충분히 핏물을 우려내고, 뜨거운 물로 한 번 데친 후 찬물을 부어 끓이는 것이 좋다.

02 육류의 구성성분

육류의 구성성분은 종류, 연령, 사료, 부위에 따라 조금씩 차이가 있으나, 수분이 75%를 차지하고, 나머지 고형물 중 대부분이 단백질로 구성되어 있으며, 그 밖에 지질, 탄수화물, 무기질(인, 철 및 칼슘), 비단백질 질소 또는 비질소 화합물, 색소, 효소, 비타민류 등으로 구성되어 있다.

1) 단백질

단백질 protein
근장단백질 globular protein
근원섬유단백질 fibrous protein
미오글로빈 myoglobin
헤모글로빈 hemoglobin
미오신 myosin
액틴 actin
트로포미오신 tropomyosin
콜라겐 collagen
엘라스틴 elastin
레티큘린 reticulin

식육 내의 단백질 함량은 근섬유의 양에 따라 차이를 나타내지만, 일반적으로 약 20% 정도가 함유되어 있다. 식육 내의 근장단백질(구상단백질), 근원섬유단백질(섬유상단백질), 그리고 결합조직단백질로 나눈다.

근장단백질은 근원섬유 간에 용해되어 있는 단백질을 말하며, 미오글로빈, 헤모글로빈 등의 색소단백질과 각종 해당계 효소 등을 함유하고 있어 식육의 사후변화, 숙성, 육색변화 등 식육의 가공에 관련된 단백질이다.

근원섬유상단백질은 근원섬유 내에 존재하는 단백질로 총 단백질의 약 50%를 차지하며, 근원섬유 중 굵은 필라멘트에는 미오신, 가는 필라멘트에는 액틴이 함유되어 있는데, 이 두 가지는 생 근육의 수축, 사후경직, 보수성, 결착성 등에 관여한다. 또한 근원섬유의 구성 단백질인 트로포미오신을 함유하고 있다. 세포, 장기, 기관 등을 결합, 보호, 충전하는 역할을 하는 결합조직 단백질로는 콜라겐, 엘라스틴 그리고 레티큘린 등이 있다.

2) 지방

지방 fat

식육에 있는 지방으로는 조직지방과 축적지방의 두 가지 형태가 있다. 조직지방은 주로 근육세포의 막부를 구성하는 것으로 주성분은 인지질, 당지질 및 스테롤 등이며, 조직지방의 함량은 동물의 영양상태 등의 외적 인자에 의해서는 별로 영향을 받지 않는다.

축적지방의 대부분은 중성지방으로 동물의 연령, 영양상태 또는 사육조건 등에 따라 변화가 있으며, 고기의 부위에 따라서도 함량의 차이가 있다.

지방에 융점이 높은 경우, 뜨겁게 조리한 상태로 식용해야 맛과 질감이 좋고 소화율도 높다. 동물지방의 융점은 구성지방산의 분포에 따라 다른데, 돼지고기와 닭고기의 지방에는 불포화지방산의 함량이 높아 융점이 낮고, 소고기와 양고기의 지방에는 포화지방산이 많아 융점이 높다. 그러므로 소고기, 양고기와 같이 융점이 높은 경우에 음식의 온도가 낮아지면 지방이 고체화되어 음식의 맛을 떨어뜨린다.

3) 당질

식육에 당질은 포도당의 중합체인 글리코겐으로 간이나 근육에 존재하며, 동물이 종류, 부위, 도살 전 동물의 상태, 사후경과 시간 등에 따라 다르다.

당질
carbohydrate

글리코겐은 젖산 생성과 직접적으로 관련된 성분으로 육류의 pH 변화, 사후경직과도 밀접한 관계가 있다. 도살 당시 스트레스를 받으면 글리코겐이 감소하고 젖산 생산량이 적어지며, 따라서 pH가 6.3 정도로 정상치보다 높게 되고 고기의 색이 검어지며 숙성도 잘 일어나지 않는다.

4) 무기질

육류에는 약 1% 정도의 무기질이 존재하는데 주로 인과 철분이다. 그 외에도 칼륨, 나트륨, 마그네슘, 칼슘, 아연, 염소 등이 존재한다. 칼륨은 근섬유에 나트륨은 근장에 주로 존재하며, 칼슘, 마그네슘, 아연 등의 2가 금속이온은 식육의 보수성과 밀접한 관계가 있다.

무기질
minerals

5) 비타민

식육 중에는 주로 비타민 B 복합체가 많이 함유되어 있는데, 비타민 B_1은 돼지고기에 많이 함유되어 있다. 특히 간에는 비타민 B군 외에 비타민 A와 비타민 C가 다량으로 함유되어 있다.

비타민
vitamin

6) 색소

식육의 붉은색은 미오글로빈과 헤모글로빈에 의해 결정된다. 미오글로빈은 산소를 근육 내에 보유하여 근육의 수축, 이완 작용을 하고, 헤모글로빈은 혈액 내에서 산소를 각 조직에 운반하는 역할을 한다.

근육의 붉은색의 농도는 동물의 종류, 연령 그리고 부위에 따라서 차이가 있는데, 이는 근육 색소의 3/4을 차지하는 미오글로빈의 농도 차이 때문이다. 소고기는 송아지고기나 돼지고기보다 다량의 미오글로빈을 함유하고 있어서 더욱 붉은색을 띠게 된다.

색소 pigment
미오글로빈 myoglobin
헤모글로빈 hemoglobin
옥시미오글로빈 oxymyoglobin
메트미오글로빈 metmyoglobin
메트미오크로모겐 metmyochromogen
헤마틴 hematin

육류는 도살 후 근육이 전달되었을 때는 색이 처음에는 암적색을 띠나, 공기와 접촉하면 산소와 결합하여 옥시미오글로빈으로 변하며 점차 선명한 붉은색으로 변한다. 식육을 장시간 저장 시 표면이 어두워지는 현상이 나타나는데, 이는 공기에 노출 시 표면이 세균에 의한 산소분압의 감소로 헴철 제1철(Fe^{2+})에서 제2철(Fe^{3+})로 산화되어 갈색의 메트미오글로빈이 되기 때문이다. 또한 육류를 가열하면 온도가 상승함에 따라 미오글로빈의 단백질 부분이 변성을 일으켜 회갈색의 메트미오크로모겐과 헤마틴에 의해 회갈색이 된다.

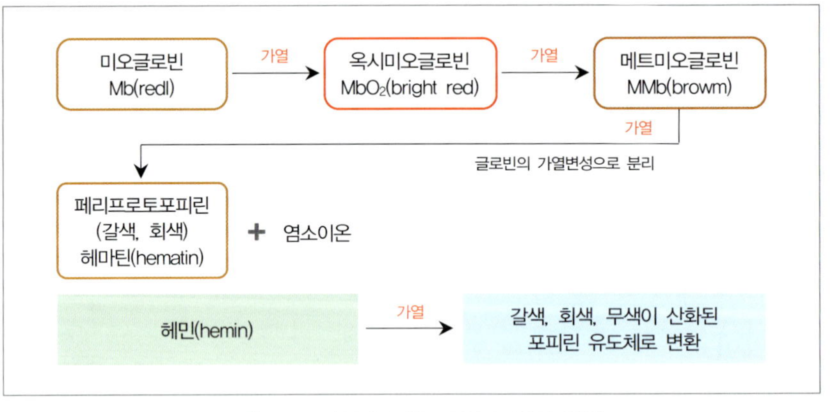

그림 11.2 가열에 의한 미오글로빈의 변화

03 육류의 사후변화

1) 사후경직

사후경직은 동물을 도살 후 시간이 지나면 근육이 신장성을 잃고 뻣뻣해지는 현상이다. 도살 전 근육조직의 pH는 7.0~7.4로 중성이나 도살 후 방혈로 근육조직 내에 산소공급이 제한되며, 혐기적 해당작용이 일어나 글리코겐으로부터 젖산 생성에 의한 pH의 저하 등은 보수성을 감소시키고 더욱 딱딱하게 한다.

사후경직 rigor mortis

사후경직에 관여하는 효소작용으로는 젖산의 생산으로 pH가 6.5 이하로 낮아지면서 인산가수분해효소, 포스파타아제의 작용으로 ATP는 분해되며 이때 ATP와 결합하고 있던 미오신이 분해되면서 액틴과 결합하여 액토마이오신을 형성하여 수축하게 되고, 근육이 뻣뻣해지고 보수성과 신장성은 감소한다.

포스파타아제 phosphatase

ATP adenosine triphosphate

액토마이오신 actomyosin

2) 숙성

숙성은 근육이 pH 5.5에서 최대 사후경직이 일어나며 젖산생성이 정지되며 동시에 숙성이 일어난다. 냉장온도에서 육류를 저장하면 근육 자체의 단백질 효소인 프로테아제에 의해 근원섬유단백질이 분해되며 자가분해가 일어나 고기의 근육 길이가 짧아지며 연하고 보수성이 증가된다. 또한 사후경직 시 ATP에서 분리된 ADP는 AMP로 분해된 후 IMP, 이노신산으로 분해되어 감칠맛이 증가한다. 육류의 사후경직과 숙성은 냉장온도에서 이루어져야 안전하며, 숙성온도를 높이면 숙성속도는 빨라지나 세균에 오염되어 고기가 상하게 된다.

숙성 aging, ripening

자가분해 autolysis

Q_ 육류의 드립현상이란?

A_ 드립현상은 고기를 천천히 동결시킨 경우 얼음결정이 커지며 근육세포를 파괴하여 해동 시 육즙의 양이 많아지고 고기의 맛이 떨어지는 것이다. 드립현상을 줄이기 위해서는 냉동육을 하루 전에 냉장상태로 꺼내어 서서히 해동을 하거나 냉동육을 흐르는 찬물에서 해동하는 것이 바람직하다. 최근에는 전자레인지를 이용하여 급속해동을 한다.

드립 drip

파파인
papain

브로멜린
bromelin

피신
ficin

액티니딘
actinidin

Q_ 육류의 연화방법은?

A_
- 기계적인 방법 : 조리 전에 칼집을 넣어주거나 두드림으로 결합조직과 근섬유를 끊어 주거나, 고기결의 직각방향으로 잘라 근섬유가 짧아져 연해진다.
- 당의 첨가 : 당은 단백질의 열 응고를 지연시키고 단백질의 연화작용을 가지나 다량 첨가하면 질겨진다. 조리 시 설탕, 배즙, 꿀, 양파즙 등을 넣으면 보수성이 증가하고 연화에 효과가 있다.
- 염의 첨가 : 소금, 간장을 첨가하면 연화되는데, 염을 1.3~1.5% 첨가하면 연해지나 5% 이상 되면 탈수되고 질기며 맛이 없다.
- pH의 첨가 : 약간의 산성은 수화력을 증가시켜 연해지는데, 산성의 과즙, 레몬, 레몬 껍질, 토마토를 가해주면 연화에 효과가 있다.
- 효소의 첨가 : 파파야의 파파인, 파인애플의 브로멜린, 무화과의 피신, 키위의 액티니딘 등은 단백질 분해효소 작용으로 연화에 효과가 있다. 그러나 사용량이 많거나 작용 시간이 길면 오히려 씹는 맛이 저하된다.

04 육류의 조리

1) 소고기

소고기
beef

소고기는 부위에 따라 맛과 그 특징이 다르다. 결합조직이 많은 부위인 양지, 사태, 목심 등은 장시간 조리하는 습열조리법인 탕, 편육, 찜이 적당하고, 움직임이 적고 결합조직이 적은 부위인 안심, 채끝, 등심, 우둔은 건열조리법인 구이가 적당하다.

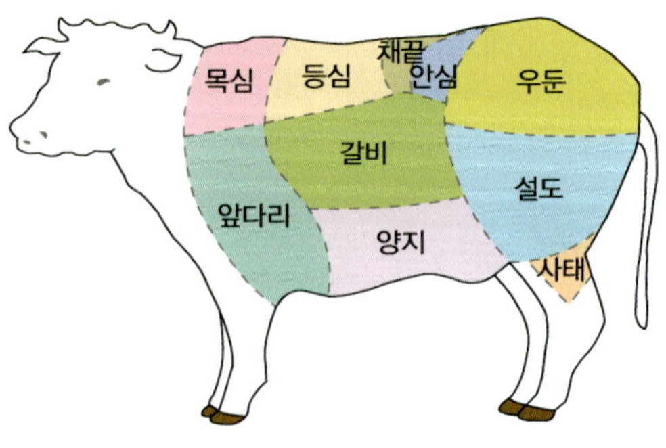

그림 11.3 소고기 부위별 명칭

표 11.1 소고기의 부위별 특징 및 이용

명 칭	부 위	특 징	조리방법
안 심		뼈 안쪽에 위치하는 유일한 부위로 결이 부드럽고 곱다. 지방질이 거의 없고 육즙이 많은 것이 특징으로 변색이 빠르다.	스테이크 구이, 샤브샤브
등 심	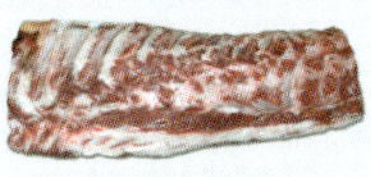	목심에서 이어지는 배최장근 부위를 중심으로 윗등심, 아랫등심, 꽃등심, 살치살로 이루어진 가장 육덩어리가 큰 부위이다.	스테이크 구이, 샤브샤브
채 끝		등심에서 뒷다리 보섭살로 이어지는 중간부위로 단면적이 일정하며 고깃결이 곱고 부드럽다. 등심과 비슷하다.	스테이크 구이, 샤브샤브
갈 비		갈비, 마구리, 토시살, 안창살, 제비추리로 이루어져 있다. 안창살은 양면을 질긴 근막이 감싸고 있으며 구웠을 때 쫄깃하다. 토시살은 구이용에 적합하다.	구이, 찜, 탕
목 심		소의 목 부분으로 목살을 포함하고 있다. 고깃결이 곱고 질기며 색상이 진하다. 전체적으로 힘줄이 많다.	구이, 찜 국, 탕
우 둔		우둔살, 홍두깨살이 포함되는 부분으로 피하지방이 약간 있는 것을 제외하고는 대부분 살코기이다.	구이, 탕, 산적 불고기, 샤브샤브
설 도	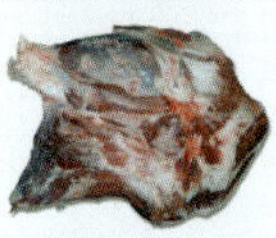	보섭살, 설깃살, 도가니살을 포함하는 설도는 부위별 육질차가 크기 때문에 세분화가 가능하다.	구이, 탕, 산적 불고기, 샤브샤브
앞다리		꾸리살, 부챗살, 갈비덧살, 앞다리살, 덮개살로 이루어진 부위이다. 근육이 모여 있기 때문에 질기고 육색이 짙다.	구이, 탕, 조림
양 지		양지머리, 업진살, 차돌박이, 치맛살로 구성되어 지방과 적육이 겹겹이 층을 이루고 섬유질과 근막이 많고 고깃결이 거친 편이다.	구이, 찜 국, 탕
사 태		앞사태, 뒷사태, 아롱사태, 뭉치사태로 이루어져 있다. 다리 장단지 부분으로 근막이 많아 고기 전체가 단단하다.	구이, 찜, 조림 국, 탕

안심
tenderloin

등심
loin

채끝
striploin

갈비
rib

목심
chuck

우둔
round

설도
botton round

앞다리
shoulder

양지
brisket

사태
shank

명 칭		특 징	조리방법
소 내 장	간	철분과 비타민 A를 다량 함유하고 있으며, 질감이 부드럽고 연하다. 우유에 담갔다가 조리한다.	볶음, 전
	대 장	장에서 직경이 넓은 부분으로 쫄깃한 질감이다. 밀가루로 잘 씻어 냄새를 제거한다.	소시지
	소 장	장에서 직경이 좁은 부분으로 꼬불꼬불한 곱창이라 한다. 밀가루로 잘 씻어 냄새를 제거한다.	구이, 볶음
	우 설	소의 혀를 말한다. 연하고 부드럽다.	구이, 볶음
	곤자손이	골반 안쪽 지방이 많이 붙은 대장 끝의 직장 부위로, 양이 적게 나온다.	전골, 탕
	허 파	폐를 말한다. 부아라고 한다.	구이, 편육
	염 통	소의 심장이다. 연하고 냄새가 적다.	탕, 전골
	콩 팥	소의 신장이다. 비타민 A와 B군이 많으며 얇게 썰어서 이용한다.	찜, 전
	등 골	척수에 해당하여 부드럽다.	탕, 국
	선 지	피를 말하고, 응고되었을 때 끓는 물에 삶아 검은 물을 뺀 후 사용해야 맛이 있다.	수육, 탕
	양	소의 4개의 위 중 첫 번째와 두 번째 위의 양을 말한다. 첫 번째 위의 두꺼운 부분을 양깃머리, 두 번째 위는 벌집 모양으로 생겨 벌집양이라 하는데 양이 적다.	구이, 전골 탕, 즙
	천 엽	세 번째 위를 천엽이라고 한다. 회색의 짧은 막과 긴 막이 교대로 있으며 작은 돌기가 많이 나있다.	구이, 회 전
소 골 격	우 족	소 4개의 발이며, 앞쪽 발을 상품으로 친다.	탕, 족편
	꼬 리	지방과 결합조직이 많다.	탕, 찜
	우 골	잡뼈라고 하며, 기본육수로 많이 이용된다.	탕, 육수
	도가니	소 무릎 부위의 연골조직으로 콜라겐과 인지질이 많다.	탕, 육수
	사 골	4개의 다리뼈라고 해서 앞다리 뼈가 밀도가 높다.	탕, 육수

Q_ 맛있는 소고기, 돼지고기 구분하는 방법?

A_ 소고기

- 지방이 광택 있는 유백색이다.
- 고기의 결이 곱고 촘촘하다.
- 고기에 탄력이 있다.

돼지고기

- 고기의 색깔이 회색빛 도는 분홍색이다.
- 고기에 광택과 탄력이 있다.
- 지방이 흰색이다.
- 지방과 붉은살에 경계가 명확하다.

(1) 습열조리법

고기에 액체 또는 물을 가하거나 증기로 가열 조리하는 방법으로, 이에 속하는 조리에는 육수, 탕, 국, 찜, 장조림 등이 있다. 습열조리법이 적용되는 부위는 결체조직이 많은 질긴 부위인 사태, 양지, 꼬리, 도가니 등을 이용한다.

습열조리법 moist heat method

표 11.2 습열조리법의 특징

조리법	특 징
탕	탕을 끓일 때에는 결체조직이 많은 양지, 사태, 꼬리, 사골, 우족 등이 적당하다. 국물을 만들 때는 고기를 찬물에 넣고 끓이는 것이 좋으며, 끓는 물에 고기를 넣으면 표면이 먼저 응고하므로 내부 성분의 용출이 더디게 된다. 또 국물을 낼 때에는 찬물에 소량의 소금을 넣고 끓이면 단백질의 용해를 도와 국물 맛이 좋게 한다. 곰탕이나 설렁탕을 끓일 때 뼈를 많이 넣으면 국물이 뽀얗게 되는데, 이는 뼈에서 우러난 인지질이 휘발되지 않고 뚜껑 안쪽에 맺혀 있는 증기 방울과 함께 떨어져 뽀얀 국물을 얻게 되는 것이다. 육수를 만들 때 고기의 독특한 냄새를 제거하기 위하여 흔히 여러 가지 채소(셀러리, 양파, 파, 마늘 등)를 넣어 끓인다.
조 림	장조림에는 섬유가 길고, 결체조직이나 마블링의 함량이 적은 사태, 홍두깨살, 우둔 등을 사용하고, 고기가 연해질 때까지 삶은 다음에 간장을 부어서 다시 약한 불로 서서히 조리는데, 간장을 처음부터 넣고 조리면 아무리 장시간 끓여도 고기가 더욱 단단해진다. 이는 간장 속의 염분이 가열시간이 길어짐에 따라 더욱 농축되며 삼투압이 높아져 수분을 탈수시키고, 염분이 스며들어 고기의 단백질이 수축하기 때문이다.
찜	찜은 결합조직이 많고 질긴 부위인 갈비, 사태, 꼬리 등이 있다. 찜은 주로 소량의 물로 익힌 다음 양념과 채소 등을 넣고 다시 끓이는데, 고기를 익히기 전에 간장 등의 양념을 하면 삼투압에 의한 침투로 탈수되어 고기는 마르고 부드럽지 못하다. 또 너무 오래 끓이면 콜라겐이 지나치게 분해되어 연해져 씹는 맛이 없어진다.
편 육	고기를 덩어리째 익혀 굳힌 다음 편으로 썰어 놓은 것으로, 편육은 소고기나 돼지고기로 만들며 사용되는 부위는 다음과 같다. 소고기 편육은 양지, 사태, 우설, 족 등의 부위를 이용하고, 돼지고기 편육은 삼겹살, 돼지머리, 족 등을 이용한다. 편육을 할 때에는 끓는 물에 넣어 근육 표면의 단백질을 먼저 응고시켜 수용성 물질이 육수에 용출되는 것을 최대한 방지하는 것이 좋으며, 찬물에 삶으면 맛 성분이 용출되고 고기 속이 분홍색으로 된다. 삶은 고기는 졸 상태의 젤라틴이 겔 상태가 되기 전 뜨거울 때 눌러놓아야 결체조직이 근조직을 잘 결합시켜 편육의 모양을 유지함으로써 썰기가 쉽다. 또한 편육은 수분과 지방분이 많이 용출된 것이므로, 공기 중에 오래 방치해두면 건조하여 맛이 떨어지며 근육의 미오글로빈에서 유리된 철분이 지방의 산패를 촉진한다. 냉장고에 보관된 편육이라도 3~4일 내에 산패취가 형성되며 변질되기 쉬우므로, 오래도록 보관하지 않고 즉시 섭취하는 것이 좋다. 돼지고기 편육의 독특한 누린내는 삶는 국물에 생강을 넣어 제거하며, 생강은 단백질이 응고된 후에 효과가 나타나므로 고기가 거의 익었을 때 넣는 것이 냄새 제거에 효과적이다.
스 튜	스튜는 우리나라의 찜과 같은 조리방법으로 소갈비, 사태 등 약간 질긴 부위를 이용, 토마토 또는 토마토주스를 첨가한다는 점에서 다르며, 토마토는 pH를 약산성으로 만들어 식육을 연하게 만든다.
브레이징	브레이징은 스튜보다는 수분이 적으며, 일반적으로 소량의 물을 첨가하거나 고기를 갈색이 되도록 지지거나 또는 고기 자체의 지방을 이용하여 갈색화한 다음 소량의 물, 우유 또는 토마토주스와 함께 약한 불에 오래 끓이는 조리법으로, 조리 도중 수분이 적어지면 물을 조금씩 보충하면서 고기가 연해질 때까지 끓인다.

졸 sol

겔 gel

스튜 stew

브레이징 braising

(2) 건열조리법

건열조리법
dry heat method

수분이나 액체를 가하지 않고 열을 가하여 익히는 방법을 말하며, 이 건열조리법에 사용되는 고기부위는 운동량이 많지 않은 연한 부위를 택하는 것이 좋으며, 결체조직이 거의 없고 마블링이 잘 분포된 등심, 안심, 채끝 등이 건열조리에 이용된다.

표 11.3 건열조리법의 특징

조리법	특 징
구 이	연한 부위를 선택하고 보통 3~5cm 정도의 두께로 잘라 굽는다. 구이는 숯불구이, 오븐구이, 팬구이 등이 있다.
스테이크	구워 표면의 단백질을 응고시킨 후에 불의 세기를 약하게 하여 다시 구워 육즙의 용출이 적도록 한다.
튀기기	튀기기는 고온 단시간 조리하므로 영양성분이 용출되지 않는다. 기름의 양과 튀김옷의 여부에 따라 조리법이 다르다.
불고기	불고기는 연한 부위의 고기를 얇게 썰어 간장양념에 재웠다가 굽는다.
떡갈비	떡갈비는 갈빗살을 다져서 양념하여 치대어 모양을 만들어 굽는다. 많이 치댈수록 염용성 단백질인 미오신이 염에 녹아나와 엉기고 잘 뭉쳐진다.

Q_ 가열 정도에 따른 스테이크의 특징?

A_

가열 정도	내부 온도	특 징
rare	60℃	겉만 익어 갈색이고, 안은 거의 생고기처럼 붉은 육즙이 많음
medium	71℃	겉만 갈색으로 익고, 안은 연한 붉은색이 남아 있는 상태
well-done	77℃	완전히 익어 겉과 안이 모두 갈색인 상태, 육즙이 적음

돼지고기
pork

2) 돼지고기

돼지는 도축률이 높아 중요한 식육자원이다. 동물성 단백질을 가장 많이 생산·공급하는 가축이므로 생육 이외에 햄, 소시지, 베이컨 등의 가공육으로 많이 이용되고 있다. 돼지고기는 연한 분홍색을 띠며 탄력이 있고, 지방이 흰색을 띠는 것이 좋다. 돼지고기 특유의 누린내를 제거하기 위해 마늘이나 생강, 양파, 후추, 청주, 바질 등을 넣어 조리하는 것이 좋다. 돼지고기의 유구조충은 돼지를 중간숙주로 기생하는 조충으로 중심 온도가 77℃ 이상이 되어야 사멸하므로 반드시 속까지 익혀서 먹어야 한다.

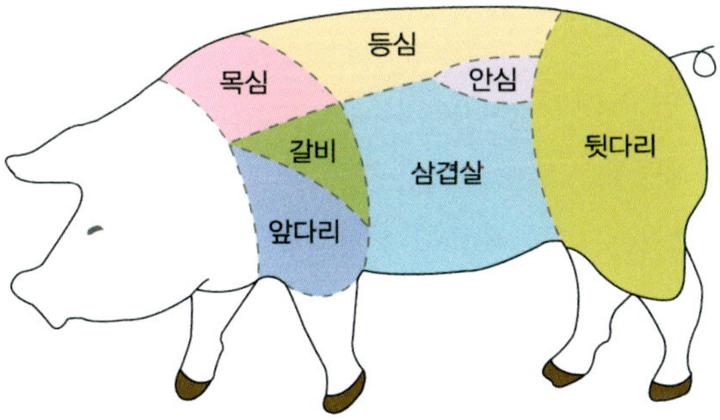

그림 11.4 돼지고기의 부위별 명칭

표 11.4 돼지고기의 부위별 특징 및 이용

명 칭	부 위	특 징	조리방법
목 심		운동량이 많기 때문에 조금 질기다. 육질이 부드럽고 지방분이 많아 맛있는 부위로 알려져 있다.	구 이
등 심		목심에 이어지는 등쪽 중앙 부분으로, 결이 곱고 담홍색을 띠고 있다. 색상이 연하고 육질이 부드러운 저지방육이다.	구이, 찌개
갈 비		갈비덧살을 포함한 부위로, 근육 내에 지방이 골고루 분포되어 있다.	구이, 찜
안 심		가장 결이 곱고 부드럽다. 지방이 거의 없고 저칼로리 부위이다.	구 이
삼겹살		적육과 지방이 일정한 두께로, 3겹으로 겹쳐 있어 지방함유량이 높고 단백질이 적지만 질기지 않고 감칠맛이 난다.	구이, 찌개
앞다리		앞다리 위쪽 부위로 어깨 부위에 해당하며, 운동량이 많은 부위이기 때문에 고깃결이 거칠고 색이 짙다.	국, 탕, 찜
뒷다리		지방이 적고 근막이 많아 질긴 편이다. 육가공용으로 이용 빈도가 높다.	구이, 조림, 찜

목심
boston butt

등심
loin

갈비
rib

안심
tenderloin

삼겹살
pork belly

앞다리
shoulder

뒷다리
ham

닭고기
chicken

3) 닭고기

닭은 육질이 탄력 있고 크기는 1kg 정도의 크기가 적당하며, 삼계탕용은 300~500g 정도의 영계가 좋다. 닭고기는 다른 육류에 비해 칼로리가 낮고 우수한 단백질 공급원으로, 지방은 껍질이나 배 부위에 편재되어 있어 제거하기가 쉽다. 어린 닭은 지방함량이 적기 때문에 철판에 기름을 두르고 지지거나 기름에 튀기는 조리방법이 적당하며, 오븐에 넣어 구이를 할 때는 건조되는 것을 방지하기 위하여 표면에 기름을 발라주어야 한다. 구이나 찜용으로는 몸에 지방층이 형성되어 있는 성장한 닭이 적당하며, 크기가 크고 연령이 오래된 노계는 육질이 질기므로 탕을 만들 때 이용한다.

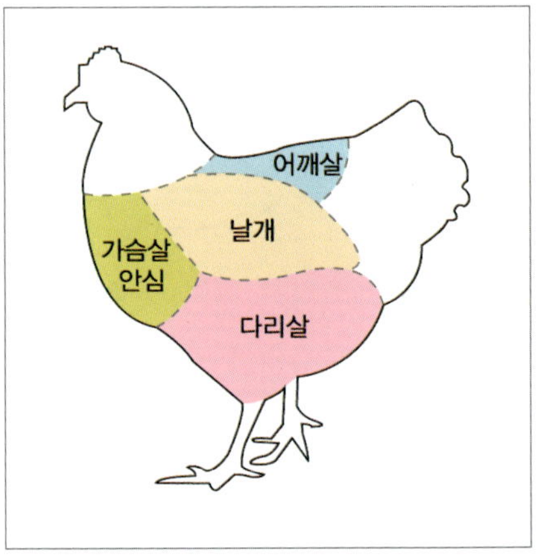

그림 11.5 닭고기의 부위별 명칭

가슴살
breast

날갯살
wings

안심
tenderloin

다리살
thigh

표 11.5 닭고기의 부위별 특징 및 이용

명 칭	부 위	특 징	조리방법
가슴살		지방이 매우 적어 맛이 담백하고 근육섬유로만 되어 있다.	튀김, 볶음, 조림
날갯살		살은 적으나 뼈 주위에 펙틴질이 많아 육수를 만들기에 좋다.	튀김, 볶음, 조림
안 심		가슴살 안쪽의 고기로, 담백하고 지방이 거의 없다.	튀김, 볶음, 조림
다리살		운동을 많이 하는 부위여서 탄력 있고 육질이 단단하다.	튀김, 볶음, 조림, 구이

4) 양고기

양고기의 색깔은 소고기보다 엷으나 돼지고기보다는 진한 선홍 벽돌색이며, 근섬유는 가늘고 조직이 단단하지 않기 때문에 고기의 질이 연하고 소화가 잘 되며 맛도 좋다. 특히 생후 1년이 되지 않은 새끼양고기를 램이라고 부르는데, 양고기 특유의 냄새가 없어 고급으로 환영받고 있다.

양고기
lamb

5) 오리고기

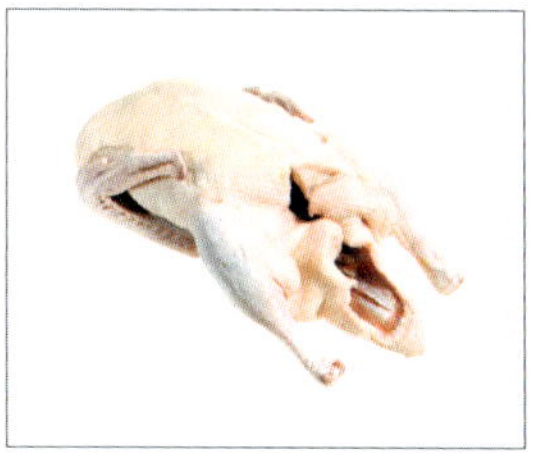

오리
duck

오리는 기름이 오르는 12월~3월이 제철이며, 부드럽고 풍미가 있어 동서양에서 고급요리로 취급한다. 단백실이 풍부하며 콜레스테롤이 적고 불포화지방산의 함량이 많다.

6) 꿩고기

꿩
pheasant

꿩은 찜, 전골, 찌개, 구이, 만두 등으로 많이 이용하며, 현재는 사육을 통해 공급한다. 지방함량이 적고 담백한 맛이 난다.

7) 오골계

오골계
silky fowl

오골계는 동남아시아가 원산지로, 껍질과 속살이 모두 검은빛을 띠고 있다. 일반 닭에 비해 담백하고 쫄깃하여 주로 백숙으로 이용한다.

8) 칠면조

칠면조
turkey

칠면조는 서양의 연회음식에 빠지지 않는 재료이며, 3~4kg 정도가 요리용으로 적당하다.

05 육류의 가공

훈연법
smoking method

육가공품으로는 햄, 소시지, 베이컨 등의 훈연육과 통조림 등이 있고, 그 밖에도 건조육류, 염장육 등이 있다. 훈연법으로 가공할 때 사용되는 나무, 톱밥 등의 연료가 불완전연소 되어 생기는 각종 타르, 알데하이드류, 초산, 포름산, 아세톤, 퍼푸랄 등은 방부성이 있어 훈연육에 저장성과 독특한 풍미를 갖도록 한다.

질산염
nitrate

아질산나트륨
sodium nitrite

가공할 때 첨가하는 부재료 중 설탕은 육제품의 조미에, 염은 건조시키는데, 아질산나트륨이나 질산염은 육색소를 안정시켜 가공육에 독특한 적색을 띠게 한다. 육류의 색이 가열에 의해 갈색으로 변하는 것을 질산염이나 아질산나트륨을 방지한다.

질산염은 산화질소를 제공하여 이것이 미오글로빈과 결합, 나이트로소미오글로빈을 형성하여 공기에 의한 산화를 방지하는 동시에 붉은색을 띠게 한다. 그러므로 가공육은 가열 조리하여도 갈색으로 변하지 않는다.

햄
ham

베이컨
bacon

소시지
sausage

암퇘지
saw

세이지
sage

케이싱
casing

훈연
smoking

표 11.6 육류 가공품 특징

육류 가공품	특 징
햄	햄은 돼지고기를 소금과 질산칼륨에 절이고, 설탕 및 향신료를 첨가한 다음 훈연 가공한 것이다.
베이컨	돼지의 삼겹살을 염지 훈연하여 만든 것으로, 부위에 따라 등심육은 로인베이컨, 어깨부위는 숄더베이컨이라고 한다.
소시지	소시지는 암퇘지의 고기에 향신료인 세이지를 배합하여 만들기 때문에, 소시지라는 이름이 붙여졌다. 소시지는 햄과 베이컨을 가공하고 남은 조각고기 등을 섞고, 향신료, 조미료 등을 배합하여 케이싱에 넣어 훈연한 후 물에 삶은 것이다.

Q_ 드라이에이징 vs 웻에이징의 차이점은?

A_

드라이에이징	웻에이징
통풍이 잘되는 곳에 거꾸로 매달아 건식 숙성하는 방식이다. 1~2℃의 온도 70~80%의 습도에서 숙성시키며, 통풍이 잘 되는 곳이나 공기순환이 원활한 곳에서 공기 중에 노출시켜 숙성시키는 방법이다.	진공포장을 통해 수분의 증발을 차단하여 촉촉한 상태로 숙성을 진행하는 방식이다. 0~4℃에서 2~8주간 진공하여 습식 숙성한다. 육즙이 많고 부드러운 질감을 가진다.

【실험】 연육제의 종류에 따른 육류의 연화효과 비교

1 실험 목적

고기에 시판 연육제, 생과일즙을 첨가하여 연화되는 정도를 비교한다.

2 실험 방법

재료준비	
↓	
썰기	50g × 5조각
↓	
연화제 첨가	무처리, 시판연육제 1ts, 생과일즙 1Ts(배, 키위, 파인애플)
↓	
재우기(30min)	시료에 뿌려 30분간 재우기
↓	
굽기(180℃, 10min)	강한 불에 10분(180℃ 오븐)
↓	
식히기(5min)	5분 식히기
↓	
평가	맛, 연한 정도, 씹힘성

3 실험 결과

연화제		첨가량	맛	연한정도	씹힘성
무처리군		•			
시판연육제		1ts			
연화처리	배즙	1Ts			
	키위즙	1Ts			
	파인애플즙	1Ts			

실험재료

소고기 250~300g
(50g × 5조각)
생과일즙 1Ts
(배즙 : 배 1개,
키위즙 : 키위 1개,
파인애플즙 : 파인애플 1조각)

실험기구

저울
오븐
계량스푼
착즙기

단원정리

1 육류의 구조

- 근육조직 : 근섬유로 구성되어 있으며, 근원섬유는 굵은 필라멘트와 가는 필라멘트의 두 가지 유형의 미오필라멘트로 구성된다.
- 결체조직 : 콜라겐은 껍질, 힘줄, 근육과 결합하는 뼈나 가죽 부위에 많으며, 물과 함께 가열하면 65℃ 부근에서 수용성의 젤라틴이 되고, 다시 온도가 내려가면 식으면서 굳어져 젤화 된다.
- 지방조직 : 근내지방이라고 하며, 적당히 산재되어 있어 입에 닿는 촉감, 풍미 등이 우수하여 건열조리법인 구이에 적합하다. 불포화지방산의 함량이 많을수록 녹는점이 낮아지고, 포화지방산 함량이 많을수록 녹는점이 높아진다.

2 육류의 구성성분

- 단백질 : 식육 내의 근장단백질, 근원섬유단백질, 그리고 결합조직단백질로 나눈다.
- 지방 : 융점이 높은 경우, 뜨겁게 조리한 상태로 먹어야 맛과 질감이 좋고 소화율도 높다.

3 육류의 색소

- 육류는 도살 후 처음에는 색이 암적색을 띠나, 공기와 접촉하면 산소와 결합하여 옥시미오글로빈으로 변하며 점차 선명한 붉은색으로 변한다.
- 육류를 가열하면 온도가 상승함에 따라 미오글로빈의 단백질 부분이 변성을 일으켜 회갈색의 메트미오크로모겐과 헤마틴에 의해 회갈색이 된다.

4 육류의 사후변화

- 육류에 사후경직 : 동물을 도살 후 시간이 지나면 근육이 신장성을 잃고 뻣뻣해지는 현상이다. 도살 전 근육조직의 pH는 7.0~7.4으로 중성이나, 도살 후 방혈로 근육조직 내에 산소공급이 제한되며, 혐기적 해당작용이 일어나 글리코겐으로부터 젖산의 생성에 의한 pH의 저하 등은 보수성을 감소시키고 더욱 딱딱하게 된다.

5 육류의 조리

- 육류의 연화방법 : 기계적인 방법, 당의 첨가, 염의 첨가, pH의 첨가, 효소의 첨가 등의 방법이 있다.
- 육류의 드립현상 : 고기를 천천히 동결시킨 경우, 얼음결정이 커지며 근육세포를 파괴하여 해동 시 육즙의 양이 많아지고 고기 맛이 떨어지는 현상이다.

6 육류의 가공

- 육가공품으로는 햄, 소시지, 베이컨 등의 훈연육과 통조림 등이 있고, 그 밖에도 건조육류, 염장육 등이 있다.

단원종합문제

1 육류의 근육조직에 대해 설명하시오.

2 육류의 결체조직에서 콜라겐과 젤라틴에 대해 설명하시오.

3 육류의 지방에 대해 설명하시오.

4 육류는 도살 후 색의 변화에 대해 설명하시오.

5 육류의 사후경직에 대해 설명하시오.

6 육류를 가열한 후의 색의 변화를 설명하시오.

7 육류의 연화방법에 대해 5가지 이상 설명하시오.

8 육류의 드립현상에 대해 설명하시오.

9 육류의 연화방법에 효소첨가 시 이용되는 효소를 적으시오.

10 소고기 건열조리와 습열조리에 적합한 부위를 각각 두 가지만 적으시오.

Cooking Principles & Experimental Cooking
12

CHAPTER 12

12 어패류

01 어패류의 구조

어패류는 머리, 동체, 꼬리의 세 부분으로 나누어지며 몇 개의 지느러미로 되어 있다. 표면은 표피와 진피로 구성되어 있는데, 표피에는 점액을 분비하는 점액선이 있고 진피의 일부분이 석회질화 되어 있어 비늘을 만들어 표면을 덮고 있다. 어패류의 근섬유는 길이가 짧고 콜라겐 등이 적어 연하다. 꼬리 부분과 등 부분에는 혈합육이 있는데, 이 부분에는 헤모글로빈과 미오글로빈, 비타민 B군의 함량이 높다. 생선의 종류에 따라 함량이 다른데, 흰살 생선에는 혈합육이 적고, 붉은살 생선은 혈합육이 많다.

어패류 fish and shellfish

혈합육 dark muscle

Q_ 생선의 혈합육(어류의 체측을 따라 분포하는 암적색의 근육)과 종류?

A

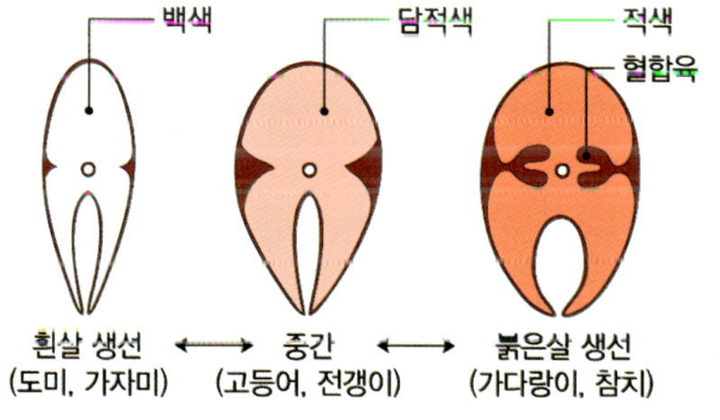

오징어, 갑오징어는 생선의 조직과는 다른데, 근섬유가 몸의 가로방향으로 평행하게 발달하여 있어서 익혔을 때 위로 말리며 옆으로 잘 찢어진다.

조개류는 전복처럼 한 개의 껍질만 있는 것과 대합, 모시조개 등과 같이 두 개의 단단한 껍질 안에 가식부가 있는 것이 있다.

Q_ 생선이나 조개류는 왜 소금물에 씻나요?

A_ 바닷물에 사는 생선이나 조개류는 체액농도가 수돗물보다 높기 때문에, 수돗물에 씻으면 삼투압에 의해 생선과 조개류의 체액 내 맛 성분이 외부로 용출되어 맛이 없어진다. 때문에 바다에서 수확한 수산물은 옅은 소금물에 씻는 것이 좋다.

02 어패류의 분류

1) 어류

어류는 서식하는 물에 따라 담수어(강, 호수, 저수지)와 해수어(바다)로 구분되며, 물의 상태와 성질에 따라 어육의 맛이 달라지는데, 일반적으로 해수어는 담수어보다 지방함량이 많으며 맛이 있다.

담수어 freshwater fish
해수어 seawater fish

담수어는 가물치, 메기, 미꾸라지 등이 있고, 수심이 얕은 담수에서 사는 어류로는 잉어, 붕어 등이 있다. 깊은 바다에서 사는 뱀장어는 산란한 후 다시 강으로 올라와 담수와 해수 모두에서 볼 수 있다.

해수어는 흰살 생선과 붉은살 생선으로 분류하며, 지방함량이 2% 이하인 흰살 생선은 수온이 낮고 깊은 바다에서 살며 운동량이 적은 가자미, 도미, 민어, 광어, 숭어, 대구 등이 있다. 지방함량이 5~20%인 붉은살 생선은 바다 표면 가까운 곳에서 활동하며 운동량이 많은 만큼, 산소 공급량이 많기 때문에 미오글로빈 양이 풍부하다. 방어, 꽁치, 고등어, 연어, 청어, 뱀장어 등이 있다.

표 12.1 해수어와 담수어 특징

분 류	특 징	
해수어(바닷고기)	흰살 생선	• 지방을 2% 미만 함유하고 있다. • 깊은 바다 속에 살고 있으며 운동량이 적고 담백하다. • 도미, 광어, 조기, 민어, 갈치, 대구 등
	붉은살 생선	• 지방을 5~20% 함유하고 있다. • 바다표면에 살며, 운동량이 많고 미오글로빈 양도 많다. • 고등어, 꽁치, 참치, 청어 등
담수어(민물고기)	미꾸라지, 메기, 가물치, 붕어 등	

2) 연체류

연체류는 몸이 부드러우며 뼈가 없고 근육이 발달되어 있는 것으로, 형태학적으로 두족류(頭足類)에 속하는 문어, 오징어, 한치, 낙지, 해파리, 해삼, 꼴뚜기 등이 있다.

연체류
mollusks

타우린
taurine

Q_ 타우린의 효과?

A_ 오징어, 낙지, 문어의 맛 성분으로 혈중 콜레스테롤 저하, 혈압강화, 항동맥경화 작용을 한다.

Q_ 오징어 안쪽에 칼집을 넣는 이유는?

A_ 오징어는 가열하면 안쪽이 바깥쪽으로 나오게 말리기 때문에, 내장이 붙어 있는 안쪽에 칼집을 넣어 모양을 낸다.

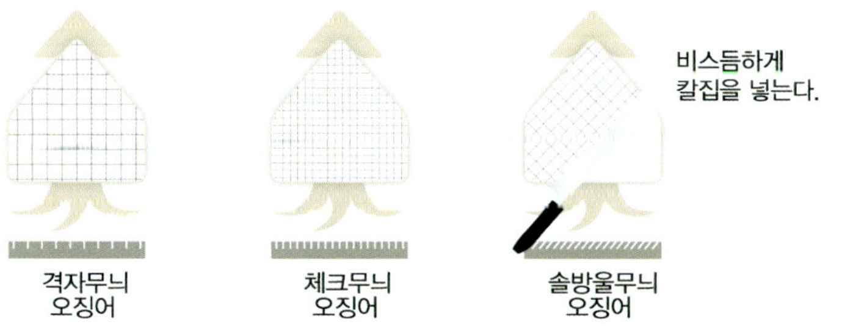

3) 갑각류

갑각류
crustacea

갑각류는 키틴질로 된 딱딱한 외피로 덮여 있으며 마디마디로 구분되어 있는 것이 특징이다. 주로 바다에 서식하고 바다와 만나는 강의 하구 또는 담수에서도 살며 게, 왕게, 꽃게, 새우, 가재 등이 있다.

Q_ 게의 암수를 구별하는 방법은?

A_ 게의 암수 구별방법은 게의 배 쪽 아랫부분이 넓은 종 모양은 암컷, 좁은 종 모양은 수컷으로 구분한다. 암컷은 산란 전 알이 차고 살이 많아 맛이 좋다.

비스크
bisque

Q_ 갑각류를 이용한 수프요리 비스크란?

A_ 갑각류나 조개류를 갈아서 만든 걸쭉한 크림수프로, 갑각류를 넣어 조리하면 수프국물이 구수해지고 감칠맛이 난다.

4) 조개류

조개류
shellfish

조개류는 단단한 껍질 속에 식용 부위인 근육을 갖고 있다. 복족류(腹足類)는 전복, 소라, 우렁이가 있으며, 이매패류(二枚貝類)로 굴, 대합, 가막조개, 모시조개, 가리비 등이 있다.

Q_ 전복과 오분자기의 차이는?

A_
- 전복은 오분자기에 비해 몸체가 크고 호흡구멍의 모양이 껍질 위로 나와 있다. 주로 찜, 구이로 이용된다. 내장의 색은 암컷은 녹색, 수컷은 황색이다.
- 오분자기는 몸체가 작아서 호흡구멍이 밋밋하며 제주도에서만 생산되고 주로 찌개, 탕에 이용된다.

03 어패류의 구성성분

1) 탄수화물

어류는 1% 미만으로 적은 양의 탄수화물을 함유하며, 갑각류 및 조개류에는 2~5% 정도의 글리코겐이 함유되어 있다. 조개류가 단맛을 내는 것은 효소에 의해 글리코겐이 포도당으로 변하기 때문이다. 게, 새우 등의 껍질에는 다당류에 일종인 키틴과 키토산이 있다. 또한 호박산이 함유되어 있어 감칠맛을 낸다.

탄수화물
carbohydrate

2) 단백질

어패류는 단백질의 우수한 급원식품으로 어류는 16~25%, 연체류는 13~17%, 조개류는 7~10%의 단백질을 함유하고 있다. 또한 필수아미노산을 풍부하게 함유하고 있는데, 특히 리신을 많이 함유하고 있다. 어피단백질의 대부분은 콜라겐으로 소량의 엘라스틴과 당단백질이 함유되어 있다. 어육단백질은 근원섬유 단백질인 액틴과 마이오신, 그리고 결합조직 단백질인 콜라겐과 엘라스틴 등이 있으며, 단백질 분해효소 등을 구성하는 근형질 단백질이 있다.

리신
lysine

Q_ 어묵 제조방법은?

A_ 대구나 명태와 같은 흰살 생선의 껍질을 벗기고 뼈를 발라낸 후 3% 정도의 소금을 첨가하여 생선을 갈고, 물로 씻어내면 수용성 단백질은 씻겨나가고 염용성 단백질인 미오신과 액틴이 용출되어 액토미오신을 형성하여 굳어져 단백질 젤이 형성된다. 이를 일정한 모양으로 성형한 후 찌거나 기름에 튀긴 것이 어묵이다.

3) 지방

어패류의 지방은 불포화지방산이 80%를 차지하며, 해수어가 담수어보다 그 함량

불포화지방산
unsaturated fatty acid

이 많다. 불포화지방산에는 ω-3계열의 다가불포화지방산들이 포함되어 있으며, 고도불포화지방산 중 등푸른생선에 풍부한 EPA와 DHA는 두뇌작용을 활발하게 하며 혈중 콜레스테롤 수치를 낮추는 효과가 있다.

그러나 불포화지방산으로 인해 산화와 산패가 쉽게 일어나므로, 식중독의 원인이 될 수 있으므로 신선도 유지에 주의하여야 한다. 지방함량은 같은 생선이라도 계절에 따라 크게 차이가 나며, 제철을 맞은 생선과 산란 1~2개월 전에 지방함량이 가장 많고, 산란 후에는 지방뿐 아니라 단백질함량이 줄고 수분함량이 많아져 맛이 떨어진다.

Q_ 제철 어패류는?

A_
- 봄 : 낙지, 도미, 대합, 멍게, 조기, 꽃게, 참치, 해조류, 붕어 등
- 여름 : 농어, 미더덕, 민어, 멸치, 성게, 새우, 소라, 장어, 전복, 홍어 등
- 가을 : 갈치, 꽁치, 생태, 오징어, 연어, 정어리, 가자미, 송어 등
- 겨울 : 가자미, 굴, 김, 대구, 문어, 미역, 방어, 잉어, 홍합 등

4) 비타민과 무기질

어패류에는 비타민 A와 D가 풍부한데, 생선의 크기가 클수록, 산란기에 가까워질수록 그 양이 증가한다. 특히 어류의 간에 들어 있는 간유(肝油)에는 비타민 A와 D가 풍부하다.

간유 liver oil

어패류에는 비타민 B군도 풍부한데, 비타민 B_1은 어류의 눈이나 옆줄 밑에 있는 붉은살에 많고 비타민 B_2는 대구, 가자미, 넙치와 같은 어류의 간·눈·껍질 부위에 풍부하다. 또한 발육촉진과 악성빈혈에 효과가 있는 비타민 B_{12}는 간 또는 기타 내장 부위에 많다.

어패류의 무기질 함량은 전체의 1~2% 정도로 뼈째 먹을 수 있는 생선은 철과 인의 공급원이 되며, 패류에는 철이나 아연, 구리의 함량이 풍부하다.

5) 색소

어류의 어육 색소는 헤모글로빈, 미오글로빈, 시토크롬 등 수용성 단백질과 지용성인 카로티노이드로 분류된다. 붉은살 생선의 색소는 미오글로빈과 헤모글로빈이 주를 이룬다. 카로티노이드 색소는 연어와 송어의 어육에서 발견할 수 있으며 붉은색을 띤다.

헤모글로빈 hemoglobin
미오글로빈 myoglobin
시토크롬 cytochrome

생선 껍질부위의 흑색과 문어, 오징어의 먹물은 멜라닌 색소이다. 또한 갈치의 껍질은 구아닌과 요산이 섞인 침전물이 빛을 반사하여 은색을 띄게 된다.

새우와 게의 껍데기에는 카로티노이드의 일종인 아스타잔틴이 있어 가열하면 적색의 아스타신이 붉은 색을 띄게 된다. 또한 전복이나 소라와 같은 패류의 청색은 헤모시아닌 성분으로 구리를 함유하고 있다.

아스타잔틴 astaxanthin
아스타신 astacin
헤모시아닌 hemocyanin

Q_ **흰살 생선과 붉은살 생선에 차이는?**

A_

생 선	흰살 생선	붉은살 생선
서식지	해저에서 조용히 서식한다.	등이 푸르고 바다 표면을 헤엄친다.
색 소	미오글로빈이 거의 없다.	미오글로빈이 많다.
생선살	단단하고 수분이 많다.	단백질이 많고 수분이 적다.
종 류	도미, 광어, 가자미, 대구	가다랑어, 참치, 고등어

6) 맛 성분

어패류의 주요 맛 성분으로는 유리아미노산, 베타인, 뉴클레오타이드, 염기류 및 유기산 등이 있다. 붉은살 생선은 흰살 생선에 비하여 맛이 진한데, 이는 지방 성분을 포함한 맛 성분을 더 많이 함유하고 있기 때문이며, 특히 히스티딘의 함량 차이가 큰 영향을 미진다. 오징어, 낙지, 새우 등에는 베타인의 함량이 많아 특유의 단맛과 감칠맛을 내며, 조개류의 맛 성분으로는 호박산이 있다.

베타인 bataine
뉴클레오타이드 nucleotide

7) 냄새 성분

어류의 냄새 성분은 종류 및 신선도에 따라 다른데, 해수어는 신선할 때에는 비린내가 약하지만, 담수어는 신선할 때에도 비린내가 강하다.

트리메틸아민옥사이드 trimethylamine oxide

리신 lysine

피페리딘 piperidine

아세트알데하이드 acetaldehyde

어류의 근육에는 트리메틸아민옥사이드가 함유되어 있는데, 해수어의 비린내는 신선도가 떨어지면 세균에 의해 트라이메틸아민을 생성하면서 비린 냄새가 생성된다. 담수어의 비린 냄새는 리신으로부터 생성된 피페리딘과 아세트알데하이드의 반응에 의한 것이다. 또한 가오리와 홍어, 상어에 다량으로 함유되어 있는 요소는 신선도가 떨어지면 요소가 효소에 의해 분해되며 암모니아를 생성하여 톡 쏘는 강한 냄새를 풍긴다.

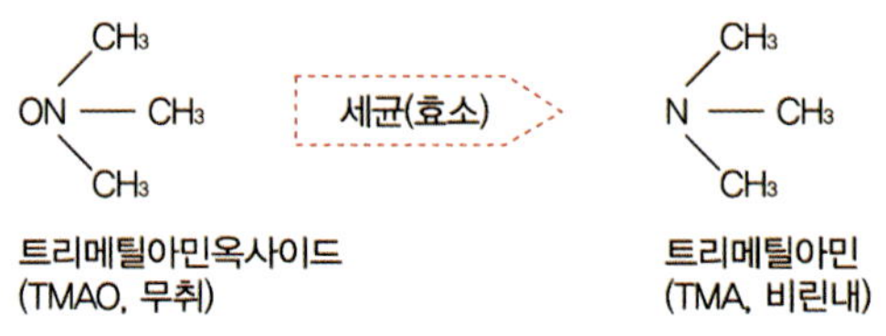

그림 12.1 어류의 비린내의 냄새 성분

8) 생리활성 성분

어패류는 저열량식품이며, 여러 가지 생리활성 성분을 포함하고 있다. EPA와 DHA는 푸른 생선에 다량 함유되어 있으며 고지혈증과 심혈관계 질환을 개선한다. 타우

EPA eicosapentaenoic acid

DHA docosa hexaenoic acid

타우린 taurine

키토산 chitosan

표 12.2 어패류의 생리활성 성분

성 분	생리활성	어패류
EPA	고지혈증, 심혈관계 개선, 혈중 콜레스테롤 저하, 암(유방암, 대장암, 전립선암) 억제, 혈소판 응집 억제, 혈압저해, 면역증강 작용	등푸른생선 다량 함유
DHA	고지혈증, 중추신경계 개선, 세포막유동성 개선, 혈소판응집 억제, 항암, 노인성치매 개선 작용	등푸른생선 다량 함유
타우린	혈중콜레스테롤 저하, 혈압 강하, 항경련, 항동맥경화 작용	연체류
키토산	항균, 종양 억제, 감염방어 작용	갑각류

린은 주로 연체류와 갑각류, 어패류에 함유되어 있으며 혈중 콜레스테롤 저하, 항동맥경화 작용을 한다. 키틴질은 갑각류의 외골격을 형성하는 다당류이며, 키토산은 키틴의 탈아세틸화물로서 향균, 종양억제, 감염방어 효과를 나타낸다.

키틴 chitin

9) 독성 성분

테트로도톡신 tetrodotoxin

삭시톡신 saxitoxin

베네루핀 venerupin

어패류의 독성 성분은 계절의 영향을 받으며, 복어의 난소, 간과 같은 내장 부위의 테트로도톡신이 있고, 섭조개의 삭시톡신과 모시조개, 바지락의 베네루핀 등이 있다.

04 어패류의 사후변화와 자가소화

어류의 사후경직은 사후 1~7시간에 시작되어 5~22시간 지속되는데 어류의 종류, 사후방치 온도, 내장의 유·무 등에 따라 차이가 크다. 붉은살 생선이 흰살 생선보다 사후경직이 빨리 시작되고 지속시간도 짧다.

사후경직이 지속되면, 조직 중에 존재하는 각종 효소에 의해 어패류의 분해가 일어나게 되며 이것을 자가소화라고 한다. 대부분의 어패류는 조직이 연하여 자가분해의 속도가 빨라 맛과 신선도가 저하되며, 자가소화는 높은 온도에서는 신속히 진행되나 낮은 온도에서는 서서히 진행되기 때문에 냉동시키면 자가분해를 오래 지연시킬 수 있으나, 기름을 많이 함유하고 있는 생선은 냉동상태에서도 지방분해효소가 작용하므로 품질이 저하된다.

자가소화 autolysis

지방분해효소 lipolytic enzymes

또한 자가소화가 끝나면 pH가 중성으로 되어 세균이 번식하기에 알맞은 환경이 되며, 어패류에 비린내와 부패취가 나타나서 부패하게 된다. 부패의 속도와 상태는 생선의 종류 및 보관상태에 따라 다르며, 담수어는 해수어보다 부패과정이 빠르고 부패취도 서로 다르다.

05 어패류의 신선도 판정법

1) 관능적 판정법

감각에 의해 선도를 판정하는 것은 객관성은 떨어지나 간편하고 신속하게 일상생활에서 신선한 생선을 선택하기에 좋은 방법이다.

표 12.3 관능적 판정법

눈	외부로 약간 돌출하고 투명한 생선은 신선하다. 신선도가 떨어질수록 눈이 흐리고 눈 속으로 내려앉는다.
아가미	아가미색은 선명한 적색이며, 냄새도 불쾌하지 않다. 단단하며 꽉 닫혀 있는 것이 좋다. 선도가 떨어질수록 적색에서 회색에 가까운 색으로 변하며 점액질의 분비가 많아져 점착성이 증대하고 부패취가 농후해지는데, 표면에서 냄새가 나기에 앞서 아가미 부분에서 먼저 발생한다.
표면색	신선한 생선의 표면은 광택이 있고, 어종 특유의 색을 지니며 비늘이 단단하고 고르다. 신선도가 저하되면 광택이 점점 희박해져 퇴색하게 되고 점액질의 분비가 증가하며, 비늘이 떨어지거나 벗겨지고 생선 특유의 불쾌한 악취와 비린내가 심하게 난다.
복 부	신선한 생선의 복부는 탄력성이 있어 단단하고 팽팽하다. 신선도가 저하되면 복부는 연화되며 탄력을 잃고 항문에서 장의 내용물이 침출된다. 작은 생선 등은 내장이 자가분해에 의해 용해되기도 한다.
근 육	신선한 생선의 근육은 탄력성이 강하며 색도 투명한 감이 있고 살이 뼈에서 쉽게 떨어지지 않으나, 신선도가 저하되면 탄력성이 없어지고 살이 물러지면서 뼈에서 쉽게 떨어진다.
냄 새	신선한 것은 본래의 냄새가 나지만, 신선도가 떨어지면 비린내가 나고 암모니아 냄새가 난다.
비늘	윤택이 나고 단단하게 붙어 있는 것이 신선하다.
탄력성	사후경직 중의 생선은 탄력이 있어 신선하지만, 시간이 경과함에 따라 탄력성이 감소하여 눌러도 자국이 생기지 않는다.

2) 화학적 판정법

이화학적 검사
physico-chemical test

세균학적 검사
bacteriological test

화학적 선도판정법으로 사용되는 방법으로 pH는 신선한 생선이 7~8이며, 6.2~6.5 이하로 저하되면 부패한 것이다. 암모니아는 암모니아 형태의 질소가 30mg% 이상이 되면 초기부패로 본다. 휘발성 염기질소는 30~40mg% 이상부터 부패의 시작으로 본다. 그 외에도 이화학적 검사, 세균학적 검사 판정법을 이용할 수 있다.

3) 어패류의 선택과 보존

일반적인 어패류의 근육은 결제조직이 적어 살이 연하고 쉽게 부패한다. 따라서 생선류는 구입한 후 바로 조리하는 것이 좋으며, 그렇지 않을 경우에는 냉장 혹은 냉동 저장하여야 한다. 냉장된 생선은 2~3일 내에 조리하여야 하고, 냉동한 것은 -18℃ 이하라도 6개월 이상 저장하지 않는 것이 좋다. 냉동어를 구입할 때는 단단히 얼어 있는 상태의 것을 구입하고, 조리할 때까지 계속 냉동상태로 보관해야 한다.

냉장이나 냉동고에 저장할 때는 생선취가 다른 음식에 전달되지 않고 냉동화상을 피할 수 있도록 잘 포장하여 보관한다. 게나 조개류는 살아 있는 것을 구입하여 조리할 때까지 살아있도록 하는 것이 좋다.

Q_ 등푸른생선이 상하기 쉬운 이유는?

A_ 등푸른생선에는 불포화지방산이 많이 함유되어 있어 매우 불안정하고, 다른 성분과 결합하기 쉬운 성질로 공기 중의 산소와 결합해 산화되어 상하기가 쉽다.

(1) 어패류의 전처리

생선은 표피, 아가미, 내장 순으로 손질하고 흐르는 물에 손으로 살살 문지르면서 씻는다. 물기를 제거하고 생선의 용도에 따라 자르는데, 자른 후에는 맛 성분이 유실되지 않도록 물로 씻지 않는 것이 좋으며, 생선을 손으로 오랫동안 만지게 되면 체온이 생선에 전해져 오염되기 쉬우므로 전처리 시간을 짧게 한다.

조개류는 껍질을 깨끗이 씻은 후 바닷물의 염도 이하인 2~3%의 소금물에 담가 3~4시간 정도 어두운 곳에 두어 스스로 해감하도록 하여 뻘을 제거한다.

갑각류인 새우는 내장이 등 쪽에 있으므로, 등 두 번째 마디 사이로 꼬지를 넣어 검은 실 같은 내장을 빼낸다. 새우를 가열하면 배가 구부러지게 되는데, 이를 방지하기 위해서 꼬지를 머리부터 꼬리 쪽으로 끼우거나, 배 쪽에 잔 칼집을 넣는다. 새우 꼬리부근의 뾰족한 물주머니를 제거하여 튀김요리 시 기름이 심하게 튀는 것을 방지해야 한다. 게는 솔로 깨끗이 씻은 후 게딱지와 몸통을 분리하고, 아가미와 내장을 떼고 조리한다.

Q_ **조개를 해감하는 이유는?**

A_ 조개는 바다모래 속에 숨어 살기 때문에 호흡을 할 때 물과 함께 많은 모래를 흡입한다. 이를 빼내기 위해서 바닷물농도 2~3%의 소금물에 담가두는 것이다.

(2) 어패류의 어취 제거

1 물

트리메틸아민류 trimethylamine

어취의 주성분인 트리메틸아민류, 암모니아취는 수용성이고 물에 쉽게 용해되므로, 흐르는 물에 씻어주는 것으로도 상당 부분 제거할 수 있다.

2 채소류 및 향신료 첨가

머스터드 메르캅탄 mustard mercaptan
진저론 zingerone
쇼가올 shogaol
황화알릴 allyl sulfide
알릴이소티오시아네이트 allylisothiocyanate
시니그린 sinigrin
미로시나아제 myrosinase
머스터드 오일 mustard oil
캡사이신 capsaicin
차비신 chavicin

무에 함유된 머스터드 메르캅탄이 어취를 억제하는 효과가 있어 회, 조림, 찌개에 많이 이용된다. 강한 향을 함유하고 있는 셀러리, 파슬리, 깻잎, 미나리, 쑥갓을 사용하여 어취를 약화시킨다. 생강의 매운맛 성분인 진저론과 쇼가올인데, 이러한 성분 또한 혀의 미뢰를 둔화시키고 어취물질을 변성시켜 어취를 제거할 수 있는데, 생강은 어육단백질을 가열 변성시킨 후에 넣는 것이 효과적이다. 파, 마늘, 양파 등의 채소에는 강한 향미 성분인 황화알릴류의 황화합물이 들어 있어 이 성분이 비린내를 둔화시킨다.

고추냉이의 자극성 향기 성분인 알릴이소티오시아네이트의 매운맛 성분이 어취의 감지를 둔화시킨다. 겨자 분말에 냉수를 넣고 교반하면 자극성물질이 형성되는데, 이는 분말 속에 들어 있는 시니그린이 효소 미로시나아제의 작용으로 가수분해 되어 생긴 자극성 향기 성분인 머스터드 오일이 미뢰를 둔하게 하며 어취를 약화시키기 때문에, 생선회나 초밥에는 고추냉이 또는 겨자를 사용한다.

고추의 캡사이신과 후추의 차비신도 자극성 있는 매운 맛 성분이므로 어취를 약화시키는데 효과가 있다.

3 식초, 레몬즙 및 산의 첨가

어류의 비린내 성분은 산류에 의해 중화되어 어취가 약화되는데, 산은 부패세균을 살균하는 효과가 있다. 식초나 레몬즙의 첨가는 신맛으로 맛을 좋게 하기도 하고, 가시가 많은 생선의 가시를 연하게 하거나 단백질을 응고시켜 단단하게 하는 성질을 가지고 있어 레몬을 회에 뿌려먹으면 살의 탄력성이 높아진다.

4 알코올 첨가

생선 비린내는 술의 알코올 성분과 같이 휘발되며 감소되고 비린내도 제거된다. 생선요리 조리에 청주, 맛술을 넣기도 한다.

5 간장, 된장, 고추장

간장은 단백질의 응고를 촉진하여 어육에 탄력을 갖게 하는 성질이 있고, 날 생선을 간장에 무쳐 놓으면 단백질의 글로불린이 용출하는 동시에 어취제거 작용을 한다.

된장이나 고추장은 특유의 향미와 콜로이드성이 있어 강한 흡착력으로 어취를 제거하는 효과가 있으나, 된장과 고추장은 흡착력과 점성이 강하므로 다른 양념과 같이 사용하면 그 침투를 저해하기도 한다.

6 우유

생선을 조리하기 전에 우유에 담가두면 콜로이드용액인 우유가 비린내를 흡착하여 어취가 약화된다.

06 어패류의 조리

어패류의 근육에는 결체조직이 거의 함유되어 있지 않으므로, 어패류는 종류에 따라 구이, 찜, 찌개, 튀김, 전 회 등의 조리법을 선택할 수 있다. 어패류는 채취 후 즉시 또는 살아있는 상태에서 전처리를 거쳐 조리하였을 때 가장 맛이 있으며, 연체류는 오래 가열하면 탈수되어 질기고 맛이 없어지므로 단시간 내에 조리하여야 맛이 있다.

1) 회

회는 조리과정을 거치지 않기 때문에 조리과정에서 일어나는 변화는 없지만, 가열에 의한 살균의 기회가 없으므로 특히 위생적으로 다루어야 한다. 회의 신선한 재료를 선택하여 위생적인 취급과 단시간에 소비하는 것도 중요하다. 회를 뜨는 과정 중 포 상태에서 얼음물에 세척하면 급속하게 근수축을 일으켜 살을 단단하게 유지할 수 있다.

흰살 생선회는 도미, 민어, 광어가 주로 이용되며 경직기간이 길어 쉽게 상하지 않는다. 회는 갓 잡은 활어회를 선호하지만, 냉장고에서 1~2시간 보관한 뒤 경직기간에 먹기도 하는데, 사후경직이 지난 회는 더욱 감칠맛과 살도 연하고 부드럽다.

복어와 같이 콜라겐이 많은 생선류는 회를 얇게 떠야 하며, 참치와 같이 육질이 연한 어종은 도톰하게 썰어야 부스러지지 않는다. 숙회로는 새우, 낙지, 오징어, 문어가 이용되며 단시간에 조리하여야 단단하지 않고 부드럽다.

Q_ 생선회를 썰 때 당기듯이 써는 이유는?

A_ 부드러운 생선살은 칼을 당기듯이 썰어야 부드러운 절단면이 생겨 모양과 식감이 좋다. 눌러 썰거나 밀어 썰면 칼로 인한 마찰로 모양과 맛이 떨어진다.

Q_ 생선회를 차갑게 먹는 이유는?

A_ 생선회는 사후경직이 막 진행하고 있을 때 가장 맛이 있다. 시간이 지날수록 특유의 질감과 맛이 사라져버리기 때문에, 생선에 사후경직 상태를 유지하기 위하여 차갑게 유지하는 것이 좋다.

2) 조림

담수어와 해수어, 흰살 생선과 붉은살 생선 그리고 생선의 선도에 따라서 조미의 농도, 부재료의 선택 그리고 불의 세기 등을 고려하여 조림한다. 담수어는 해수어보다 특유의 어취와 흙냄새가 나므로 제거하기 위해 술, 고추장, 생강 등의 양념을 활용하여 조리한다.

해수어 중 흰살 생선(조기, 대구, 가자미, 도미)은 지방함량이 적고 살이 연하며 맛이 담백하므로, 양념을 담백하게 하고 가열을 줄여야 생선맛을 음미할 수 있다.

붉은살 생선(정어리, 고등어, 연어)은 근육이 단단한 편이라 지방함량이 많고 또 어취도 강하기 때문에, 생선을 조리할 때 양념을 진하게 하고 가열시간도 생선의 양에 따라 조절하면서 10~15분 정도로 하는 것이 좋다.

생선조림 시 너무 오래 가열하면 단백질의 응고가 단단하게 되어 근육의 수축이 강하게 일어나고, 또 양념간장의 염분에 의한 삼투압으로 어육에서 탈수작용이 일어나 어육이 굳어져 질감이 단단해지고 맛도 떨어진다.

삼투압
osmotic pressure

조림 시 처음에는 뚜껑을 열고 끓여 비린 맛을 날린 후 뚜껑을 덮고 끓여야, 비린내도 덜 나고 생선도 맛있으며, 또한 생선의 콜라겐이 젤라틴화 되어 졸인 국물이 식으면 젤화 되어 굳는데, 이는 다시 가열하면 녹는다.

3) 구이

구이는 지방함량이 많은 생선이 적합하다. 생선을 구울 때 단백질의 응고, 수분의 감소, 지방의 용해와 어취 성분이 조미료의 성분과 직화에서 나오는 연기 등과 반응하여 생선구이의 독특한 향기를 생성한다. 구이는 열 전달방법에 따라 직화구이와 간접구이로 구분되며, 양념의 이용에 따라 소금구이, 간장구이, 고추장구이, 된장구이 등으로 나눌 수 있다.

흰살 생선은 맛이 담백하여 소금구이, 간장구이, 직화구이로 조리하는 게 좋으며, 등푸른생선이나 지방이 많은 생선은 고추장이나 된장을 발라 구우면 비린내를 억제할 수 있다. 구이에 사용되는 소금은 생선 중량의 2~3%가 적당하며, 생선에 들어 있는 단백질을 응고시켜 영양과 맛 성분의 용출을 억제시키고 약간의 표면 탈수로 조직을 단단하게 하여 부스러짐을 방지하는 역할을 한다. 그러나 소금에 절이는 시간이 오래 지나면 탈수되므로 20~30분 전에 소금을 뿌리는 것이 바람직하다.

일반적으로 구이는 센 불로 멀리서 굽는 것이 좋으며, 양념구이는 타기 쉬우므로 불을 약하게 조절해야 한다.

Q_ 석쇠에 붙지 않게 생선을 굽는 방법?

A_
- 석쇠를 충분히 가열하여 두면 접촉한 생선 표면의 단백질이 단단해져 석쇠에 잘 들러붙지 않는다.
- 석쇠에 얇게 기름을 발라두면 기름막이 금속과 단백질 사이에 격리시켜 열응착을 막아준다.
- 생선 표면에 식초를 바르면 단백질을 변성시켜 금속과의 반응을 막아준다.

4) 전

생선을 얇게 포를 뜬 다음, 소금을 미리 뿌려 수분을 제거하고 밀가루를 입혀 달걀물을 묻혀 지져낸다. 전은 일반적으로 흰살 생선(도미, 민어, 광어, 동태)을 사용하며, 지질 때는 안쪽을 먼저 지지고 껍질 쪽을 나중에 지져내도록 한다. 새우와 굴은 소금, 후추로 밑간을 한 후 밀가루를 입혀 달걀물을 묻혀 지져낸다.

5) 튀김

생선튀김은 단시간 가열하여 생선 특유의 맛이나 색을 손상시키지 않고 튀김옷을 얇게 입히기 때문에, 생선의 풍미나 수분을 유지하는 데에 용이하다.

튀김방법에는 그대로 튀기거나 밀가루나 전분을 묻히는 방법, 밀가루에 물이나 달걀을 섞어 튀기는 방법 그리고 밀가루, 달걀물, 빵가루 순으로 묻혀 튀기는 방법이 있다. 지방함량이 적은 흰살 생선이 튀김요리에 적합하다.

6) 탕, 찌개

생선의 탕, 찌개에는 흰살 생선(대구, 민어, 우럭, 생태, 민어, 조기)이 비린내가 적어 주로 사용되며, 콜라겐이 많고 살이 단단한 것을 선택한다. 그 외에도 조개류, 꽃게, 오징어, 낙지 등이 이용된다. 탕, 찌개는 소금으로 간한 맑은 찌개와 된장, 고추장으로 양념하여 끓이는 토장찌개가 있다. 콜로이드성의 강한 흡착력으로 어패류의 비린내를 억제할 수 있으므로 선도가 저하된 생선이나 메기, 잉어와 같이 비린내가 많이 나는 담수어에 주로 이용한다.

콜로이드
colloid

이외에도 쑥갓, 미나리 등의 향미채소를 부재료로 이용하여 비린내를 제거하기도 한다. 국물이 끓을 때 생선을 넣어 약 5~10분 동안 끓여야 국물이 맑고 생선살이 단단하게 익으며 수용성 단백질과 지미 성분의 용출을 방지할 수 있다. 너무 오래도록 끓이면 생선살이 풀어지므로 주의한다.

7) 가공품

어패류로 만들 수 있는 가공품은 건제품, 냉동품, 연제품, 염장제품, 통조림 등이 있다. 건제품은 주로 내장을 제거하고 건조한 오징어, 굴비, 가자미 등이 있으며, 완전건조와 반건조가 있다. 연제품은 어육을 마쇄하여 만든 어묵, 어육소시지 등이 있으며, 염장제품으로는 소금, 고춧가루를 이용한 젓갈, 조미가 되어 있는 통조림 등이 있다.

Q_ 명태의 여러 가지 명칭?

A_
- 생태 : 명태를 갓 잡아 배 위에 끌어올린 신선한 것
- 황태 : 명태를 얼었다 녹였다 반복하며 건조된 것
- 북어 : 명태를 건조한 것으로 살이 딱딱해진 것
- 노가리 : 명태 새끼
- 코다리 : 반쯤 꾸들꾸들하게 말린 것
- 동태 : 명태를 얼린 것
- 명란 : 명태알로 담근 젓갈

【실험】 첨가물에 따른 어묵의 특성 비교

실험재료

흰살생선 114g
(30g×1, 27g×2)
고운소금 3.6g
(0.9g×3,
생선살중량 3%)
전분 3g
식용유 3g

실험기구

저울
타이머
마쇄기
찜통

1 실험 목적

생선살은 으깨어 갈아주면 탄력성과 보형성이 생긴다.
어묵을 만들 때 첨가되는 전분, 식용유의 영향에 대하여 알아보고 찌기 전·후 탄력성, 경도, 색, 맛, 씹힘성 등의 관능 특성을 비교하여 그 차이를 알아본다.

2 실험 방법

- 시료A : 생선살 30g + 소금 0.9g
- 시료B : 생선살 27g + 소금 0.9g + 전분 3g
- 시료C : 생선살 27g + 소금 0.9g + 식용유 3g

재료준비
↓
손질하기
↓
시료A / 시료B / 시료C
↓
으깨기 — 생선살을 마쇄기에 넣어 으깬 시간(a) 측정
↓
치대기 — 소금첨가 후 점착성이 생길 때까지 치댄 시간(b)
↓
모양만들기 — 일정한 크기, 두께로 모양틀에 붓기
↓
찌기 — 100℃, 15분간 찜통에서 찌기
↓
식히기 — 겉면이 마르지 않게 모양틀을 엎어서 10분간 실온 방치
↓
평가 — 탄력성, 경도 단면, 맛, 색, 씹힘성

3 실험 결과

시 료	으깬 시간	찌기 전 상태		쪄낸 후 상태				
	a+b	끈 기	점착성	탄력성	경 도	색	맛	씹힘성
A								
B								
C								

단원정리

1 어패류의 구조

- 어패류는 머리, 동체, 꼬리 등 세 부분으로 나누어져, 근섬유는 길이가 짧고 콜라겐 등이 적어 연하다.
- 꼬리 부분과 등 부분에는 혈합육이 있는데, 이 부분에는 헤모글로빈과 미오글로빈, 비타민 B군의 함량이 높다.

2 어패류의 분류

- 어류 : 서식하는 물에 따라 담수어(강, 호수, 저수지)와 해수어(바다)로 구부되며, 일반적으로 해수어는 담수어보다 지방함량이 많으며 맛이 있다.
- 연체류 : 연체류는 몸이 부드러우며 뼈가 없고, 근육이 발달되어 있다.
- 갑각류 : 키틴질로 된 딱딱한 외피로 덮여 있으며, 마디마디로 구분되어 있는 것이 특징이다.
- 조개류 : 조개류는 단단한 껍질 속에 식용부위인 근육을 가지고 있다.

3 어패류의 구성성분

- 어패류에 단백질 필수아미노산이 풍부하고, 특히 리신을 많이 함유한다.
- 어류의 간에 들어 있는 간유(肝油)에는 비타민 A와 D가 풍부하다.
- 어육 색소 : 헤모글로빈, 미오글로빈, 시토크롬 등 수용성 단백질과 지용성 카로티노이드로 분류된다. 새우와 게의 껍데기에는 카로티노이드의 일종인 아스타잔틴이 있어 가열하면 적색의 아스타신이 붉은색을 띠게 된다.
- 어패류의 주요 맛 성분 : 유리아미노산, 베타인, 뉴클레오타이드, 염기류 및 유기산 등이 있다.
- 어패류는 생리활성 성분 : EPA와 DHA는 등푸른생선에 다량으로 함유되어 있다. 타우린은 주로 연체류와 갑각류, 어패류에 함유되어 있으며, 키틴질은 갑각류의 외골격을 형성하는 다당류이며 키토산은 키틴이 있다.
- 어류에 냄새 성분 : 해수어의 비린내는 신선도가 떨어지면 세균에 의해 트라이메틸아민을 생성하면서 비린 냄새가 생성된다.

4 어패류의 사후변화와 자가소화

- 어류의 사후경직이 시작되면 조직 중에 존재하는 각종 효소에 의해 어패류의 분해가 일어나게 되며, 이것을 자가소화라 한다. 또한 자가소화가 끝나면 pH가 중성으로 되어 세균이 번식하기에 알맞은 환경이 되며, 어패류에 비린내와 부패취가 나타나서 부패하게 된다.

5 어패류의 신선도 판정법

- 관능적 판정법 : 객관성은 떨어지나 간편하고 신속하게 일상생활에서 신선한 생선을 선택하기에 좋은 방법이다.
- 화학적 판정법 : pH는 신선한 생선이 7~8이며, 6.2~6.5 이하로 저하되면 부패한 것이다. 암모니아 형태의 질소가 30mg% 이상이 되면 초기부패로 본다.

단원종합문제

1 어패류의 분류에 대해 설명하시오.
- 어류
- 연체류
- 갑각류
- 조개류

2 어패류의 주요 맛 성분에 대해 설명하시오.

3 다음 설명의 ( )에 채우시오.
새우와 게의 껍데기에는 카로티노이드의 일종인 ( )이 있어, 가열하면 적색의 ( ) 붉은 색을 띠게 된다.

4 어패류의 구성성분 중 어육단백질에 대해 설명하시오.

5 어패류의 생리활성 성분에 대해 각각 설명하시오.
- EPA
- DHA
- 타우린
- 키토산

6 어패류의 어취제거 방법을 설명하시오.

7 어취를 제거하기 위한 채소류 및 향신료에 대해 설명하시오.

8 어류의 신선도가 떨어지면 나는 비린 냄새 성분에 대해 설명하시오.

9 어패류의 독성 성분 중 복어의 난소, 간과 같은 내장부위에 존재하는 독 이름은?

10 어패류의 신선도에 대한 관능적 판정법을 설명하시오.

Cooking Principles & Experimental Cooking

13

CHAPTER 13

13 달 걀

01 달걀의 구조

1) 난각

겉껍질인 난각은 달걀의 12%를 차지하며 내부를 보호하는 역할을 한다. 겉껍질에는 작은 기공이 있어 수분증발, 탄산가스 배출을 한다. 난각에 95%는 탄산칼슘이며 폐기 부분으로 식용성은 없다. 신선한 달걀 표면의 촉감은 까칠까칠한데 난각 큐티클 때문이며, 산란 직후에 미생물의 오염을 방지하는 데에 효과가 있다. 사료 중 칼슘이 부족하면 난각의 두께가 얇고 약해져 쉽게 깨진다. 달걀 껍데기의 색은 닭의 품종에 따라 백색 또는 갈색이며 난황의 색이나 달걀의 품질, 영양가와는 관계가 없다.

큐티클
cuticle

Q_ 달걀에서 갈색란과 백색란의 차이는?

A_ 달걀의 껍질 색은 닭의 품종이나 계통에 따라 다르며 대체적으로 갈색 닭은 갈색란, 백색 닭은 백색란을 낳는다. 유색란에 껍데기의 색은 프로토포피린에 의하며 껍질에 강도만 차이가 있다.

프로토포피린
protoporphyrin

2) 난각막

난각의 4~5% 주로 케라틴으로 형성되지만 뮤신과 알부민도 함유되어 있다. 속껍질인 난각막은 껍질의 내부에 밀착한 백색 불투명한 막으로 내외 2층으로 구성되어

난각막
egg shell membrane

있으며, 젤라틴으로 구성되어 외부로부터 미생물의 침입과 내부에서 수분의 증발을 방지한다. 달걀의 신선도가 떨어지면 내외막이 벌어져서 공간을 만들고 있다. 이 부분을 기실이라고 한다. 시간이 경과함에 따라 커지므로 내용물의 수분이 증발 수축됨에 따라 공기와 수증기로 채워진다.

기실 air cell

Q_ **달걀에 유정란과 무정란의 차이는?**

A_ • 유정란 : 수탉과의 교미를 통해서 병아리로 부화될 수 있는 배반이 형성된 달걀이다. 비타민의 함량이 많고 난황, 난백에 점도가 높다.
• 무정란 : 암탉의 난소에서 스스로 난황이 만들어지고 난관을 통해 껍질이 생겨 질을 통해 생산된 달걀이다.

3) 난백

난백 egg white

난백은 불투명한 액체로 달걀 전체 무게의 약 60%를 차지한다. 난백은 점도가 높은 농후난백, 점도가 낮고 묽은 수양난백으로 나눌 수 있다.

수양난백은 딱딱한 난각과 부드러운 난황 사이에 있으며 외부에서 오는 진동, 온도변화 등의 영향에서 달걀의 배아를 보호하고, 농후난백은 점도가 높은 특수한 망상구조로 형성되어 있어 미생물의 침투를 어렵게 한다.

산란 직후에는 농후난백의 함량이 많으나, 시일이 경과함에 트립신 등 효소작용으로 자가소화가 일어나 농후난백은 수양난백으로 변한다.

Q_ **달걀에 알끈을 제거하는 이유는?**

A_ 알끈은 달걀의 장축과 평행하게 연결되어 난황의 위치를 고정시켜 준다. 그러나 익으면 단단하게 굳어 질감이 좋지 않아 지단, 알찜, 쿠키 등에 사용할 때는 제거해 준다.

4) 난황

난황의 표면은 젤라틴의 얇은 막으로 싸여 탄력 있는 난황막에 의해 덮여 보호되고 있다. 달걀의 약 30%를 차지하며 수분과 고형물로 구성되어 있다. 1/3이 단백질, 2/3는 지질, 인지질인 레시틴, 세팔린을 함유하고 있다. 시일이 경과함에 따라 난황 주변에 수분을 흡수하여 부피가 커지며 난황막이 약화되어 터지기 쉽다.

난황 yolk

레시틴 lecithin

세팔린 cephalin

큐티클 cuticle

Q_ **달걀을 씻으면 안 되는 이유는?**

A_ 달걀 껍질에 막을 씌워 지키고 있는 큐티질이 사라지기 때문에 씻지 않는다. 큐티클은 숨구멍을 보호하고 미생물에 침입을 막기니 호흡을 조정한다.

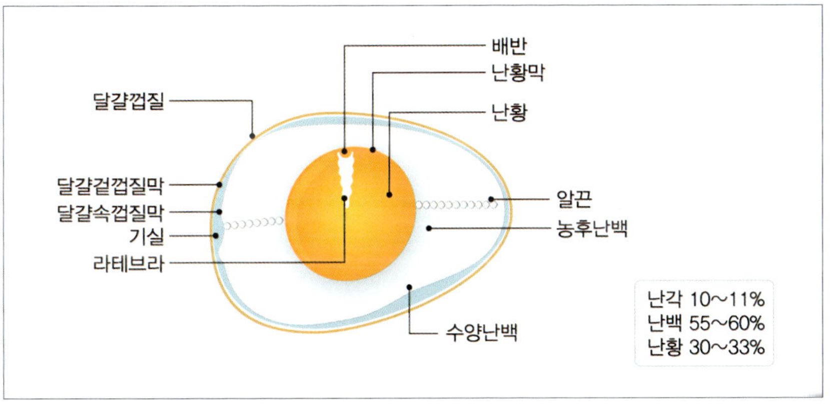

그림 13.1 달걀의 구조

02 달걀의 종류

1) 달걀

달걀은 크기에 따라 소란, 중란, 대란, 특란, 왕란으로 나눈다. 특정 영양이나 기능을 주어 영양란, 기능성란으로 구분한다. 그 외에도 껍질을 제거한 액상란, 동결건조란, 훈제란 등이 있다.

Q_ 달걀의 품질평가 방법?

A_

외관상 평가	중량 규격	달걀은 중량에 따라 5가지 규격으로 분류한다. 왕란 68g 이상, 특란 68g 미만~60g 이상, 대란 60g 미만~52g 이상, 중란 52g 미만~44g 이상, 소란 44g 미만이다.
	껍질의 상태에 의한 방법	껍질의 광택 정도, 달걀의 모양, 균열의 유·무 등에 의해서도 분류한다. 신선한 달걀은 껍질이 까칠까칠하다.
	투시법	강한 광선에 비추어 난각은 광선을 투과하므로 기실의 크기, 난황의 색, 크기, 위치, 껍질상태 등을 검사한다.
	비중법	신선한 달걀의 비중은 1.08~1.09이며, 시간이 지남에 따라 수분의 증발로 비중이 감소된다. 3~4%의 소금물에 담가서 위로 뜨는 것은 오래된 달걀이고, 가라앉는 것은 신선한 것이다.
내용물에 의한 평가	난백계수	난백계수는 달걀을 평판 위에 깨트린 후 난백의 가장 높은 부분의 높이를 평균 직경으로 나눈 것으로, 신선한 달걀의 경우 0.14~0.17이다.
	난황계수	난황계수는 편편한 판 위에 달걀을 깨트렸을 때에 난황의 높이를 난황의 지름으로 나눈 값이다. 신선한 달걀의 난황계수는 0.36~0.44이다. 오래될수록 난황계수가 작아지고, 난황계수가 0.25 이하인 것은 달걀을 깨뜨렸을 때 난황이 쉽게 터진다.
	호우단위	달걀의 무게와 농후난백의 높이를 측정하여 다음 계산식에 의하여 산출한 값을 말한다. 신선한 달걀의 호우단위는 86~90이다. 호우단위(H.U) = $100\log(H + 7.75 - 1.7WO^{0*37})$ * H = 난백높이(mm), W = 난중(g)

호우단위
Haugh unit

Q_ 신선한 달걀과 오래된 달걀을 구별하는 방법?

A_

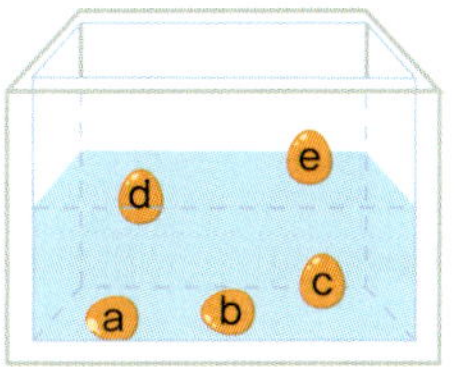

소금물에 넣는 경우

a. 산란 직후
b. 일주일 후
c. 보통 달걀
d. 매우 오래된 달걀
e. 부패된 달걀

깼을 때

산란 직후
노른자와 흰자 모두 부풀어 있다.

보통 달걀
흰자가 부풀어 있지 않고, 노른자만 부풀어 있다.

오래된 달걀
노른자와 흰자 모두 부풀어 있지 않고, 끈적거린다.

2) 오리알

오리는 주로 봄철에 산란을 하고 인디안 러너종과 카키캠벨종이 있다. 달걀보다 커서 70~90g 정도 중량으로, 껍질의 색은 흰색 또는 담녹색이 주종을 이룬다. 영양성분은 달걀과 비슷한데 비타민 A, 니아신의 함량이 비교적 많은 편이고, 콜레스테롤의 함량도 높다. 중국음식 중 피단의 재료로 많이 이용된다.

Q_ 오리알을 이용한 피단은?

A_ 진흙, 홍차, 소금 등을 반죽하여 오리알 표면에 두껍게 바른 다음, 왕겨를 묻혀 항아리에 3~6개월 저장한다. 난백은 흑갈색의 투명한 젤리상태, 난황은 청록색으로 굳어진다. 송화단이라고도 불리기도 한다.

3) 메추리알

메추리알은 한 마리의 연간 산란수가 200개 이상이며, 표면은 흑갈색 반점이 있고 엷은 녹색을 띠며 11~12g 정도인 것이 좋다. 영양성분은 비타민 B가 달걀보다 많다.

03 달걀의 성분

1) 껍데기와 속껍질

케라틴 keratin
무신 mucin
알부민 albumin

껍데기는 달걀 중량의 10~12%를 차지하며, 대부분 탄산칼슘으로 구성되어 있다. 껍데기는 탄산칼슘 외에 탄산마그네슘, 인산칼슘과 미량의 유기화합물을 함유하고 있다. 속껍질은 껍질의 4~5%에 해당하며 케라틴이 주를 이루고 뮤신과 알부민도 함유하고 있다. 난각 큐티클의 성분도 일종의 뮤신이다.

2) 난백

난백은 달걀의 55~63%를 차지하고 있으며, 난백은 수분이 87.9%이며 고형분, 단백질함량은 10%이다. 신선한 난백의 pH는 7.5~8 정도이며, 오래되면 pH가 높아진다.

오브알부민 ovalbumin
콘알부민 conalbumin
오보뮤코이드 ovomucoid
오보글로불린 ovoglobulin
리소자임 lysozyme
오보뮤신 ovomucin
아비딘 avidin

표 13.1 난백 단백질의 종류와 특징

종 류	특 성
오브알부민	난백의 대부분을 차지하는 당단백질로 소화가 용이하다. 64~67℃의 열에 쉽게 응고된다.
콘알부민	약 1/10을 차지하며 철, 구리와 같은 금속 이온과 강하게 결합하는 수용성의 당 단백질이다. 단독으로는 열(55~60℃)에 쉽게 응고되나, 금속과 결합하면 안정화되어 열, 효소 등에 대한 저항성이 커진다. 특히 철과 결합하면 미생물에 대한 저항성이 커진다.
오보뮤코이드	당 당백으로 만노오스, 글루코사민 등의 당을 함유하고 있으며, 1/10 이상을 차지한다. 열에 응고되지 않으며, 트립신 저해물질이다.
오보글로불린	난백의 거품 형성에 기여하는 단백질로 2종류이다. 열(65℃)에 의해 응고된다.
리소자임	항균성을 지닌 열에 안정한 글로불린 단백질로 달걀의 신선도를 유지해 준다. 신선한 달걀의 난백에서는 리소자임이 오보뮤신과 결합하여 된 난백의 고점도의 특수 망상구조를 형성하는 골격 구실을 한다.
오보뮤신	물에 대한 용해도가 아주 낮은 당단백질로서 난백에 물을 넣어 희석하면 쉽게 침전한다. 리소자임과 함께 된 단백을 형성한다. 난백 기포의 안정화에 기여하며, 내열성이 강하다.
아비딘	비타민 B 복합체의 일종인 비오틴과 결합하여 비오틴을 불성화 시킨다. 열에 쉽게 변성되므로 달걀을 85℃에서 5분간 가열하면 완전히 소실된다.

3) 난황

난황은 약 50%가 수분이며 고형물을 구성하고 있는 주요 성분은 지질과 단백질이다. 신선한 난황의 pH는 6.0 정도이며, 오래된 것은 6.8 정도이다. 난황은 약 30%의 지질을 함유하는데, 지방산은 올레산이 가장 많고 그 외에 필수지방산인 리놀레산, 리놀렌산, 아라키돈산 등의 불포화지방산이 많다. 뇌세포를 구성하는 인지질이 많이 있으며 주로 레시틴이 70~80% 차지하며 난황에 유화성은 레시틴에 의한다.

올레산 oleic acid

리놀레산 linoleic acid

리놀렌산 linolenic acid

아라키돈산 arachidonic acid

레시틴 lecithin

표 13.2 난황 단백질의 구성성분

종 류		함 량	특 징
비텔린	리푸비텔린	43~44%(17~18% 지질 함유)	인지질인 레시틴과 결합된 인단백질로 유화성을 나타낸다.
	리포비텔레닌	30~31%(36~41% 지질 함유)	
리베틴		10%	글로불린에 속하는 수용성 단백질로 95℃ 이상으로 가열하면 거의 완전히 응고된다. 난황효소의 대부분은 리베틴에 속한다.
포스비틴		14~15%	인단백질로서 약 10%의 인을 함유하고 있다. 철분을 운반하는 기능이 있다.

비텔린 vitellin

리포비텔린 lipovitellin

리포비텔레닌 lipovitellenin

리베틴 livetin

포스비틴 phosvitin

4) 무기질

달걀에 들어 있는 무기질은 인지질, 인단백질 형태로 인 함량이 많아, 달걀은 산성식품에 속한다. 그 외에도 마그네슘, 염소, 칼륨, 나트륨, 황, 철 등이 들어 있다.

난황에 들어 있는 철분은 특히 생체 내에서 이용 가치가 높다. 성장기 어린이나 여성들의 철분 보충에 좋다. 달걀은 삶았을 때 황화아미노산의 분해로 생성된 유황성분으로 황화수소 냄새가 난다. 또 난황 속에 함유되어 있는 황은 은과 접촉되면 황화은을 형성하여 은그릇을 변색시키기도 한다.

5) 비타민

달걀에는 비타민 C를 제외하고 모든 비타민이 풍부하게 함유되어 있다. 난백 중에는 비타민 B군이 풍부하고, 난황은 비타민 A, D의 좋은 급원이다. 이외에도 티아민과 리보플라빈도 풍부하다. 또한 사료에 따라 영향을 많이 받는다.

6) 색소

난백은 유백색이며 광택이 있는 담황색을 지니고 있다. 난백이 유탁상태인 것은 난백 중에 탄산가스가 용해되어 pH가 낮아져 용해된 단백질이 콜로이드상으로 분산되어 불투명하게 된 결과이다. pH가 상승하면 담황색은 투명해진다.

루테인 lutein

제아잔틴 zeaxanthin

난황의 노란색은 비타민 A로 전환되지 않는 카로티노이드 중의 잔토필류인 루테인과 제아잔틴에 의하므로 비타민 A의 함량과는 무관하다. 그 외에 카로틴과 리보플라빈의 등의 색소가 있다. 난황에 색은 품종, 영양, 사료에 따라 다르다.

04 달걀의 조리특성

응고성 coagulation

1) 응고성

달걀은 열에 의해 응고되는 성질인데 가열, 산, 알칼리, 염, 기계적 교반 등의 처리에 의해서 난백과 난황은 응고하는데, 달걀 성분 중 주로 단백질의 변성에 의해서 응고하는 현상이다. 달걀의 응고온도는 난백은 55~57℃에서 응고하기 시작하여 65℃에서는 완전히 응고되며, 난황은 65℃에서 응고하기 시작하여 70℃가 되면 완전히 응고한다. 난황은 너무 오래 응고시키면 부서지기가 쉬우며 부슬부슬해진다.

표 13.3 난황의 응고성에 영향을 주는 조건

조건	내용
온 도	높은 온도에서 조리하거나 장시간 조리하면 질감이 단단하다. 낮은 온도에서 조리하면 시간이 많이 걸리고 부드럽고 연한 질감을 얻을 수 있다.
산	약간의 산을 첨가하면 낮은 온도에서 빨리 응고하고 단단하다.
pH	pH가 등전점에 가깝게 되면 열 응고온도가 낮게 된다. 산을 첨가하면 낮은 온도에서 응고하지만 pH 4.8 부근에서 열 응고성이 최대가 되어 60℃에서 응고한다.
염	염은 양이온 원자가 클수록 열 응고성이 증가한다. 소금이나 우유를 넣으면 Ca^{2+} 이온이 응고를 촉진한다.
설 탕	설탕 첨가량에 비례해 응고온도를 높여주며, 응고물은 연하며 기공이 적고 매끄럽다.

또한 달걀은 농후제로 알찜, 소스, 커스터드, 푸딩과 같은 음식을 만들 때 이용된다. 청정제로는 콩소메, 커피에 이용된다. 콩소메는 난백의 거품을 내어 사용하면 난백이 응고될 때 국물 내의 물질을 응고시켜 국물이 맑게 된다. 커피는 원두커피를 난백과 같이 섞은 다음 끓이면 커피가 맑게 되어 사용된다. 결합제로는 만두소, 전, 빵가루를 묻혀 튀기는 음식의 결착제로 사용된다.

2) 기포성

난백을 계속 거품기로 강하게 저어주면 공기가 액체 속으로 들어가 거품이 된다. 이는 오보글로불린과 오보뮤신의 단백질막이 유입된 공기를 둘러쌈으로서 기포가 생긴다. 난백의 점성이 높으면 기포 형성력은 떨어지고, 반대로 점성이 낮으면 기포 형성력은 증대되는 경향이 있다.

표 13.4 난백의 기포성에 영향을 주는 조건

난백의 상태	• 신선한 달걀보다 1~2주 지난 달걀이 점성이 낮으므로 기포성이 좋다. 묽은 난백은 점도가 낮아 기포형성 능력이 좋아 거품을 내는 데에 효과적이다.
온 도	• 난백의 온도가 30℃ 전 · 후일 때 기포성이 좋다. 냉장고에 넣어두었던 달걀을 실온에서 온도를 높인 후에 사용하도록 한다. 이는 난백의 표면장력이 저하되기 때문이다. 높은 온도에서 처리하면 점도가 떨어지기 때문에 기포형성 능력은 증진되나 안정성이 저하된다. 난백의 온도가 낮으면 점도가 높아 기포형성이 느리지만, 형성된 거품은 안정되고 탄력 있는 기포가 된다.
첨가물	• 지방 : 지방은 기포의 형성을 방해하므로 기포형성이 잘 안 된다. • 우유 : 우유의 첨가는 기포형성을 방해하여 기포형성이 잘 안 된다. • 설탕 : 설탕은 점도를 증가시켜 기포성은 감소하지만, 어느 정도 거품을 낸 후에 조금씩 첨가하면 광택이 있고 안정성이 증가한다. • 소금 : 소금은 첨가 시 표면변성을 촉진시키므로 거품의 안정성이 나빠진다. • pH : 소량의 산을 서서히 첨가하여 pH를 등전점 부근으로 낮추면, 쉽게 기포가 형성되고 안정성은 증가한다. 만일 산을 교반하기 전에 난백에 첨가하면 응고되므로 주의한다.
거품기의 종류	• 수동 교반기는 로터리 비터, 와이어 휩이 있고, 전동교반기가 있다. 수동교반기를 사용하면 부피가 크지만 묽어지고, 전동교반기는 수동교반기보다 거품이 더 많이 일어나고 안정된 기포를 얻을 수 있다. 거품기의 날이 가늘수록 기공의 크기가 작아져서 미세하고 안정된 기포가 생긴다.

로터리 비터
rotary beater

와이어 휩
wire whip

전동교반기
electric egg beater

3) 유화성

달걀의 유화성은 난황의 레시틴 때문에 유화력이 더 크며, 난황을 이용한 것이 마

레시틴
lecithin

요네즈와 스펀지케이크, 샐러드드레싱 등을 만들 때 중요한 역할을 한다. 유화성은 난황 > 전란 > 난백의 순이다. 난황의 강력한 유화성은 난황에 있는 지단백인 레시틴과 단백질이 결합한 레시토프로테인에 의해 형성된다.

레시토프로테인 lecithoprotein

수중유적형 O/W : oil-in-water

유중수적형 W/O : water-in-oil

수중유적형 유화제로서 마요네즈, 유중수적형의 유화제로서 버터, 마가린 등이 있다.

4) 가열에 의한 달걀의 변색

달걀을 끓는 물에 15분 이상 삶으면 노른자 주위에 암녹색의 색소가 침착되는 것을 볼 수 있다. 이것은 난백에서 생성된 황화수소는 가열이 진행됨에 따라 압력이 낮은 난황의 중심부로 이동하여서 난황안의 철과 결합하여 암녹색의 황화 제1철(FeS)을 형성하게 된다. 이 반응은 신선한 달걀보다 오래된 달걀에서 발생한다. 즉 신선도가 저하되면 pH가 증가되어 가열온도가 높고, 가열시간이 길수록 녹변현상이 일어난다. 달걀을 삶아서 찬물에 바로 식히면 이와 같은 착색은 거의 일어나지 않는다. 이것은 황화수소가 난황표면에 이동하기 전에 온도가 낮아지면 난각 쪽으로 이동하여 외부로 발산되기 때문에 변색을 방지할 수 있다.

05 달걀의 조리

1) 삶는 달걀

녹변현상 greening

달걀은 완숙하려면 98~100℃에서 12분간 삶아야 한다. 15분 이상 가열 시 녹변현상이 생길수도 있다. 완숙란은 완전히 응고된 상태이며, 응고된 난백의 질감은 연하고 부드러워야 한다. 반숙란은 기호에 따라 다르지만 난백과 난황의 익은 정도가 반고체화되어 있어야 한다.

Q_ 달걀을 예쁘게 삶으려면?

A_ 달걀은 물에 넣고 삶고 있는 사이에 가끔 굴려주며, 노른자가 중앙에 오면 예쁜 달걀이 된다. 다 삶아지면 찬물에 식혀주어야 껍질이 잘 벗겨진다. 찬물로 인해 겉에 있는 껍질이 수축되어 껍질과 흰자와 어긋남이 생긴다. 흰자와의 밀착을 막기 때문에 껍질이 벗겨지기 쉬워진다.

2) 수란

수란은 달걀을 깨뜨려 뜨거운 물(85℃)에 넣고 난백이 적당히 응고될 때까지 4~6분간 방치한다. 식초와 소금을 넣어 난백의 응고를 돕는다. 잘 조리된 수란의 모양은 난황부가 둥글게 익어 난백이 그 주위에 난백의 응고물이 보기 좋게 둘러싸여 응고된 상태이다.

Q_ 수란에서 식초와 소금의 역할은?

A_ 수란에 식초와 소금을 넣어 만들면 단백질의 응고를 돕는다. 그러나 식초를 너무 많이 넣으면 응고가 잘 일어나지 않는다. 소금은 Na^+이 난백의 응고를 돕는다.

3) 달걀부침

달걀부침은 팬에 기름온도를 조절하기 힘들기 때문에 단단한 질감을 갖기가 쉽다.

기름은 달걀이 팬에 붙지 않고 잘 일어날 수 있을 정도로 사용하며, 팬의 온도는 난백이 서서히 응고하기 적당한 정도라야 한다. 온도가 높으면 난백의 질감이 단단해지고 팬에 넣은 기름이 분해된다. 달걀이 익어갈 때 소량의 물을 뜨거운 팬에 붓고 뚜껑을 닫으면 수증기에 의해 완전히 익게 되고 난백의 주위가 기름의 높은 온도에 의해 딱딱하게 익는 것을 막아준다. 부침에 사용할 달걀은 신선해야 농후난백이 많고 난황의 높이가 높아 조리 후 모양도 좋다.

써니사이드 업
sunnyside up

오버이지
over easy

오버미디엄
over medium

오버하드
over hard

Q_ 달걀부침의 종류는?

A_
- 써니사이드 업 : 달걀을 팬에 뒤집지 않고 한쪽만 익히는 것
- 오버이지 : 달걀을 팬에 뒤집어 익힌 것으로 난백만 살짝 익힌 것
- 오버미디엄 : 달걀을 팬에 뒤집어 익힌 것으로 난백은 익고 난황은 살짝 익음
- 오버하드 : 달걀을 팬에 뒤집어 익힌 것으로 난백과 난황이 모두 익은 것

4) 스크램블드에그

난백과 난황에 우유나 크림을 섞어 전체를 잘 혼합하여 팬에 부어 익힌다. 적당히 익은 스크램블드에그는 수분이 있고, 질감이 부드럽고 가볍다. 저온에서 서서히 익히면서 아래쪽에 응고되는 달걀을 긁어 윗부분과 적절히 섞어 골고루 익힌다. 높은 온도에서 익히면 단백질의 수축으로 액체가 침출되어 나오면서 증발하여 질감이 뻣뻣하다.

5) 오믈렛

달걀을 풀어서 우유나 크림을 넣어 팬에 기름을 두른 후, 처음에는 젓다가 점차 럭비공 모양으로 만든다. 기호에 따라 햄, 버섯, 치즈, 채소 등을 넣어 만들기도 한다.

6) 달걀찜

달걀에 물, 우유, 소금, 새우젓, 설탕을 첨가하면 조직이 부드럽게 응고된다. 첨가액을 섞은 희석 정도, 첨가물의 종류와 양에 따라 조직감, 응고시간이 달라진다. 소금을 첨가할 경우 작은 기공이 생겨 단단한 질감이 나타난다. 새우젓은 단백질 분해효소에 의해 큰 기공이 생겨 매끈하며 부드러운 질감이 나타난다.

7) 커스터드

달걀을 잘 푼 다음 설탕, 소금, 바닐라 향을 넣고 데운 우유를 조금씩 넣어 부으며

섞는다. 커스터드는 180℃의 온도로 조절한 오븐에 넣어 굽거나 또는 85~90℃로 유지한 물로 중탕하여 익힌다. 달걀의 열 응고성과 유동성을 이용하여 부드럽고 걸쭉한 질감을 얻을 수 있다.

8) 머랭

난백에 설탕과 바닐라 향을 섞어 강하게 거품을 낸 것을 머랭이라고 한다. 부드러운 머랭은 파이나 푸딩에 이용된다. 제조방법은 난백을 부드러운 거품이 생기도록 저은 후에 설탕을 조금씩 넣어서 계속 교반하여 적당히 굳은 거품이 형성되도록 한다. 이것을 뜨겁게 달군 그릇에 넣은 다음 190℃ 예열된 오븐에서 12~18분간 굽는다.

머랭
meringue

이장현상은 난백을 덜 교반한 경우에 일어나며, 물방울이 표면에 맺히는 현상은 너무 익혔거나 난백 단백질이 과잉 응고되는 경우, 또는 저어주는 과정에서 설탕이 충분히 용해되지 않은 경우에 일어난다.

단단한 머랭은 바삭한 후식의 밑받침이나 쿠키로 이용한다. 머랭은 단단하며 바삭하고 부드러우면서 흰색을 띠는 것이 바람직하다. 제조방법은 난백에 주석산을 넣고 부드러운 거품을 형성하도록 저은 다음, 바닐라 향을 넣고 설탕을 넣으면서 아주 단단한 거품이 형성되도록 계속 교반한다. 이것을 오븐용기에 담고 121℃에서 50~60분간 구운 다음, 불을 끄고 1시간 정도 오븐에 그대로 방치하여 건조효과를 낸다. 굽는 온도가 너무 높으면 내부가 충분히 건조되기 전에 바깥 면만 갈색이 되고 남아 있는 수분 때문에 끈적거린다.

주석산
cream of tartar

9) 수플레

수플레란 '부풀다'라는 뜻의 프랑스어로, 달걀흰자를 거품내고 달걀노른자와 부재료를 넣어 오븐에 구운 요리로, 따뜻할 때 공기가 빠져나가기 전에 즉시 먹어야 한다.

10) 에그노그

미국에서의 대표적인 달걀음료로 달걀, 우유, 술이 주재료이다.

【실험】 달걀 첨가량에 따른 달걀찜의 특성 비교

실험재료

달걀 12개
소금
우유 200g
물

실험기구

저울
타이머
계량스푼
온도계
체
접시

1 실험 목적

달걀의 열 응고성을 이용한 대표적인 음식의 하나인 달걀찜을 만들 때 난액의 농도가 외관, 경도, 색, 맛 등 달걀찜의 품질에 미치는 영향을 이해한다.

2 실험 방법

- 시료A(30%) : 전란 30g + 물 70g + 소금 ¼ts
- 시료B(70%) : 전란 70g + 물 30g + 소금 ¼ts
- 시료C(100%) : 전란 100g + 소금 ¼ts

재료준비
↓
교반 — 난황, 난백 섞어 풀기
↓
체에 거르기 — 난액 준비 200g
↙ ↓ ↘
30% 난액 / 70% 난액 / 100% 난액
↘ ↓ ↙
찌기 — 60℃까지 교반하면서 가열 후 뚜껑 사이로 온도계를 꽂아 찜기 내부온도가 85~90℃가 되도록 화력을 조절
↓
꺼내기 — 20분 후 찜 용기에 접시 올려 뒤집어 꺼내기
↓
평가 — 달걀찜의 표면 기공 상태, 경도, 색, 맛

3 실험 결과

농 도	난액 제조방법	조리방법	표면의 기공 상태	부드러운 정도	달걀찜의 색	맛
30% 난액	물 희석	찌기				
70% 난액	물 희석	찌기				
100%난액	전란	찌기				

단원정리

1 달걀의 구조

- 난각 : 내부를 보호하는 역할을 한다. 겉껍질에는 작은 기공이 있어 수분증발, 탄산가스 배출을 한다. 신선한 달걀 표면의 촉감은 까칠까칠한데 난각 큐티클 때문이며, 산란 직후에 미생물의 오염을 방지한다.
- 난백 : 점도가 높은 농후난백, 점도가 낮고 묽은 수양난백으로 나눌 수 있다. 산란 직후에는 농후단백의 함량이 많으나, 시일이 경과함에 트립신 등 효소작용으로 자가소화가 일어나 농후난백은 수양난백으로 변한다.
- 난황 : 표면은 젤라틴의 얇은 막으로 싸여 탄력 있는 난황막에 의해 덮여 보호된다.

2 달걀의 종류

- 달걀은 크기에 따라 소란, 중란, 대란, 특란, 왕란으로 나눈다.
- 특정영양이나 기능을 주어 영양란, 기능성란이 있고, 그 외에도 껍질을 제거한 액상란, 동결건조란, 훈제란 등이 있다.

3 달걀의 성분

- 난백에 단백질 : 오브알부민, 콘알부민, 오보뮤코이드, 오보글로불린, 리소자임, 오보뮤신, 아비딘이 있고 각각의 특징이 있다.
- 난황에 지방산 : 올레산이 가장 많고, 그 외에 필수지방산인 리놀레산, 리놀렌산, 아라키돈산 등의 불포화지방산이 많다.
- 무기질 : 인지질, 인단백질 형태로 인함량이 많아, 달걀은 산성식품에 속한다.
- 비타민 : 난백 중에는 비타민 B군이 풍부하고, 난황은 비타민 A, D의 좋은 급원이다.

4 달걀의 조리 특성

- 응고성 : 달걀은 열에 의해 응고되는 성질인데 가열, 산, 알칼리, 염, 기계적 교반 등의 처리에 의해서 난백과 난황은 응고한다.
- 기포성 : 공기가 액체 속으로 들어가 거품이 되는 성질인데, 난백의 상태, 온도, 첨가물, 거품기의 종류에 따라 다르다. 난백의 점성이 높으면 기포형성력은 떨어지고, 반대로 점성이 낮으면 기포형성력은 증대되는 경향이 있다.
- 유화성 : 난황의 레시틴 때문에 유화력이 더 크며, 난황을 이용한 것이 미요네즈와 스펀지케이크, 샐러드드레싱 등을 만들 때 중요한 역할을 한다.
- 가열에 의한 달걀의 변색 : 달걀을 끓는 물에 15분 이상 삶으면 노른자 주위에 암녹색의 색소가 침착되는데, 이것은 난백에서 생성된 황화수소는 가열이 진행됨에 따라 압력이 낮은 난황의 중심부로 이동하여 난황 안의 철과 결합하여 암녹색의 황화 제1철(FeS)을 형성하게 한다.

5 달걀의 조리

- 달걀은 조리에서 삶은달걀, 수란, 달걀부침, 오믈렛, 커스터드, 머랭 등 다양하게 이용된다.

단원종합문제

1 달걀의 구조에 대해 설명하시오.
- 난각
- 난황
- 난백

2 달걀의 품질평가 방법은 외관상 평가와 내용물에 대한 평가를 설명하시오.

3 난백의 단백질 종류와 특징을 설명하시오.

4 난황의 단백질 구성성분과 특징에 대해 설명하시오.

5 달걀의 유화성에 대해 설명하시오.

6 난황의 응고성과 응고성에 영향을 주는 요인들을 설명하시오.

7 가열에 의한 달걀의 변색에 대해 설명하시오.

8 난백의 기포성과 기포성에 영향을 주는 조건들을 설명하시오.

9 신선한 달걀과 오래된 달걀을 구분하는 방법을 설명하시오.

10 달걀을 예쁘게 삶기 위해 조리하는 방법을 설명하시오.

Cooking Principles & Experimental Cooking

14

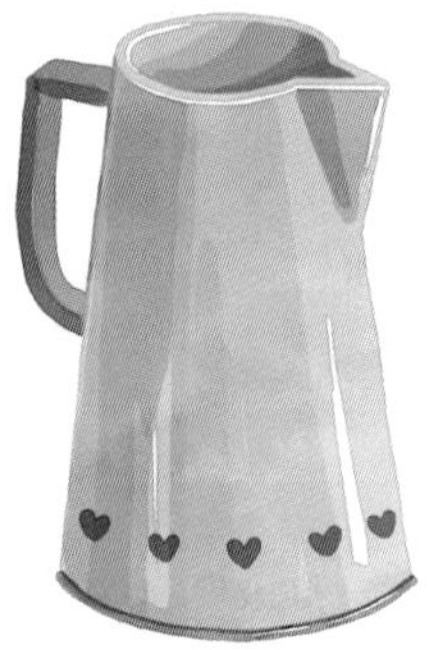

CHAPTER 14

14 우유와 유제품

01 우유

1) 구성성분

(1) 단백질

우유 단백질은 카세인과 유청 단백질로 나누어진다.

카세인
casein

유청
whey

1 카세인

카세인은 우유 단백질의 약 80%를 차지하고 있으며, 분자구조 내에 인산을 함유하므로 인단백질로 분류된다. 카세인은 열에 안정하여 열에 응고되지 않고 산이나 효소(레닌), 페놀화합물, 염에 의해 응고되며, 신선한 우유의 정상적인 산도(pH 6.6)에서는 인산을 통해 칼슘과 결합하여 칼슘 포스포카세이네이트로 존재한다.

칼슘 포스포카세이네이트
calcium phosphocaseinate

표 14.1 카세인의 원인별 응고원리

원 인	응고원리	예
산	단백질 변성의 일종으로 산에 의해 칼슘 대신, 수소이온이 카세인과 결합하여 응고한다.	코티지치즈, 요구르트
염	염류에 의해 응고되며 염분이 있는 식품과 우유와 같이 가열 조리하면 응고한다.	햄과 함께 조리
효소(레닌)	위에서 분비되는 펩신, 프로테아제와 같은 효소들은 카세인을 응고한다.	체다슬라이스 치즈
페놀화합물	과일, 채소, 커피, 차의 페놀 성분에 의해 응고한다.	감자수프

펩신
pepsin

프로테아제
protease

② 유청 단백질

유청 단백질 whey protein
락토알부민 lactoalbumin
락토글로불린 lactoglobulin

유청 단백질은 카세인을 제거하고 남은 유단백질로, 우유 단백질의 약 20%를 차지하며 대부분 α-락토알부민, β-락토글로불린, 면역글로불린, 혈청알부민으로 구성되어 있다.

유청 단백질은 산과 효소(레닌)에 의해서는 응고되지 않고 65℃ 이상의 가열에 의해 응고되기 때문에, 우유를 가열 시 피막을 형성하고 냄비의 밑바닥에 침전물이 생기게 되므로 열 응고성 단백질이라고도 한다. 식품에 첨가하면 텍스처, 촉감, 보수성, 풍미가 증진된다.

(2) 지방

우유의 지방함량은 3~4%이며 작은 지방구의 형태로 수용액 속에 콜로이드상으로 분산되어 있다. 지방의 함량은 우유의 맛과 입 안의 촉감, 풍미, 안전성에 영향을 미치며 지방함량이 5% 이상인 우유가 질이 좋은 우유로 평가되고 있다.

뷰티르산 butyric acid
카프로산 caproic acid
인지질 phospholipid
세팔린 cephalin
트리메틸아민 trimethylamine

우유의 지방은 대부분 중성지방으로, 주요 지방산은 탄소수가 적은 포화지방산으로 뷰티르산과 카프로산이 포함되는데, 이는 다른 식품에서는 쉽게 발견되지 않는 성분으로 우유에 비교적 많이 함유되어 있으며, 뷰티르산은 가수분해에 의해 생성된 휘발성 지방산으로 버터와 같은 유지방의 산패취 성분이다.

이러한 지방산 외에 유지에는 콜레스테롤, 인지질인 레시틴, 세팔린이 있으며, 이 중 레시틴은 분자 중 콜린이 산화되면서 트리메틸아민을 생성하여 버터나 분유의 독특한 냄새의 원인이 된다.

Q_ 우유와 모유의 차이는?

A_

	우 유	모 유
지방구	지방구가 커서 소화율이 낮다.	지방구가 작아 소화율이 높다.
단백질	약 80%가 카세인이다.	50% 카세인과 50% 알부민과 글로불린의 형태이다.
유 당	적다.	많다.
무기질	많다. 특히 칼슘과 인이 많다.	적다. 특히 철이 많다.
비타민	비타민 B_2, D가 많다.	비타민 A, C가 많다.

(3) 탄수화물

우유 중 탄수화물은 약 4.5~5.2%를 차지하며, 그 중 대부분이 유당(99%) 또는 젖당으로 모든 포유류의 유즙에 존재하며 포도당과 갈락토오스로 구성되어 있다.

유당
lactose

유당은 다른 당에 비해 물에 녹는 용해도가 낮아 다량으로 존재할 때 결정화되기 쉽기 때문에, 유당의 농도가 높은 탈지분유를 아이스크림에 넣으면 깔깔한 질감이 나타나며, 분유 저장 시 결정화되며 덩어리가 생기는 현상이 나타난다. 또한 유당은 이스트에 의해 분해되지 않고 150~160℃에서 캐러멜화가 시작되기 때문에 빵, 과자의 껍질 색을 내는 역할을 한다.

락테이즈
lactase

Q_ 유당불내증이란?

A_ 유당분해효소인 락테이즈가 부족하여 유당이 분해되지 못하고, 장내에 세균에 의해 일부 분해되어 가스가 나오거나 설사를 하는 현상이다.

(4) 무기질

우유 속에는 무기질이 풍부하며, 칼슘의 가장 좋은 급원이며 주요 무기질로는 인, 마그네슘, 칼륨, 나트륨, 염소, 황 등이 있으며, 철과 구리는 소량 존재한다.

(5) 비타민

우유에는 각종 비타민이 풍부하게 함유되어 있으나 비타민 C, E는 적게 들어 있다. 지용성 비타민은 지방구에 용해되어 있으며, 수용성 비타민은 유청에 용해되어 있다. 우유, 크림, 버터 등은 비타민 A의 좋은 급원이며, 칼슘의 흡수를 위해 비타민 D를 강화하기도 한다. 우유에는 비타민 B_2가 풍부하나, 자외선에 산화되므로 포장 시 빛을 차단시켜야 하며, 유아용 조제분유에는 부족한 비타민이 강화되고 있다.

(6) 색

우유의 유백색은 카세인과 인산칼슘이 콜로이드용액으로 분산된 것이 광선에 반사되어 형성된 색이다. 또한 유백색 외에 황색을 띠고 있는데, 이는 지용성 색소인 카로티노이드 색소 때문이다. 우유의 황색 정도는 소의 사료 종류와 얼마나 카로틴을 비타민 A로 전환하였는지에 따라 달라진다. 여름철에 푸른 잎을 먹은 소는 우유에 황색이 진하고 카로틴함량이 겨울에 비하여 높게 나타난다. 이러한 카로틴노이드 색소는 버터와 치즈의 색에 영향을 미치며, 담황색은 수용성 색소인 리보플라빈에 의해 색을 나타낸다.

카로티노이드 carotinoid

(7) 향미 성분

신선한 우유에서 느껴지는 향미는 아세톤, 아세트알데히드, 디메틸 설파이드, 메틸케톤, 탄소수가 적은 지방산, 락톤과 같은 끓는점이 낮은 저분자량 화합물에 의해 형성된다. 우유를 끓이면 특유의 냄새가 나는데, 이는 락토 알부민 중 -SH기가 유리되어 황화수소를 발생하기 때문이다. 이러한 불쾌 취를 피하고 우유의 영양가를 최대한으로 보유하기 위해서는 가열을 하지 않는 것이 좋다. 또한 우유를 오래 보관하면 불쾌한 냄새가 나게 되는데, 이는 주로 유지방분해효소인 리파아제에 의해 가수분해되며 저급지방산을 생성하기 때문이다.

리파아제 lipase

2) 처리과정

(1) 살균

우유의 살균은 원유의 영양소 손실을 최소화하고 오염된 미생물을 사멸시켜 보존성을 증진시키는 데 목적을 두고 있다. 냉장온도(0~10℃)에서 5일 정도 저장이 가능하다.

저온 장시간살균법 LTLT : low temperature long time method

고온 단시간살균법 HTST : high temperature short time method

초고온 순간살균법 UHT : ultra-high temperature method

표 14.2 살균법의 종류와 처리방법

살균법	처리방법
저온 장시간살균법(LTLT법)	우유를 63~65℃로 30분간 가열처리 하는 방법으로, 비용이 적게 들고 간편하나 보존성이 떨어진다.
고온 단시간살균법(HTST법)	우유를 72~75℃로 15~20초간 가열처리 하는 방법으로, 가장 보편적으로 사용되는 방법이다.
초고온 순간살균법(UHT법)	높은 온도에서 순간적으로 가열처리 하는 방법으로, 120~140℃로 2~3초간 가열 살균한다. 영양소 파괴와 화학적 변화를 최소화하고 살균효과를 극대화시킨 방법으로 국내에서 가장 널리 사용되며 완전멸균도 가능하다.

(2) 균질처리

모든 시판우유는 대개 살균처리한 후 균질처리한 것으로, 균질처리의 목적은 큰 지방구의 크림층 형성을 방지하여, 지방층 분리를 억제하고 색, 향미, 질감, 응고성을 향상시키며 소화흡수율을 높이는 데에 있다.

균질처리는 우유를 압력으로 세공관을 통과시켜 큰 지방구를 미세하게 쪼개는 것으로, 작게 쪼개진 지방구는 표면에 알부민이 흡착되며 지방구의 재결합이 방지되고 맛도 좋아질 뿐만 아니라 지방구가 세분되며 표면적이 커진다. 그러나 지방구의 표면적이 커지며 산화도 가속화되므로 우유가 산패되기 쉬운 단점이 있으나, 이는 균질처리 전 살균처리를 거치면 지방의 산패 원인이 되는 효소인 리파아제가 파괴되는 효과가 있어 산패를 방지할 수 있다.

(3) 강화처리

우유는 어린 동물의 성장발육을 위해 필요한 영양소가 충분히 들어 있는 영양가 높은 식품이다. 그러나 모유에 비해서 부족한 영양소가 있으므로, 이러한 부족한 영양소를 첨가하여 강화 처리함으로써 영양소를 강화하고 있다. 특히 유아용 조제분유에는 비타민의 강화가 필수적으로 주로 비타민 A와 D를 강화하고 있다.

3) 우유의 조리

(1) 가열처리에 대한 변화

1 단백질의 변화

우유단백질 중 카세인은 열에 응고되지 않기 때문에 보통의 조리온도에서는 변화가 없으나, 락토알부민과 락토글로불린은 약 66℃에서 응고하기 시작하여 온도가 상승함에 따라 응고상태가 증가하여 유연한 응고물을 형성하며 침전한다.

락토알부민 lactoalbumin

락토글로불린 lactoglobulin

2 색과 향미의 변화

우유는 고온에서 장시간 가열하면, 우유의 단백질과 유당에 의해 엷은 갈색으로 변하고 캐러멜화 되는데, 신선할 때에 비해 우유의 맛과 영양가가 저하된다.

아미노-카르보닐반응
amino-carbonyl reaction

메일라드반응
maillard reaction

캐러멜화
caramelization

갈색화(褐色化)는 우유를 120℃에서 5분 이상 가열하였을 때, 카세인의 아미노기와 유당의 카르보닐 사이에서 아미노-카르보닐반응에 의한 메일라드반응에 의한 것이며 유당의 캐러멜화에 의해서도 갈색과 특유의 향이 생성된다. 향미는 우유를 75℃ 이상으로 가열하면 나타나는 것으로 이것은 β-락토글로불린과 지방구의 막을 형성하고 있는 단백질의 열변성에 의해서 활성화한 SH기로부터 생성되는 것이다.

Q_ 동물의 간은 왜 우유에 재워 밑손질하는 것일까?

A_ 우유 속 카세인은 작은 알갱이가 모인 것으로 많은 틈을 가지고 있는데, 이러한 틈 사이 사이에 수분을 함유하고 있어 보수성이 높다. 유지방 또한 알갱이가 모여 생긴 것으로, 이러한 알갱이들은 다른 분자를 끌어 모아 흡착하는 성질을 가지고 있기 때문에 비린내나 누린내와 같이 냄새 나는 성분을 흡착하여 제거하는 효과가 있다.

3 피막 형성

인산칼슘
calcium phosphate

우유를 40℃ 이상의 온도로 가열하면 표면에 얇은 피막이 생기게 되는데, 이는 온도에 증가로 표면장력이 감소하여 단백질이 응고하는 현상으로 지방과 유당, 무기질이 흡착된 것이다. 피막은 수분증발을 막아 우유를 끓어 넘치게 하는 특징이 있다. 피막을 제거하면 우유의 영양상 손실이 올 수 있어 피막이 형성되지 않도록 뚜껑을 덮고 조리하거나 가열 시 우유를 저어주는 것이 좋다. 또한 가열 시 유즙 내에 분산되어 있던 인산칼슘이 알부민과 같이 응고되어 침전물이 생기거나 표면에 피막을 형성하는 원인물질이 된다.

Q_ 우유를 끓어 넘치지 않게 하려면?

A_ 우유를 끓이면 온도가 올라가 표면장력이 작아지면 수증기 거품이 생기기 쉽다. 이 거품에 단백질이 붙으면 거품이 단단해진다. 거품이 생겼을 때 저어주면서 가라앉혀 끓어 넘치지 않도록 해야 한다.

(2) 응고에 변화

1 산에 의한 응고

신선한 우유의 pH는 약 6.6으로, 우유 중 가장 많이 존재하는 단백질인 카세인은 등전점이 pH 4.6으로 우유에 산을 첨가하여 등전점에 가깝게 하면 응고되며 침전하는데, 이러한 성질을 치즈의 제조에 이용하고 있다. 그러므로 토마토, 레몬 등 산을 함유한 식품과 우유를 함께 조리할 때 우유의 응고가 촉진될 수 있다.

2 레닌에 의한 응고

카세인은 효소 레닌의 첨가에 의해서도 응고되는데, 이러한 성질을 이용하여 치즈 등의 유제품을 만든다. 레닌의 활성온도는 40℃로 낮은 온도에서는 반응이 서서히 일어나 응고물이 부드럽고 높은 온도에서는 단단한 응고물을 형성한다. 레닌의 활성 산도는 약한 산성으로 우유에 응고물이 생길 정도의 산도나 알칼리에서는 작용하지 못한다. 치즈의 제조 시 레닌의 작용에 의해 침전되는 경우, 칼슘이 유청으로 분리되지 않고 카세인에 붙어 있게 되므로, 산 침전에 의해서 만든 치즈보다 단단하고 질기며 칼슘의 우수한 급원이 될 수 있다. 유산을 첨가하여 우유의 산도를 약산성으로 맞춰 레닌의 작용을 촉진해 주는 것이 효과적이다.

3 페놀화합물에 의한 응고

채소나 과일에는 페놀화합물에 속하는 탄닌류가 함유되어 있는데, 이 화합물도 카세인을 응고시키므로 채소에 우유나 크림을 넣어 조리할 때 응고물이 생긴다.

탄닌
tannin

Q_ 딸기, 토마토에 우유를 넣으면 굳는 이유는?

A_ 이것은 우유에 단백질인 카세인이 과일이나 채소에 함유된 구연산, 유기산, 사과산 등에 의해 굳기 때문이다. 복숭아, 사과, 레몬, 파인애플, 포도에도 유기산이 많이 함유되어 있기 때문에 우유를 섞으면 굳는다. 산미가 강한 토마토로 수프를 만들 때에는 한꺼번에 너무 많은 양을 넣으면 굳어지며 질감이 나빠진다. 그래서 굳어질 수 있기 때문에 토마토를 미리 삶아 유기산 일부를 제거하고 조금씩 넣어가면서 가열시간을 짧게 하는 것이 좋다.

④ 염류에 의한 응고

우유는 염류에 의해서도 응고될 수 있는데, 우유를 조리할 때 소금을 첨가하거나 햄과 같이 염분이 높은 식품을 우유와 같이 가열할 때도 응고하게 된다.

Q_ 우유를 오래 방치하면 굳어버리는 이유는?

A_ 우유를 오래두면 우유에 번식이 쉬운 유산균이 증식하게 되고, 유산균이 우유에 함유된 유당을 이용하여 유산을 생성하는 유산발효가 이루어지며, 산에 의해 응고되고 수분인 유청과 분리되는 현상이 발생하게 된다.

02 유제품

1) 가공우유

(1) 탈지우유 및 저지방우유

탈지우유는 원심분리법으로 유지를 우유에서 분리하여 제거한 우유로, 보통 지방이 0.5% 정도 함유되어 있다. 저지방우유는 우유의 지방을 부분적으로 탈지하여 지방함량이 0.5~1.0% 되도록 한 것으로, 지방과 함께 비타민이 손실되므로 비타민 A, D, E를 강화시킨 우유가 시판되고 있다.

(2) 연유

무당연유 evaporated milk

가당연유 sweetened condensed milk

연유는 우유의 성분 중 수분을 증발시킨 것으로, 무당연유와 설탕을 첨가한 가당연유가 있다. 무당연유는 우유의 수분을 50~60% 증발시킨 것으로, 보존성이 낮기 때문에 관에 넣고 밀봉한 다음 가열 살균하는데, 이때 영양소가 파괴되므로 비타민 D를 강화한다. 연유의 색이 황갈색인 것은 우유 속 단백질과 당이 가열 시 반응했기 때문이며, 가당연유는 설탕이 40~45% 정도 포함된 것으로 저장성과 칼로리가 높고 제과 · 제빵에 주로 이용된다.

(3) 분유

분유는 시유를 농축 건조시켜 분말로 만든 것으로, 분무식 건조방법으로 제조하기 때문에 비타민 C 손실 외에 영양가는 변화가 없다. 유지방의 유무에 따라 전지분유와 탈지분유로 나누며, 전지분유는 유지방의 존재로 인해 공기 중에 쉽게 산화되어 제빵이나 수프에 이용되며, 탈지분유는 다양한 가공식품에 이용되고 있다. 조제분유는 우유 성분 중 부족분을 강화하여 모유와 비슷한 성분으로 조제한 분유이다.

전지분유
whole milk powder

탈지분유
powdered skim milk

(4) 발효유

농축된 탈지유에 저온살균과 설탕, 유산균을 첨가하여 배양해서 만든 음료로 요구르트, 유산균 우유, 버터크림이 있다. 요구르트는 살균 처리한 탈지유 또는 부분적인 탈지유에 유산균을 첨가 배양하여 제조한 음료로 여러 가지 과일 맛, 향료, 당도를 첨가하기도 한다. 유산균 우유는 우유에 락토바실러스 아시도필루스균을 배양한 것으로 소화관 내에서 부패균을 억제하는 효과가 있다. 버터밀크는 버터 제조를 위해 크림층을 걷어낸 후 남은 탈지유에 스트렙토코커스 락티스 등을 사용하여 만든 것으로 유지방을 포함하지 않으며 제과·제빵 등에 이용된다.

락토바실러스 아시도필루스
Lactobacillus acidophilus

스트렙토코커스 락티스
Streptococcus lactis

(5) 크림

균질화되지 않은 우유 속 지방은 지방구끼리 서로 운집하려는 경향이 있어 방치하거나, 원심분리하면 많은 부분이 위로 뜨는데 이것이 크림이다. 그러나 지방구의 크기를 미세하게 한 균질우유나 원래 작은 지방구인 양젖은 크림층을 형성하지 않는다. 크림은 지방보다는 수분이 많으며, 수중유적형의 유화식품이다.

크림은 유지방 함량에 따라 커피에 풍미를 부드럽게 하는 커피크림(18~20%), 거품이 형성되며 케이크나 디저트에 이용되는 휘핑크림(약 40%)으로 나눌 수 있다.

Q_ 생크림에 거품이 생기는 이유는?

A_ 생크림은 우유에서 지방이 많은 부분을 추출한 것이다. 이 유지방은 세포막으로 쌓여 둥근 모양이다. 생크림은 수분 안에 알갱이가 많이 함유되어 있는 상태로 생크림을 휘저으면 이 알갱이 사이에 공기가 주입되어 거품이 생긴다. 온도가 높거나 휘젓는 힘이 너무 세면 세포막이 찢어져 수분인 유청이 분리되기 때문에 온도를 낮게 하는 것이 좋으며, 설탕은 거품 나는 것을 억제하는 작용을 하기 때문에 처음부터 첨가하지 않고 거품이 생긴 후 첨가하여야 거품이 잘 인다.

(6) 버터

버터는 크림을 교반함으로써 얻어진 지방을 굳힌 유중수적형 유가공 식품으로 소금첨가 유 · 무에 따라 가염버터와 무염버터로 나눈다. 버터는 흡착성이 강하므로 냉장고에 보관 시 반드시 밀봉하는 것이 좋다.

(7) 아이스크림

아이스크림은 원유와 크림, 우유고형물, 향료 등 주원료로 공기와 섞어 얼린 냉동유 가공품이다. 국제낙농국제규격(IDF)에 의하면, 유지방 8% 이상인 것은 아이스크림, 유지방 3% 이상의 것은 밀크아이스라 부르며, 한국에서는 유지방 6%인 것은 아이스크림으로 유지방 2% 이상을 아이스밀크로 규정하고 있다.

(8) 치즈

치즈는 유산균이나 레닌을 이용해 우유를 응고시킨 식품으로, 자연 치즈와 가공 치즈로 나눌 수 있다. 가공 치즈는 발효를 멈추는 것이고, 자연 치즈는 계속 발효되는 치즈로 자연 치즈는 시간이 지남에 따라 다양한 맛을 즐길 수 있다. 치즈는 전채부터 후식까지 다양하게 이용된다.

Q_ 치즈란?

A_ • 치즈의 제조 : 치즈 제조의 원칙적인 과정은 우유에 응고제로 효소나 산을 첨가하여 카세인을 응고 침전시킨 후, 응고물을 유청에서 분리한 다음 숙성을 위하여 미생물을 첨가한다. 아래 그림은 치즈의 제조과정이다.

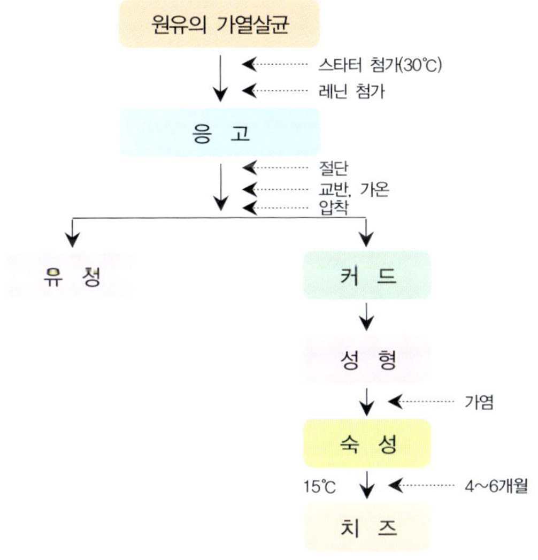

• 치즈의 종류 : 치즈의 품종을 좌우하는 결정적인 요소는 어느 동물의 유즙인가 하는 것과 유즙이 탈지유, 전유 또는 크림상태인가 하는 것이다. 치즈는 수분함량에 따라 초경질(30% 미만), 경질(30~40%), 반경질(40~50%), 연질치즈(50~80%) 등으로 분류하고 있다.

구 분	수분함량(%)	종 류
초경질치즈	30~35	파마산
경질치즈	30~40	에멘탈, 에담, 고다, 체다
반경질치즈	40~50	블루, 브릭
연질치즈	50~75	브리, 카망베르, 코티지, 그림, 모차렐라

• 치즈의 보존 : 연질형 및 비숙성 치즈는 냉장고에 저장하여야 하며 숙성기간이 짧다. 보는 치즈는 건조를 막기 위해 잘 포장하여 차고 건조한 곳에 보관하는 것이다. 저장 보관하는 기간에 여러 가지 미생물, 곰팡이가 번식할 수도 있으나, 이럴 때는 그 부분만 제거하여 식용으로 할 수 있다.

【실험】 우유 종류에 따른 푸딩의 특성 비교

실험재료

일반우유 ½C
저지방 ½C
탈지우유 ½C
전분 3Ts
설탕 ½C
코코아 1Ts
바닐라향 약간

실험기구

찜통
푸딩틀

1 실험 목적

우유의 조리특성을 알아보기 위하여 우유의 종류를 달리하여 푸딩을 만들어 비교 관찰한다.

2 실험 방법

- 시료A : 일반우유 ½C + 전분 1Ts + 설탕 1.5ts + 코코아 1ts + 바닐라향 약간
- 시료B : 저지방우유 ½C + 전분 1Ts + 설탕 1.5ts + 코코아 1ts + 바닐라향 약간
- 시료C : 탈지우유 ½C + 전분 1Ts + 설탕 1.5ts + 코코아 1ts + 바닐라향 약간

재료 준비
↓
재료 배합
↙ ↓ ↘
A재료 | B재료 | C재료
↓ ↓ ↓
혼합 | 혼합 | 혼합
↘ ↓ ↙
중탕 — 뚜껑을 덮고 중탕으로 가열, 가끔씩 교반하며 10분
↓
푸딩틀에 붓기
↓ — 냉각 후 바닐라향 첨가
푸딩틀에 굳히기
↓
평가 — 겉모양, 색, 질감, 점도, 맛

3 실험 결과

재 료	겉모양	색	질 감	점 도	맛
일반우유(A)					
저지방우유(B)					
탈지우유(C)					

단원정리

1 우유의 구성성분

- 단백질 : 카세인과 유청단백질로 나누어진다. 카세인은 열에 안정하여 열에 응고되지 않고 산이나 효소(레닌), 페놀화합물, 염에 의해 응고된다.
- 유청단백질 : 산과 효소(레닌)에 의해서는 응고되지 않고, 65℃ 이상의 가열에 의해 응고되기 때문에, 우유를 가열시 피막을 형성하고 냄비의 밑바닥에 침전물이 생긴다.
- 지방 : 대부분 중성지방으로, 주요 지방산은 탄소수가 적은 포화지방산으로 뷰티르산과 카프로산이 포함되는데, 지방산 외에 유지에는 콜레스테롤, 인지질인 레시틴, 세팔린이 있다.
- 유당 : 다른 당에 비해 물에 녹는 용해도가 낮아 다량으로 존재할 때 결정화되기 쉽기 때문에, 유당의 농도가 높은 탈지분유를 아이스크림에 넣으면 깔깔한 질감이 나타나며, 분유를 저장 시 결정화되고 덩어리가 생기는 현상이 나타난다.
- 색 : 카세인과 인산칼슘이 콜로이드용액으로 분산된 것이 광선에 반사되어 형성된 색이다.

2 우유의 처리과정

- 저온 장시간살균법(LTLT법) : 63～65℃로 30분간 가열처리 하는 방법이다.
- 고온 단시간살균법(HTST법) : 72～75℃로 15～20초간 가열처리 하는 방법이다.
- 초고온 순간살균법(UHT법) : 120～140℃로 2～3초간 가열 살균하는 방법이다.

3 우유의 조리

(1) 우유의 가열처리에 대한 변화

- 단백질 : 카세인은 열에 응고되지 않기 때문에 보통의 조리온도에서는 변화가 없으나, 락토알부민과 락토글로불린은 약 66℃에서 응고하기 시작하여 온도가 상승함에 따라 응고상태가 증가하여 유연한 응고물을 형성하며 침전한다.
- 색과 향미 : 우유의 단백질과 유당에 의해 엷은 갈색으로 변하고 캐러멜화 되는데, 신선할 때에 비해 우유에 맛과 영양가가 저하된다.
- 피막 : 40℃ 이상의 온도로 가열하면 표면에 얇은 피막이 생기게 되는데, 이는 온도의 증가로 표면장력이 감소하여 단백질이 응고하는 현상으로 지방과 유당, 무기질이 흡착된다.

(2) 응고의 변화

- 산 : 등전점이 pH 4.6으로 우유에 산을 첨가하여 등전점에 가깝게 하면 응고되며 침전하는데, 이러한 성질을 치즈의 제조에 이용된다.
- 레닌 : 카세인은 효소레닌의 첨가에 의해서도 응고되는데, 이러한 성질을 이용하여 치즈 등의 유제품을 만든다.
- 페놀화합물 : 탄닌류가 함유되어 있는데, 이 화합물도 카세인을 응고시키므로 채소에 우유나 크림을 넣어 조리할 때 응고물이 생긴다.
- 염류 : 우유를 조리할 때 소금을 첨가하거나 햄과 같이 염분이 높은 식품을 우유와 같이 가열할 때도 응고된다.

4 우유의 유제품

- 유제품으로 가공우유, 연유, 분유, 크림, 버터, 치즈 등이 있다.

단원종합문제

1 우유의 단백질 구성성분인 카세인과 원인별 응고원리에 대해 설명하시오.

2 우유의 유청단백질에 대해 설명하시오.

3 유당분해효소인 락테이즈가 부족하여, 유당이 분해되지 못하고 장내에 세균에 의해 일부 분해되어 가스가 나오거나 설사를 하는 현상은?

4 우유의 살균법 종류와 처리방법에 대해 설명하시오.

5 우유를 가열처리 시 단백질, 색과 향미, 피막 형성에 대해 자세히 설명하시오.

6 딸기, 토마토에 우유를 넣으면 굳는 이유를 설명하시오.

7 우유의 색과 향미 성분에 대해 자세히 설명하시오.

8 우유의 레닌에 의한 응고에 대해 설명하시오.

9 균질화 되지 않은 우유 속 지방은 지방구끼리 서로 운집하려는 경향이 있어, 방치하거나 원심분리하면 많은 부분이 위로 뜨는데, 이것은 어떠한 유제품인가?

10 치즈의 제조하는 방법과 종류에 대해 설명하시오.

15

CHAPTER 15

15 조미료 및 향신료

01 조미료

조미료는 식품에 단맛, 짠맛, 신맛, 감칠맛, 매운맛 등을 더하거나 원래의 맛을 두드러지게 하고 식품의 맛과 어울려 새로운 맛을 내는 목적으로 사용된다. 조미를 할 때에는 분자량이 큰 설탕을 제일 먼저 넣은 다음 소금, 그 후 휘발성이 있는 식초, 간장, 된장 등의 순으로 넣어야 침투가 잘 되어 양념이 잘 스며든다.

1) 소금

소금의 주성분은 염화나트륨(NaCl)이고, 그 밖에 염화칼륨, 염화마그네슘, 황산칼슘 등이 불순물로 들어 있다. 이 불순물을 제거하는 정도에 따라 호렴, 재제염, 정제염 등으로 나누어진다. 이외에 미생물의 작용을 억제하는 방부작용, 배추절임에서의

표 15.1 소금의 종류

종 류	특 징
호렴(굵은소금, 천일염)	• 정제되지 않은 소금으로 염화나트륨이 80% 정도 함유한다. 입자가 굵고 불순물이 있어 색이 검고 간수를 뺀 것이 좋다. • 배추나 무 등 김치를 담글 재료를 절일 때, 어패류로 젓갈을 담을 때, 된장, 고추장, 간장을 담글 때 호렴으로 한다.
재제염(고운소금, 꽃소금)	• 호렴을 정제하여 만든 것으로 염화나트륨이 90% 정도 함유한다. 색이 희고 결정이 고운 소금으로 대부분의 조리에 간을 하기 위해 사용한다.
정제염(식탁염)	• 염화나트륨이 95% 이상인 소금으로 음식에 간을 맞추는데 사용한다.
가공소금	• 소금에 식품, 첨가물을 넣어 가공한 것이다. 죽염, 구운 소금, 맛소금이 있다.

탈수작용, 녹색채소 등을 데칠 때에 색을 보존하는 역할을 한다. 염도별로 음식을 조리 시 적당한 농도는 국은 1%, 생선의 비린내를 없애기 위해서는 1~2%, 조림하는 경우 2~5% 정도가 적당하다.

Q_ 소금의 역할?

A_
- 단백질의 열 응고 : 고기 또는 생선의 재료 무게에 2~3% 소금을 가해 구우면 표면이 굳어 식품의 맛 성분 유출을 줄일 수 있고, 살을 단단하게 해주며 냄새를 제거할 수 있다. 달걀을 삶을 때 소금을 넣으면 껍질에 금이 가도 응고되면서 흰자에 유출을 줄일 수 있다.
- 방부작용 : 젓갈류나 절인생선에서 미생물 발육을 억제시켜 방부작용을 하여 장기간 보관이 가능하다.
- 탈수작용 : 채소에 소금을 넣어 절이면 탈수작용에 의해 수분이 제거되며, 미생물의 발육이 억제된다,
- 효소작용 억제 : 채소나 과일을 소금물에 담그면 효소적 갈변이 억제된다.
- 색소유지 : 녹황색채소를 데칠 때 1~2% 소금물에 데치면 녹색이 유지된다.
- 밀가루 탄성 증가 : 면류, 식빵 등에 첨가되는 소금은 밀가루를 찰지게 하여 탄성을 증가시킨다.
- 점성 증가 : 다진 고기나 생선에 소금을 넣으면 점성을 증가시킨다.
- 단맛 상승 : 단맛이 강한 음식에 약간의 소금을 넣으면 단맛이 증가한다.(맛의 대비효과)
- 어는점을 내림 : 얼음에 소금을 뿌리면 어는점이 낮아져 더 단단한 얼음이 된다.

2) 식초

양조식초 brewed vinegar

합성식초 synthetic vinegar

식초는 신맛을 내는 것으로, 여름에는 시원한 맛을 낸다. 식초의 종류는 곡류, 과실주류로 만든 양조식초와 빙초산, 초산을 물로 희석하여 만든 합성식초 두 종류가 있다. 맛은 자연식초가 좋으나 값이 비싸고, 종류가 많지 않다.

빙초산을 사용할 때는 3~5%의 농도가 되게 물을 타서 사용한다. 식초는 비타민 A, C, D를 파괴시키므로 이런 영양소가 많은 것은 되도록 피하는 것이 좋다. 미림은 찐 찹쌀에 소주, 누룩을 넣어 발효시킨 양조 조미료이다.

Q_ 식초의 역할?

A_
- 단백질 열 응고 : 달걀을 삶을 때 식초를 넣으면 깨져도 단백질이 응고되어 흰자의 유출이 감소된다.
- 효소반응 억제 : 껍질을 벗긴 과일을 식촛물에 담그면 효소갈변이 억제된다.
- 색소의 변화 : 양배추, 생강 등 안토시아닌 색소에 식초를 넣으면 산성화되어 붉은 색이 된다. 연근, 무, 양파에 식초를 넣으면 안토잔틴 색소에 의해 하얗게 된다. 녹색채소에 식초를 넣으면 클로로필이 페오피틴으로 황변시키는 성질이 있어 엽록소가 누렇게 된다. 녹색채소는 먹기 직전에 식초를 넣어야 한다.
- 생선의 비린내 제거 : 생선을 식초에 희석한 물에 씻으면 비린내가 제거되고 단백질이 응고되어 생선살이 단단하다.
- 살균 및 방부작용 : 초밥, 장아찌, 피클 등에서 미생물의 발육을 억제한다.
- 탈수 및 연화 : 초절이 시 탈수작용 및 생선뼈를 부드럽게 한다.

3) 설탕

설탕은 단맛을 내며 물에 용해되고 섭취 후 흡수되어 에너지대사에 이용되며, 장내 소화효소 자당에 의해 포도당과 과당으로 분해되어 흡수된다.

자당 sucrose

Q_ 설탕의 역할?

A_
- 연화작용 : 육류에 설탕을 넣으면 색깔의 변색 및 맛의 상승효과로 인해 고기의 냄새도 없애주고 연화시키는 작용도 한다.
- 캐러멜화 및 메일라드반응 : 갈변반응을 일으켜 캐러멜 향과 음식의 색을 갈색으로 변하게 하면서 구수한 맛을 낸다.
- 겔화반응 : 신맛이 나는 과일에 설탕과 펙틴을 넣으면 겔화되어 잼을 만든다.
- 노화방지 : 전분에 노화를 지연시키고, 빵에 이스트작용을 상승시킨다.
- 갈변방지 : 껍질을 벗긴 과일을 설탕물에 넣으면 갈변을 방지한다.
- 단백질 열 응고 억제 : 푸딩을 만들 때 설탕을 넣은 다음 우유를 넣으면, 우유가 바로 응고되지 않고 부드럽게 응고된다.
- 부패작용 : 물을 끌어당기는 힘이 있어 과일, 설탕절임에 설탕을 많이 넣으면 부패균이 이용할 수 있는 물이 줄어든다. 잼, 양금, 절임에 이용된다.

사탕수수나 사탕무에서 액을 채취하여 농축, 원심 분리하여 결정체의 원당을 만든 후 정제하여 만든 것이다. 정제 정도에 따라 백설탕, 황설탕, 흑설탕이 있다. 가공 정도에 따라 각설탕, 가루설탕, 얼음설탕 등이 있다.

4) 간장

우리가 사용하는 간장은 간을 맞추는 것 이외에 특별한 감칠맛, 색, 향미가 있다. 간장의 성분은 단백질 물질인 아미노산과 당이 있고 유기산이 들어 있어 향미를 준다. 간장에 여러 가지 조미료를 넣으면 양념간장이 되며, 식품의 재료, 목적에 따라 여러 가지 형태로 만들 수 있다. 간장은 모든 조리법에 이용된다.

5) 된장

재래된장은 재래간장을 거르고 남은 건더기를 발효시킨 것이고, 개량된장은 콩, 밀, 보리 등의 전분질을 섞은 후 종국을 넣고 발효시킨 것이다. 된장은 단백질의 구수한 맛으로 인하여 10~15% 소금을 함유하고 있으나 덜 짜게 느껴진다. 재래된장은 오래 끓일수록 맛있으나, 개량된장은 오래 끓이면 방향 성분이 분해되어 맛이 없어지므로 잠깐 끓이는 것이 좋다. 육류, 어패류에 나쁜 냄새를 잡아준다.

6) 고추장

고추장은 곡류에 엿기름과 고춧가루, 소금 등을 넣어 발효, 숙성시킨 것이다. 매운 맛과 콜로이드성 흡착력에 의해 생선의 비린내 제거에도 효과적이다. 조리용도에 따라 식초를 넣어 만든 초고추장, 다진고기를 넣어 볶는 약고추장이 있다.

콜로이드 colloid

7) 화학조미료

글루타민산 glutamic acid

MSG monosodium glutamate

(1) MSG

다시마 맛 성분인 글루타민산의 나트륨염인 MSG는 맛을 현저하게 증가시키고 뛰어난 감칠맛이 있기 때문에 조미료로 널리 사용한다.

(2) 핵산조미료

말린 버섯이 가지고 있는 감칠맛인 GMP와, 주로 육류와 어류에 들어 있는 구수한 맛 IMP가 있으며, 조미료와 함께 사용하면 상승작용이 일어난다.

(3) 복합조미료

MSG에 핵산조미료를 혼합하여 적은 양으로도 감칠맛이 난다.

(4) 사카린

설탕이 부족했을 때 인공감미료가 많이 사용되었고, 현재에도 식품가공업에서는 설탕류와 함께 널리 이용되고 있다. 또 설탕의 섭취를 제한하는 당뇨병 및 신장병 환자의 식사에 조미료로서 사용되고 있다. 사카린은 인체 내에서 분해되지 않고 그대로 배설되기 때문에, 다량 섭취하면 소화효소의 방해, 신장장애 등이 일어난다고 한다.

사카린
saccharin

02 향신료

독특한 맛과 향이 있어 적은 양을 넣어 음식에 맛과 향을 향상시키는 것이 향신료이다. 서양에서는 스파이스와 허브로 구분하는데, 스파이스는 주로 양념을 목적으로 선소된 식물로서 허브에 비해 맛과 향이 강하다. 허브는 푸른 풀을 의미하며, 식물에 잎, 꽃봉오리를 그대로 사용하기도 한다.

스파이스
spice

허브
herb

1) 후추

후추
Black pepper

차비신
chavicine

후추는 오래도록 쓰여 온 대표적인 향신료로서, 차비신이라는 매운맛 성분이 생선

의 비린내, 육류의 누린내를 없애는 데에 사용된다. 일반적으로 검은 후추는 덜 익은 열매로 만들며 미국에서 많이 사용한다. 더 맵고 톡 쏘는 맛이 강한데, 육류에 누린내 제거에 이용된다. 흰 후추는 완전히 익은 열매의 껍질을 벗겨 만들고, 매운맛이 부드럽고 약해 흰살 생선요리에 이용된다. 가루로 만들어진 후추보다 통후추를 갈아 사용하면 향이 강할 뿐 아니라 매운맛도 더하다. 통후추는 육수, 탕, 배숙에 사용된다.

2) 생강

생강 Ginger
진저론 zingerone
쇼가올 shogaol
진저롤 gingerol

생강은 매운맛과 고유의 향을 갖고 있으며, 성분은 진저론과 쇼가올, 진저롤이다. 많이 먹으면 해로우나 적당한 양을 먹으면 식욕을 돕는다. 향신료로 음식에 넣기도 하지만, 그 향기와 맛을 이용해 차(茶)와 약제로 사용하기도 한다. 흔히 생선 비린내, 고기 누린내 등을 제거하기 위해 다져서 사용한다. 고기나 생선을 조리할 때 넣는 경우 생선이나 고기 중의 단백질이 생강의 탈취력을 약하게 하므로, 조리 시 일단 가열하여 단백질이 응고한 후에 생강을 넣는 것이 좋으며, 갈아서 생강즙을 사용하기도 하기도 한다.

3) 겨자

겨자 Mustard
시니그린 sinigrin
시날빈 sinalbin
티오글루코사이드 thioglucoside
미로시나아제 myrosinase
이소티오시아네이트 isothiocyanate

겨자는 말려 갈아서 가루로 사용하며, 강하게 톡 쏘는 매운 맛이 식욕을 자극한다. 흑겨자에는 시니그린, 백겨자에는 시날빈, 티오글루코사이드가 함유되어 있다. 겨자의 배당체는 그 자체로는 향미가 없지만 물을 첨가하여 일정한 온도에서 보관하면 미로시나아제의 작용으로 이소티오시아네이트가 생성된다. 매운맛이 형성된 겨자에 소금, 식초, 설탕을 넣어 소스, 페이스트 형태로 이용할 수 있다.

4) 마늘

마늘은 알리신이라는 물질이 강한 향과 자극성 냄새로 고기의 누린내, 생선의 비린내를 제거해 준다. 논 마늘은 주로 장아찌용으로, 밭 마늘은 저장용 양념으로 사용되며 육쪽마늘이 가장 좋다.

마늘
Garlic

알리신
allicin

5) 고추

고추는 매운맛을 주는 조미료이다. 붉게 익은 고추를 건조시켜서 갈아 만든 고추는 캡사이신 성분으로 음식에 매운맛을 주고 캡산틴은 붉은색을 부여한다. 고춧가루는 입자의 크기에 따라 용도가 다르다. 굵은 고춧가루는 김치를 담글 때, 고운 고춧가루는 생채, 젓갈, 고추장 제조 등에 이용된다.

고추
Hot pepper

캡사이신
capsaicin

캡산틴
capsanthin

6) 참깨

참깨는 고소한 맛이 나도록 통통 볶아서 통깨로 사용하거나, 깨소금을 만들어 고소한 맛과 풍미를 향상시키는 데에 사용한다. 육류, 어류, 채소류, 그밖에 대부분의 음식을 조리할 때 항상 사용하는 조미료이다.

참깨
Sesame

7) 고추냉이

뿌리를 갈아서 생선요리에 많이 사용하고 있는 고추냉이(와사비)는 톡 쏘는 맛과 매운맛을 가지고 있다. 순간적인 매운맛이라고 할 수 있으며, 말려서 가루로 된 것은 물에 섞어 사용하고, 신선한 뿌리는 강판에 갈아서 사용한다.

고추냉이
Wasabi

산초
Chinese pepper

8) 산초

산초나무 열매의 과피로 천초, 참초라고도 한다. 자극성이 있어 생선의 비린내와 고기의 누린내를 줄인다.

계피
Cinnamon

9) 계피

계피의 품질은 두께가 얇고 향기가 좋은 것을 상품으로 여기는데, 그대로 또는 가루로 사용한다. 단맛과 매운맛을 준다. 계핏가루는 페스트리, 빵, 푸딩, 캔디 등에 사용하고, 통계피는 과일조림, 피클, 수프, 수정과 등에 사용된다.

사프란
Saffron

10) 사프란

사프란은 열매가 아니라 꽃의 일종으로 아시아가 원산지이다. 식물의 암술을 말린 것으로 색깔을 내기 위해 많이 사용한다. 선홍색이지만 물에 넣을 경우 밝고 투명한 노란색으로 바뀌며, 소량을 사용해도 진한 빛깔과 독특한 향을 낼 수 있어서 소스, 수프, 생선, 이탈리아요리, 스페인요리에 많이 사용된다.

로즈마리
Rosemary

11) 로즈마리

로즈마리는 상쾌하고 시원한 향이 나는 허브이다. 잎을 그대로 쓰거나 말려서, 또는 말린 것을 갈아 사용하고, 말린 것은 대부분 육류요리에서 향을 내기 위해 사용하며, 특히 양고기와 돼지고기를 굽거나 졸이는데 많이 쓰인다.

12) 월계수 잎

월계수 잎은 일반적으로 말려서 사용하는데, 원래는 진녹색이었다가 말리면 연한 올리브의 녹색으로 변한다. 원산지는 지중해 연안이고, 특히 이탈리아에서 많이 생산된다. 월계수 잎은 양고기의 냄새를 없앨 때, 스튜나 수프, 소스 등에 다양하게 쓰인다.

월계수 잎
Bay leaf

13) 파슬리

파슬리는 지중해가 원산지이고 잎은 샐러드로 쓰고 다져서 즙을 내어 소스나 드레싱에 쓰기도 한다. 말려서 사용하는데 향미 성분은 없다. 비타민 A와 C, 철분, 칼슘이 들어있다. 채소, 수프, 소스 가니쉬 등에 이용한다.

파슬리
Parsley

14) 민트

민트는 허브의 한 종류로서, 그 종류도 다양해서 매운 맛을 내는 페퍼민트, 향을 내는 애플민트, 캣민트, 스페어민트 등이 있고, 모양도 조금씩 다르다. 껌이나 알코올음료, 캔디, 페스트리 그리고 육류, 야채, 수프, 소스 등에 널리 쓰인다.

민트
Mint
페퍼민트
peppermint
애플민트
applemint
캣민트
catmint
스페어민트
spearmint

15) 타임

타임은 전통적인 지중해 허브의 일종이다. 자극적인 향으로 잎이나 꽃순을 말려서 사용한다. 주로 가금류 및 생선요리, 로스트, 소스, 수프 등에 사용한다. 오래 끓일수록 맛이 우러나오므로 처음부터 넣고 끓이는 것이 좋다.

타임
Thyme

강황
Turmeric

16) 강황

생강과 식물의 뿌리로 노란색을 띠며 쓴맛이 있다. 커리가 노란색을 띠는 것은 터메릭(강황) 때문이고, 그 함량에 따라서 차이가 난다. 즉 강황의 양이 적을수록 노란색이 약해진다.

바질
Basil

17) 바질

박하과에 속하는 바질은 자극적인 맛이 약하고 상큼한 향을 낸다. 이탈리아 음식에 맛을 내는데 많이 사용한다. 토마토요리, 바질오일, 페스토 등에 이용한다.

정향
Clove

18) 정향

정향은 선홍색 꽃봉오리를 말려서 흑갈색을 띠며, 강한 향과 얼얼한 맛이 있다. 중국요리에 이용되는 향신료이다.

파프리카
Paprika

19) 파프리카

파프리카는 고추의 일종으로 매운맛이 없고, 말려서 가루로 색을 내주기 위해 이용하기도 한다. 맛이 좋고 열량이 낮아 다이어트에 효과적이며, 피부개선, 항산화효과 등을 내는 파프리카의 비타민 C 함량은 시금치와 토마토의 5배 수준이다. 파프리카는 비타민 A, B_1, B_2, C, D, P 등이 풍부하며 그 효능이 다양하고 조류, 어패류, 육류, 채소류, 샐러드에 널리 이용된다.

20) 넛멕

육두나무 열매의 종피를 제거한 후 건조시킨 것으로, 쓴맛과 특이한 향이 있다. 우리나라에서는 육두구라고 한다. 말려서 건위제, 강장제 등으로도 쓰인다. 조리에서는 생선요리, 소스, 피클, 케첩 등에 많이 이용된다.

넛멕
Nutmeg

Q_ 허브를 사용하는 방법은?

A_

	부드러운 허브	질긴 허브
특징	• 맛이 빨리 스며든다. 재료준비 과정에서 잎이 손상되거나 상처가 나지 않도록 주의해야 한다.	• 잎이 질겨 맛이 천천히 나온다. 다양한 활용이 가능하다.
종류	• 바질, 차이브, 민트, 딜, 파슬리	• 월계수, 로즈마리, 세이지, 타임
방법	• 허브가 갈변되는 것을 막으려면 찌거나 데쳐내면 갈변효소가 파괴된다. • 잎을 잘라 기름을 부으면 갈변반응이 일어나는 것을 막을 수 있다.	• 질긴 허브는 통째로 스튜, 탕에 천천히 만드는 요리에 넣어 같이 끓이거나 먹기 직전에 건져낸다. • 잎을 잘게 잘라서 기름과 같이 우려내면 빠른 시간에 맛이 우러난다.

【실험】 간장 종류에 따른 염도 및 당도 비교(진간장, 양조간장, 국간장)

실험재료

진간장 ½컵
양조간장 ½컵
국간장 ½컵

실험기구

저울
염도계
당도계

1 실험 목적

제조방법과 재료에 따른 간장의 차이를 비교하고 단맛과 짠맛의 상관관계를 이해할 수 있다.

2 실험 방법

- 시료A : 진간장
- 시료B : 양조간장
- 시료C : 국간장

재료준비	1인당 A, B, C 시료 3가지 제공
↓	
측정	염도계, 당도계 이용
↓	
평가	염도, 당도, 짠맛, 전체적인 기호도

3 실험 결과

시 료	염 도	당 도	짠 맛	전체적인 기호도
진간장				
양조간장				
국간장				

단원정리

1 조미료 : 식품에 단맛, 짠맛, 신맛, 감칠맛, 매운맛 등을 더하거나 원래의 맛을 두드러지게 하고 식품의 맛과 어울려 새로운 맛을 내는 목적이다.

- 소금 : 염화나트륨(NaCl)이고, 그 밖에 염화칼륨, 염화마그네슘, 황산칼슘 등이 불순물로 들어 있다. 역할은 단백질의 열 응고, 방부작용, 탈수작용, 효소작용 억제, 색소유지, 점성증가, 단맛상승이 있다.
- 식초 : 신맛을 내는 것으로, 식초의 종류는 곡류, 과실주류로 만든 양조식초와 빙초산, 초산을 물로 희석하여 만든 합성식초 두 종류가 있다. 역할은 단백질에 열 응고, 효소반응 억제, 색소의 변화, 생선비린내 제거, 살균 방부작용을 한다.
- 설탕 : 단맛을 내며 물에 용해되고 섭취 후 흡수되어 에너지대사에 이용된다. 역할은 연화작용, 캐러멜화 및 메일라드반응, 결화반응, 갈변방지, 단백질 열 응고억제, 부패작용 등이 있다.
- 간장 : 간을 맞추는 것 이외에 특별한 감칠맛, 색, 향미가 있다. 간장의 성분은 단백질 물질인 아미노산과 당이 있고 유기산이 들어 있어 향미를 준다.
- 된장 : 재래간장을 거르고 남은 건더기를 발효시킨 것이고, 개량된장은 콩, 밀, 보리 등의 전분질을 섞은 후 종국을 넣고 발효시킨 것이다.
- 고추장 : 곡류에 엿기름과 고춧가루, 소금 등을 넣어 발효, 숙성시킨 것이다. 매운맛과 콜로이드성 흡착력에 의해 생선의 비린내 제거에도 효과적이다.
- 화학조미료 : MSG, 핵산조미료, 복합조미료, 사카린 등이 있다.

2 향신료 : 독특한 맛과 향이 있어 적은 양을 넣어 음식에 맛과 향을 향상시키는 것이다. 서양에서는 스파이스와 허브로 구분하는데, 스파이스는 주로 양념을 목적으로 건조된 식물로써 허브에 비해 맛과 향이 강하다. 허브는 푸른 풀을 의미하며, 식물에 잎, 꽃봉오리를 그대로 사용한다.

- 후추 : 대표적인 향신료로서 차비신이라는 매운맛 성분이 생선의 비린내, 육류의 누린내를 없애는데 사용된다.
- 생강 : 매운맛과 고유의 향을 가지고 있으며, 성분은 진저론과 쇼가올, 진저롤이다.
- 겨자 : 시니그린, 백겨자에는 시날빈, 티오글루코사이드가 함유되어 있다. 겨자의 배당체는 그 자체로는 향미가 없지만, 물을 첨가하여 일정한 온도에서 보관하면 미로시나아제의 작용으로 이소티오시아네이트가 생성된다.
- 마늘 : 알리신이라는 물질이 강한 향과 자극성 냄새로 고기의 누린내, 생선의 비린내를 제거해 준다.
- 고추 : 캡사이신 성분으로 음식에 매운맛을 주고, 캡산틴은 붉은색을 부여한다.
- 사프란 : 열매가 아니라 꽃의 일종으로 식물의 암술을 말린 것으로, 색깔을 내기 위해 사용한다.
- 로즈마리 : 시원한 향이 나는 허브 말린 것은 대부분 육류요리에서 향을 내기 위해 사용된다.
- 월계수 잎 : 말려서 사용하는데, 원래는 진녹색이었다가 말리면 연한 올리브색으로 변한다.
- 강황 : 생강과 식물의 뿌리로 노란색을 띠며 쓴맛이 있다. 노란색을 띠는 것은 터메릭 때문이다.
- 바질 : 박하과에 속하는 바질은 자극적인 맛이 약하고 상큼한 향을 낸다.

단원종합문제

1 식품에 단맛, 짠맛, 신맛, 감칠맛, 매운맛 등을 더하거나, 원래의 맛을 두드러지게 하고 식품의 맛과 어울려 새로운 맛을 내는 것은 무엇인가요?

2 소금의 종류와 특징에 대해 설명하시오.

3 조리 시 소금의 역할에 대해 설명하시오.

4 식초의 종류에 대해 설명하시오.

5 조리 시 식초의 역할에 대해 설명하시오.

6 조리 시 설탕의 역할에 대해 설명하시오.

7 화학조미료에 대해 설명하시오.

8 생강의 매운맛 성분은 무엇인가요?

9 겨자의 매운맛 성분과 겨자발효 방법에 대해 설명하시오.

10 다음 설명의 (　　)에 채우시오.
- (　　　)는 주로 양념을 목적으로 건조된 식물로서 허브에 비해 맛과 향이 강하다.
- (　　　)는 푸른 풀을 의미하며, 식물에 잎, 꽃봉오리를 그대로 사용한다.

Cooking Principles & Experimental Cooking

16

CHAPTER 16

16 음 료

01 음료

음료는 수분, 비타민 공급, 피로회복 등의 생리적인 효과와 식욕을 돋우고, 만족감을 부여하는 기호성 식품이다.

1) 차

차의 원산지는 중국, 일본, 기타 동양의 여러 나라이다. 인도에서 영국으로 전파되어 영국인에게 대단히 중요한 음료로 이용되고 있다. 차의 성분은 주로 탄닌, 카페인, 데아닌이다. 탄닌은 주로 떫은맛을 내며, 카페인은 어린잎에 1~3% 정도 함유되어 있다. 이외에도 폴리페놀 물질의 일종인 카테킨은 쓰고 떫은맛의 원인이 된다.

데아닌 theanine

카테킨 catechin

카테킨은 어린 찻잎에 더 많이 들어 있으며, 폴리페놀의 농도는 홍차, 녹차, 또는 우롱차에 따라 다르다. 폴리페놀화합물은 그들의 산화생성물로 향미와 차의 떫은맛에 큰 영향을 준다. 차의 카페인함량은 차를 끓이는 방법에 따라 차이가 있어 시간이 오래 걸리면 카페인함량이 높아진다. 향미 성분은 홍차의 경우 발효과정에서 생성되나, 녹차는 증기로 찌는 과정에서 향미 성분을 생성하는 효소가 불활성화시키므로 녹차의 향미 성분이 홍차보다 약하다.

차에는 비타민 C가 많으며 녹차의 비타민 C는 열에도 안정하다. 그러나 발효차에는 비타민 C가 거의 들어 있지 않다.

(1) 차의 종류

차는 제조방법, 발효 정도, 잎, 형태, 품종, 생산지역 등에 따라 여러 가지로 분류된다. 찻잎의 발효 정도에 따라 분류한 것으로, 비 발효차는 찻잎을 가열하여 조직 중의 산화효소를 불활성화시킨 다음 비벼주면서 건조시키는 것으로 녹차, 병다(餠茶), 가루차 등이 있다.

발효차는 찻잎을 건조시키는 동안에 산화효소를 이용하여 발효시키고 비벼주면서 건조시키는 것으로, 부분발효차로 우롱차, 발효차로는 홍차, 후발효차로는 보이차 등이 있다.

표 16.1 차의 종류 및 특징

차의 종류		특 징
녹 차		잎을 솥에 넣고 볶아서 만드는 덖음차와 수증기로 가열하여 만든 찐 차가 있다. 전자는 중국, 한국의 제다법이고, 후자는 일본의 제다법이다. 어린잎 일수록 선명한 녹색을 띠며 품질과 가격이 높다. 차의 맛 성분인 카테킨, 카페인, 유리아미노산, 당 및 정유 성분 등은 차 우리는 방법에 따라 차이가 나므로 차의 맛이 달라진다.
우롱차		찻잎을 햇볕에 말려서 시들게 한 후, 실내에서 발효시켜 볶아서 효소를 불활성화시킨 후 건조시키는 것이다. 발효과정을 홍차의 반 정도로 짧게 한 것이다. 주로 중국, 대만에서 만들어진다.
홍 차		잎을 발효시켜 쪄서 말린 것이다. 생잎을 넓게 펴서 건조시켜, 발효실에 온도 20~25℃, 습도 95%에서 2~3시간 발효시키고 적당히 진행되면 정지시키고 저장성을 지니도록 건조시킨다. 발효시키면 산화효소의 작용으로 엽록소가 분해되고 향미 성분도 생기며, 탄닌과 기타 성분이 산화, 중합하여 홍갈색이 된다. 비타민 C는 산화효소의 작용으로 파괴되어 없어지게 된다. 발효과정에서 탄닌의 반 정도는 불용성으로 되기 때문에 떫은맛이 적다. 홍차는 주전자에 너무 오랫동안 담가두면 탄닌이 많이 우러나므로 뜨겁게 한 다른 주전자에 걸러서 옮긴다.

(2) 전통음료

물을 끓여서 우려 마시는 녹차, 홍차 이외에 우리나라에서 전통음료라 함은 넓은 의미에서 곡차, 과실차, 약재 배합차 등과 같이 뜨겁게 달여서 마시는 기호음료이다.

표 16.2 전통음료의 분류 및 특징

분 류	특 징
순다류	차나무 잎을 이용해서 만든 차. 녹차, 홍차, 우롱차가 있다.
유사다류	회엽차(꽃잎), 과실차(과육, 과피 말린 것), 곡새차(곡류 등을 볶음), 약재차(한약재)를 이용하여 만든 차이다.
탕 류	약이성 재료를 끓이거나 달여 고(膏)의 형태로 만들어 희석해서 마시는 차이다.
장 류	약이성 재료를 꿀이나 설탕에 넣어 숙성시켜 희석해서 마시는 차이다.
숙수류	누룽지에 물을 부어 끓여 마시는 것이다.
미숫가루류	곡물을 쪄서 볶아 가루로 만들어 물에 타서 마시는 것이다.
식혜류	엿기름물에 밥알을 당화시켜서 만든 것이다.
수정과류	생강, 계피 등을 달인 물에 곶감을 넣어 만든 것이다.
화채류	오미자차 국물을 이용한 화채, 꿀이나 설탕을 이용한 화채, 과즙을 이용한 화채가 있다.

2) 커피

커피의 원산지는 아프리카로 15세기경 최초로 아라비아인에게 알려졌으며, 17세기경 네덜란드인에 의해 자바에 전해졌고, 그 후 남미에 소개되었다. 세계에는 60여 종의 커피가 있는데, 그 중 가장 많이 재배되고 있는 것이 아라비카종과 로브스타종이고, 리베리카종도 일부 재배되고 있다.

아라비카 arabica coffee
로브스타 robusta coffee
리베리카종 liberica coffee

표 16.3 커피의 원두의 종류

종 류	특 징
아라비카종	전 세계 커피생산의 약 75%를 차지하고 있다. 아로마, 바디, 부드러움, 새콤함, 초콜릿 맛이 다른 종에 비해 풍부해서 가격이 비싼 것이 특징이다.
로브스타종	강한 생명력을 가진 품종으로서 병의 저항력이 강하고 단위 면적당 수확량이 아라비카종에 비해 높으며, 낮은 고도에서도 잘 자란다. 거칠고, 쓴맛이 강하며, 대부분 솔루블 커피에 많이 사용된다.
리베리카종	로브스타종과 유사하며 낮은 고도에서 잘 재배되고, 아프리카 지역에서 소규모로 재배된다. 수확한 커피체리는 껍질을 제거하는 방법에 따라 자연건조방식과 세척방식이 있다.

아로마 aroma
바디 body
부드러움 smooth
새콤함 acidity
초콜릿 맛 chocolate taste
쓴맛 bitter
솔루블 soluble

(1) 시장에서의 상업적 커피의 개념

- 가공방법에 따라 분류해 보면, 원두커피와 인스턴트커피로 나누어진다. 원두커

피는 원두를 분쇄하여 드립머신, 에스프레소, 페콜레이터 등의 다양한 기구를 이용하여 추출한 한 잔의 커피를 지칭한다. 반면, 인스턴트커피는 뜨거운 물에 녹을 수 있도록 분말로 된 커피로, 일반적으로 솔루블커피라고 한다. 제조하는 방식에 따라 냉동 건조커피와 분무 건조커피로 분류된다.

솔루블커피 soluble coffee

냉동 건조커피 freeze dried coffee

분무 건조커피 spray dried coffee

스트레이트 커피 stright coffee

레귤러커피 regular coffee

향커피 flavored coffee

디카페인커피 decaffeinated coffee

- 원두의 혼합여부에 따른 분류로, 한 종류의 원두만으로 만들어진 단종커피, 스트레이트 커피와 서로 다른 두 종류 이상의 커피를 혼합하여 만든 블랜드커피로 나누볼 수 있다.
- 인위적인 향의 첨가 여부에 따른 분류로 인공 향을 첨가하지 않은 레귤러커피와 인공 향을 첨가한 향커피로 나누어진다. 향커피는 그 첨가된 향의 종류에 따라 수많은 이름의 커피로 불리어진다.
- 카페인의 제거 여부에 따른 분류로, 인위적으로 카페인을 제거한 디카페인커피와 그렇지 않은 레귤러커피로 나뉜다.

(2) 커피의 성분

커피를 형성하는 탄수화물, 지방, 단백질의 차이는 커피품질의 영향을 미치고, 원두의 성분은 종류와 산지에 따라 차이가 있어 자료에 따라 조금씩 다르게 표시되고 있으나, 일반적으로 당분(18~26%), 섬유소(37%), 지방(13%), 단백질(13%)의 함량이 가장 높은 것으로 되어 있다.

커피의 활성물질로 가장 주목을 받고 있는 성분인 카페인의 함량은 품종에 따라 차이가 커서 아라비카종은 0.8~2.5%인 반면에, 로브스타종은 4% 전·후의 것도 있다. 카페인은 식품에 함유되어 질소를 포함하고 염소성을 띠는 알칼로이드의 일종으로 적당하게 사용하면 약이 되지만, 양을 잘못 조절하면 독이 된다. 볶는 과정에서도 손실률이 매우 적은 안정된 화합물이며, 약 10% 정도는 클로로겐 산과 결합한 형태로 존재한다. 매력적인 쓴맛을 구성하는 요인의 하나이며, 상쾌한 자극과 가벼운 흥분효과로 표현되는 커피의 기호적 특성에 결정적인 역할을 하는 물질이다.

특히 카페인은 중추신경, 순환계, 가로무늬건, 신장 등에 작용하고, 졸음이나 피로감을 해소시키거나 혈액순환 촉진과 이뇨작용에도 효과가 있다. 건강한 경우, 위액의 분비를 도와주고 소화촉진에도 도움이 된다. 그러나 위산과다와 위궤양 증상이 있는 경우에는 역효과를 나타낸다.

Q_ 로스팅이란?

A_ 로스팅이란, 녹색을 띤 생두를 볶는 과정에서 친근한 다갈색으로 변하는 것을 말한다. 이런 로스팅 된 커피원두를 홀빈 혹은 배전두라고 한다. 로스팅 없이는 커피의 어떠한 풍미도 나타낼 수 없다. 이때 열분해 현상으로 인해 부피가 팽창되면서 껍질이 벗겨지고 튀는 소리를 내면서 색이 변하기 시작하여 원하는 커피의 맛과 향기를 만들고, 중요한 요소로는 볶는 온도와 시간, 속도, 커피콩과 열풍의 균일한 혼합이다. 커피의 맛을 만드는 80%는 생두에서 정해지고 나머지 20%는 배전에서 정해진다.

로스팅 roasting

홀빈 whole bean

3) 코코아와 초콜릿

카카오콩은 서인도제도와 멕시코 원산의 카카오나무의 다육질 열매로, 적도를 중심으로 한 열대지방에서만 재배되고 있다. 카카오나무에서 얻는 다육질의 과실종자인 카카오콩은 꼬투리 중에 30~40개의 종자를 함유하고 있다. 꼬투리가 성숙했을 때 모아서 24시간 건조한 후 꼬투리를 열어 종자를 꺼낸다. 이 카카오콩을 2~7주일간 발효시켜서 펄프를 베낀 후 씻어 말려서 볶은 다음 부스러뜨리면 코코아열매가 조각으로 나온다. 이것을 가열하여 분쇄하면 리퀴드 초콜릿이 되며 이것을 덩어리지게 한 것이 버터초콜릿이다. 초콜릿에서 지방을 뽑고 가루로 만든 것이 코코아다. 초콜릿보다 코코아로 음료를 만들었을 때 전분함량이 높아 더욱 걸쭉해진다. 카카오의 카페인은 극소량 함유되어 있고 테오브로민이 상당량 함유되어 있다. 향미와 색은 폴리페놀 성분이 발효과정 중에 산화되어 적갈색 화합물을 생성하여 나타낸다. 초콜릿은 가열하거나 습기가 있는 곳에 두면 표면에 손상을 일으키서 부서지거나 표면이 회백색으로 탈색되는 현상이 일어난다. 지방함량이 많으므로 저장할 때에는 공기가 들어가지 않는 용기에 넣고 어둡고 찬 장소에서 보관한다. 코코아가루는 덩어리지기 쉽고 색이 탈색된다.

카페인 caffeine

테오브로민 theobromine

4) 과실음료

과일을 그대로 압착한 즙액으로 만든 것과 과일을 가열하여 얻은 농축액으로 가공되기도 한다. 과일주스는 과일의 맛, 향기, 영양성분 등이 생과일과 유사하며, 다만 유통 시 변질의 우려 때문에 여러 가공처리를 해서 판매된다.

5) 탄산음료

내용물에 탄산가스, 즉 탄산수를 함유한 포장음료를 총칭한다. 콜라, 사이다가 대표적이며, 콜라는 콜라나무의 열매로 만든 것으로 종실 추출액에 주석산, 구연산 등의 산미료와 향료, 색소, 유화제, 안정제 등을 첨가하여 가열 살균한 후 냉각하여 고압으로 탄산가스를 넣은 것이다. 사이다는 사과의 과즙을 알코올 발효시킨 사과술을 지칭한다. 우리나라에서는 물에 탄산가스를 혼합하여 설탕, 향료, 산, 색소 등을 넣어 가공하여 만든다.

6) 이온음료

격렬한 근육 운동 후 땀으로 소실된 수분과 이온을 빠르게 공급하여 신체기능을 정상적으로 유지하기 위해 개발된 음료이다. 체액과 비슷한 약 알칼리성(pH 7.4)으로 흡수 속도가 빨라 갈증해소에 도움이 된다. 시판되는 이온음료는 무탄산가스형으로 포도당, 설탕, 올리고당 등의 당류와 각종 유기산류와 무기질류, 비타민류가 강화된 음료이다.

【실험】 녹차의 물 온도와 시간에 따른 비교

실험재료

녹차 100g

실험기구

저울
흰색접시
온도계
흰색 잔
주전자 1개
비커 5개
비커덮개 5개

1 실험 목적

녹차에 침출에 따른 물의 온도와 시간에 따른 색, 향기, 맛에 대한 영향을 알아본다.

2 실험 방법

- 시료A : 녹차 20g + 물 150㎖(60℃) + 40초간
- 시료B : 녹차 20g + 물 150㎖(80℃) + 40초간
- 시료C : 녹차 20g + 물 150㎖(100℃) + 40초간
- 시료D : 녹차 20g + 물 150㎖(60℃) + 20초간
- 시료E : 녹차 20g + 물 150㎖(60℃) + 60초간

재료준비 — 각각 20g씩 계량하기, 물 끓이기
↓
차 우리기 — 물 150㎖ 시간대별 차 우리기
↓
평가 — 전체적인 맛

3 실험 결과

시 료	A	B	C	D	E
물온도(℃)	60	80	100	60	60
침출시간(sec)	40	40	40	20	60
찻물의 색					
향기					
맛					

단원정리

1 차

- 차의 원산지는 동양의 여러 나라이다. 차의 성분은 주로 탄닌, 카페인, 데아닌이다.
- 차는 제조방법, 발효정도, 잎, 형태, 품종, 생산지역 등에 따라 여러 가지로 분류되며, 찻잎의 발효 정도에 따라 분류한다.
- 비발효차 : 찻잎을 가열하여 조직중의 산화효소를 불활성화시킨 다음, 비벼주면서 건조시키는 것으로 비발효차는 녹차, 병다, 가루차 등이 있다.
- 발효차 : 찻잎을 건조시키는 동안에 산화효소를 이용하여 발효시키고 비벼주면서 건조시키는 것으로, 부분발효차로 우롱차, 발효차로는 홍차, 후발효차로는 보이차 등이 있다.
- 전통음료 : 물을 끓여서 우려마시는 녹차, 홍차 이외에, 우리나라에서 전통음료라 함은 넓은 의미에서 곡차, 과실차, 약재 배합차 등과 같이 뜨겁게 달여 마시는 기호음료이다.

2 커피

- 커피는 커피나무열매에서 따는 커피콩을 볶아 분쇄한 후, 뜨거운 물로 추출하여 마시는 기호음료이다.
- 커피의 주요 성분은 유기산, 휘발성 성분, 쓴맛 성분 및 카페인이다. 커피에 강한 신맛은 향기도 좋으며, 재배되는 지역의 고도, 열매 처리방법, 콩의 숙성정도, 볶는 정도가 신맛에 영향을 준다.
- 카페인은 중추신경, 순환계, 신장 등에 작용하고, 졸음이나 피로감을 해소시키거나 혈액순환 촉진과 이뇨작용에도 효과가 있다.

3 그 외

- 코코아와 초콜릿 : 카카오콩은 서인도제도와 멕시코가 원산지이며, 카카오나무의 다육질 열매로, 적도를 중심으로 한 열대지방에서만 재배된다. 초콜릿에서 지방을 뽑고 가루로 만든 것이 코코아이다.
- 과실음료 : 과일을 그대로 압착한 즙액으로 만든 것과, 과일을 가열하여 얻은 농축액으로 가공한다.
- 탄산음료 : 내용물에 탄산가스, 즉 탄산수를 함유한 포장음료를 총칭한다. 콜라는 콜라나무의 열매로 만든 것으로, 종실 추출액에 주석산, 구연산 등의 산미료와 향료, 색소, 유화제, 안정제 등을 첨가하여 가열 살균한 후 냉각하여 고압으로 탄산가스를 넣은 것이다.
- 이온음료 : 격렬한 근육운동 후 땀으로 소실된 수분과 이온을 빠르게 공급하여 신체기능을 정상적으로 유지하기 위해 개발된 음료이다.

단원종합문제

1 차의 종류 중에 녹차, 우롱차, 홍차의 특징과 예를 들어 설명하시오.

2 다음 설명의 ( )에 채우시오.
차의 성분은 ( ), ( ), ( )이 있다.

3 전통음료에 대해 설명하시오.

4 커피의 카페인 작용에 대해 설명하시오.

5 커피 중 가장 많이 재배되는 원두에 대해 설명하시오.
- 아라비카종
- 로브스타종
- 리베리라종

6 커피의 로스팅(Roasting)에 대해 설명하시오.

7 코코아와 초콜릿에 대해 설명하시오.

8 과실음료에 대해 설명하시오.

9 탄산음료에 대해 설명하시오.

10 격렬한 근육운동 후, 땀으로 소실된 수분과 이온을 빠르게 공급하여 신체기능을 정상적으로 유지하기 위해 개발된 음료는 무엇인가요?

REFERENCES

김건희 · 강일준 · 정윤화 · 한정아 · 황은선 · 윤기선 · 김묘정(2014), 재미있는 식품화학, 수학사.

김숙희 · 진양호(2012), 식품조리과학, 지구문화사.

김은실 · 박성진 · 최은희 · 김현종 · 박복덕 · 한경순(2009), 커피 풍경, MJ미디어.

노봉수 · 이승주 · 백형희 · 이재환 · 윤형근 · 정승현 · 이희섭(2012), 생각이 필요한 식품재료학, 수학사.

농수산물 유통공사(2009), 외식업체 식재료 규격 가이드.

손경희 외 공저(2001), 한국음식의 조리과학, 교문사.

송태희 · 우인애 · 손정우 · 오세인 · 신승미(2014), 이해하기 쉬운 조리과학, 교문사.

스튜어트페 리몬드 지음, 김은지 옮김(2018), 사이언스 쿠킹, 시그마북스.

아라후네 요시타카 외 8명, 김나나 · 주미경 · 이여주 옮김(2013), 맛있는 요리에는 과학이 있다, 홍익출판사.

안선정 · 김은미 · 이은정(2012), 새로운 감각으로 새로 쓴 조리원리, 백산출판사.

안용근(1993), 조리요령의 과학, 한국출판협동조합.

운옥현 · 정두례 · 최순남 · 권경순 · 신동주 · 손정우(2002), 최신 조리원리, 효일.

윤계순 · 이명희 · 민성희 · 정혜정 · 김지향 · 박옥진(2008), 새로 쓴 식품학 및 조리원리, 수학사.

윤수선 · 한춘섭 · 최수근 · 조용범 · 이준열(2015), 조리용어해설, 지식인.

이주희 · 김미리 · 민혜선 · 이영은 · 송은승 · 권순자 · 김미정 · 송효남(2014), 과학으로 풀어쓴 식품과 조리원리, 교문사.

정현숙 · 정외숙 · 임효진 · 박춘란(2000), 새로운 조리과학, 지구문화사.

조경련 · 김미리 · 김옥선 · 손정우 · 송미란 · 최향숙 · 최해연(2013), 이해하기 쉬운 식품과 음식재료, 파워북.

조미자 · 강옥주 · 이미경 · 고대희 · 김애정 · 박희옥 · 문숙희 · 이혜준, · 여정숙(2010), 조리원리, 교문사.

한국대학식품영양관련학과 교수협의회(2013), 조리원리, 교문사.

한국식품조리과학회(2017), 식품조리과학용어사전, 교문사.

aT한국농수산식품유통공사, 사)한국외식산업경영연구원(2015), 대한민국 식재총람, 한국외식정보(주).

http://www.soyworld.org/사이버 콩 박물관.

A N S W E R

CHAPTER 01 조리원리의 정의 및 목적

1 소화흡수율이 높아져 식품의 영양적 효율성을 향상시키고 위생적 전처리와 가열을 통해 식품의 안전성을 도모한다. 또한 조리 과정을 통해 색과 풍미가 높아지므로 식품의 기호성 증진과 식품의 운반성 및 저장성 향상을 목적으로 한다. 더욱이 다양한 조리법을 통해 다양한 형태로 음식을 즐길 수 있으므로 식생활의 질적 향상을 목적으로 한다.

2 세척, 수침, 썰기, 분쇄, 마쇄

3 · 전도 : 볶기, 철판구이
· 대류 : 삶기, 데치기
· 복사 : 직화구이

4 데치기는 끓는 물에 단시간 가열하는 것이며, 삶기는 끓는 물이나 조미액 속에 재료를 넣고 조리 목적에 따라 조직이 변화되도록 가열하는 것이다.

5 오븐조리 시 내부에 가열된 더운 공기에 의한 대류와 열원으로부터의 전도가 일어나 식품으로 열이 전달된다.

6 초단파, 즉 마이크로웨이브는 물분자를 1초에 24억 5천만 회 진동시켜 마찰열을 발생시켜 식품 내 수분을 가열함으로써 식품이 가열 조리되도록 한다. 때문에 일반 가열조리는 식품 표면부터 가열되지만, 이것은 식품 내부부터 가열되는 것이 특징이다. 전자레인지를 이용한 조리 시 주의할 점은 마이크로웨이브가 통과할 수 있는 재질의 용기(경질유리, 도자기, 플라스틱류 등)를 사용하도록 한다.

7 최근 기름섭취를 줄이기 위해 튀김은 오븐이나 에어프라이어기를 사용한다. 이들 기기를 사용하여 튀김을 하면 기름에 재료를 담그지 않고 건열로 조리가 가능하기 때문에 흡유율을 최소화할 수 있다.

8 고체 식품은 수분을 흡수하는 식품과 수분을 흡수하지 않는 식품으로 분류할 수 있다. 수분을 흡수하는 식품은 종실법으로, 수분을 흡수하지 않는 식품은 물을 이용하여 부피를 측정하면 된다.

9 체에 밀가루를 친 후 계량컵에 수북이 담아 표면을 수평으로 깎아 1컵으로 계량한다.

10 흑설탕은 백설탕에 비해 흡습성이 높아 점성을 가지므로 계량 시 계량컵에 눌러 담아 표면을 수평으로 깎아 1컵으로 계량한다.

CHAPTER 02 곡류 및 전분의 조리

1 자포니카형은 단립종으로 밥을 지었을 때 끈기가 있는 반면, 인디카형은 장립종으로 밥을 지었을 때 끈기가 적어 밥알이 서로 떨어지는 것이 특징이다.

2 전분은 결정성 영역을 구성하는 아밀로오스와 비결정성 영역을 구성하는 아밀로펙틴이 규칙적 분자 배열을 나타내는 미셀구조로 이루어져 있다.

3 멥쌀은 찹쌀에 비해 아밀로오스함량이 높으며, 상대적으로 찹쌀은 멥쌀에 비해 아밀로펙틴 함량이 높다. 때문에 찹쌀의 경우 떡을 만드는 조리 과정을 통해 전분의 호화가 일어나면 포도당이 α-1,6결합으로 가지를 친 구조를 갖는 아밀로펙틴이 호화되어 아밀로오스함량이 높은 멥쌀 떡보다 끈기를 더욱 많이 나타내고 노화가 잘 발생하지 않아 시간이 지나도 멥쌀 떡에 비해 굳지 않는다.

4 식초는 호화전분을 분해하여 묽어지게 하는 특징이 있으며, 설탕은 흡수성이 좋아 전분호화 시 전분의 수화를 방해한다. 그러므로 탕수육소스 제조 시 전분용액이 완전히 호화된 후 설탕을 첨가한 후 식초를 첨가하는 것이 좋다.

5 백설기가 굳는 것을 지연시키기 위해서는 전분의 노화를 방지할 수 있는 첨가물을 사용하면 좋다. 예를 들어, 설탕과 같이 흡수성이 좋은 물질첨가 시 백설기의 수분활성도는 낮추면서 제품 내 수분은 머무르게 하므로 백설기가 노화하는 것을 방지할 수 있다.

6 누룽지는 전분이 호정화 된 것이므로 전분이 가용성 덱스트린을 형성한 것이다. 때문에 용해성이 증가하고 점성이 낮다.

7 쌀을 씻어 수침시키면 쌀알이 수분을 충분히 흡수하기 때문에 밥짓기할 때 전분의 수화시간을 단축시켜 전분호화가 빠르게 하기 때문에 밥짓는 시간을 단축할 수 있다.

8 밥맛에 영향을 주는 요인은 쌀의 건조상태, 밥물의 pH, 밥짓는 용기를 들 수 있다. 햅쌀은 묵은 쌀에 비해 수분함량이 높고 가용성 맛 성분도 풍부하여 밥맛이 좋다. 밥을 짓는 밥물은 pH 7~8 정도가 좋으며, 밥 짓는 용기는 재질이 두껍고 무거운 무쇠솥이나 곱돌이 좋다.

9 죽은 호화전분에 의해 점성을 갖는다. 때문에 대류에 의한 열순환이 늦어 천천히 식는 것이 특징이다.

10 익반죽은 끓는 물을 가루에 넣어 반죽하는 것이므로 전분호화가 일어난다. 때문에 익반죽하여 삶는 떡이나 지지는 떡을 만들면 가열시간을 단축하여 모양이 흐트러지는 것을 방지할 수 있다.

CHAPTER 03 밀가루의 조리원리

1 밀가루 제조 시 밀껍질이 혼입되면 밀가루의 색이 짙어지고 반죽 시 글루텐 형성을 방해하여 제품의 품질을 저하시킨다.

2 제빵용 밀가루는 베이킹 시 제품이 팽창하여 그 형태가 그대로 유지되어야 하므로 등급이 높고 글루텐함량이 높은 밀가루(강력분)를 사용하는 것이 좋다.

3 밀가루에는 글리아딘과 글루테닌이 함유되어 있다. 밀가루를 반죽하기 위해 수분을 첨가하면 글리아딘과 글루테닌은 물과 혼합되면서 서로 얽히어 점탄성을 갖는 글루텐을 형성한다.

4 밀가루반죽을 하면 글루텐이 형성되는데, 과잉으로 반죽을 치대면 글루텐구조가 깨져서 점탄성을 잃게 되어 반죽이 묽어지게 된다.

5 바삭한 질감을 만들기 위해서는 글루텐형성을 최소화하는 것이 필요하다. 그러므로 버터와 같은 지방을 첨가하면 글루텐구조 사이에 버터가 들어가 글루텐이 신장하고 망상구조를 형성하는 것을 방지하여 베이킹 시 바삭바삭한 질감을 만들어 낸다.

6 스펀지케이크는 거품을 낸 난백을 넣어 반죽 후 구워낸다. 때문에 난백의 거품이 팽창제 역할을 한다. 거품 낸 공기는 베이킹 시 고온에 의해 팽창하게 되어 조직을 부풀어 오르게 한다.

7 식소다는 알칼리성으로 찐빵 제조 시 사용하면 이산화탄소를 발생시켜 제품을 팽창시키지만, 탄산나트륨을 생성하여 밀가루의 안토잔틴색소를 누렇게 변화시키고 쓴맛을 나타낸다. 그러므로 탄산나트륨을 중화시키기 위해 식초, 레몬즙, 사워밀크 등의 산성물질을 첨가한다. 또한 식소다의 단점을 보완하기 위해 산성제를 첨가한 베이킹파우더가 개발되었다.

8 단일반응 베이킹파우더는 반죽 시 수분과 반응하여 이산화탄소를 발생하며, 이중반응 베이킹파우더는 반죽할 때와 가열 시 이산화탄소가 발생한다.

9 효모는 영양원으로 반죽을 내어 당을 사용하여 증식하며 이산화탄소를 발생한다. 때문에 효모를 이용한 발효빵 제조를 위한 반죽에는 당류가 첨가되며, 효모가 증식할 수 있는 온도와 시간이 필요하므로 숙성 과정을 갖게 된다.

10
- 버터 : 글루텐 형성을 방해하여 바삭한 질감을 형성
- 달걀흰자 : 부피 팽창과 구조 형성을 도움
- 설탕 : 베이킹 시 표면을 갈색화함
- 박력분 : 글루텐함량이 적어서 바삭한 질감을 형성

CHAPTER 04 서류의 조리원리

1 감자가 싹이 나고 녹색빛을 띠면 아린맛과 독성을 갖는 솔라닌이 형성된다. 그러므로 조리 시 이 부분은 잘라내고 조리하며, 솔라닌은 200℃ 이상의 고온에서 분해되어 제거되므로 튀김과 같은 고온조리를 하면 어느 정도 제거가 가능하다.

2 매시트포테이트 제조 시 전분함량이 높고 단백질함량이 낮은 분질감자를 사용하면 희고 포슬포슬한 질감을 나타내기 때문에 좋다.

3 감자볶음은 감자가 익었을 때 감자채가 끊어지지 않고 형태가 유지되려면 단단한 조직감을 가져야 한다. 그러므로 전분함량이 낮고 단백질 함량이 높아 가열 시 황색의 단단한 조직감을 갖는 점질감자를 이용하는 것이 좋다.

4 감자 박피 시 감자조직 내 티로신과 티로시나아제가 노출되는데, 티로시나아제는 산화효소이므로 티로신(기질)을 산화시켜 갈색물질인 멜라노이딘을 형성하게 함으로써 감자의 갈변을 일으킨다.

5 감자를 자른 상태로 시간이 지나면 효소적 갈변반응이 일어난다. 그러므로 감자조림을 바로 하지 않을 경우 감자의 갈변이 발생하지 않도록 기질을 제거하거나 효소를 불활성화한다. 즉 자른 감자를 물에 담가 갈변을 일으키는 기질을 제거하거나 살짝 삶아 효소를 불활성화하도록 한다.

6 고구마를 오랜 시간 수침하면 조직 내 칼슘과 마그네슘 등의 금속이온이 펙틴과 결합하여 조직이 단단해지므로 가열하여도 조직이 부드러워지지 않고 단단하게 된다.

7 곤약은 구약감자 전분을 겔화하여 만든 제품으로 글루코만난 성분으로 구성되어 체내 소화효소가 없어서 소화되지 않으므로 저열량식품이라 할 수 있다.

8 고구마에는 β-아밀라아제가 함유 되어 있어서 조리 시 전분을 가수분해하여 맥아당을 형성하기 때문에 고구마의 단맛을 낸다. 그러므로 오랜 시간 가열조리하면 β-아밀라아제에 의한 맥아당 형성이 많이 되므로 고구마는 더욱 단맛을 내게 된다.

9 감자를 냉장고 넣어 차갑게 식히면 익은 감자전분(α-전분)은 β-전분 형태로 변하기 때문에 단단해지고 맛도 떨어진다. 또한 식은 감자를 무리한 힘으로 으깨면 조직세포가 파괴되어 호화전분이 흘러나와 질어질 수 있다.

10 감자는 수확 후 저온저장하면 호흡속도는 저하되고 전분 분해효소의 작용이 증가하여 당함량이 증가하므로 단맛이 증가한다.

CHAPTER 05 당 류

1 백설탕은 1분자의 포도당과 1분자 과당이 결합한 것이다. 사탕수수나 사탕무의 즙액에 함유되어 있고, 여러 단계의 과정을 거쳐서 결정체로 만든 당이다. 모든 식품에 가장 많이 이용한다. 황설탕은 황색을 띤 설탕으로, 백설탕보다 덜 정제된 것으로 백설탕보다 신맛이 더 강하고 수분함량도 많다. 제과에 많이 이용된다.
흑설탕은 사탕수수로부터 설탕을 정제하는 과정에서 거의 정제되지 않은 것이다. 당도는 백설탕보다 낮으나 향미를 가진다. 강한 흡습력을 가져 보관 시 밀봉해야 한다. 제과 및 캔디 종류에 이용된다.
분말설탕은 약 3% 정도의 옥수수전분과 혼합된 분말 형태의 설탕으로, 제과 · 제빵을 만들 때 주재료로 쓰이며 수분결합을 도와준다. 각설탕은 백설탕에 시럽을 넣어 틀에 넣고 가압하여 모양을 만들어 건조한 것이다. 음료에 많이 이용된다.

2 과당의 단맛이 가장 크며, 전화당 〉 설탕 〉 포도당 〉 맥아당 〉 갈락토오스 〉 유당의 순으로 단맛이 감소한다.

3 과일에 단맛은 과당에 의한 것이다. α, β의 이성체가 섞여 존재하며, β형이 α형보다 3배 더 단맛이 높다. 온도가 낮아지면서 안정한 β형이 더 많아지게 되어 과일을 차게 먹으면 단맛이 높아진다.

4 아밀라아제(amylase)

5 함밀당은 당액에서 당밀을 제거하지 않고 그대로 농축하여 만든 설탕, 분밀당은 당액에서 당밀을 제거하여 만든 설탕, 원당은 당액에서 당밀을 제거하여 1차 정제한 후 여과, 농축, 결정과정을 거쳐 만든 황갈색 설탕이다.

6 당밀은 사탕수수의 즙액에서 당을 정제하는 과정에서 생기며, 당의 결정을 침전하고 남은 것을 농축한 액체이다. 메이플시럽은 단풍나무 즙액에서 대부분의 수분을 증발시켜 만든 것으로 독특한 향이 있어 제빵, 제과에 많이 쓰인다. 꿀은 여러 가지 꽃에 꿀벌들이 저장한 당액에서 꽃가루, 밀납을 제거하여 정제한 것으로, 설탕보다 과당의 함량이 더 많다. 꿀은 과당의 함량이 많기 때문에 흡습성이 있어 수분을 유지하고 마르지 않게 보관하게 해준다. 베이커리 제품에 촉촉함을 유지시켜 준다.
올리고당은 천연식품에서 합성하거나 다당류를 효소에 의하여 가수분해하여 얻어지는 당이다. 몸속에서 소화 · 흡수되지 않고, 충치예방의 효과가 있는 저열량 감미료이다. 또한 칼로리가 적고 유산균이나 발효에 도움을 주어 음료나 치료식에 이용된다.

7 당이 환원되어 생성된 당 알코올류는 설탕의 대체물로 이용된다. 단맛을 주며, 천천

히 흡수되고 청량감을 주는 저열량 식품이다. 솔비톨(solbitol)은 글루코오스(glucose)를 환원한 것으로 캔디 제조에 보습제, 설탕 대체제 등으로 쓴다.

만니톨(mannitol)은 만노오즈(mannose)에서 환원된 것으로, 당뇨병환자의 대체감미료로 이용된다. 자일리톨(xylitol)은 자일로오즈(xylose)에서 환원된 것으로, 충치 예방에 효과적이다.

8 당의 종류는 당 용액을 이루는 당의 종류에 따라 다른 결정을 형성한다. 설탕은 결정속도가 빠르게 형성하며, 포도당은 결정속도가 느리게 형성한다.

당 용액의 농도는 당 용액의 농도가 높을수록 핵이 더 많이 생기고, 결정크기는 작아지고 결정은 더 많아진다. 이는 당 용액이 많이 농축될수록 점성이 증가하기 때문에 결정의 표면으로 설탕분자들이 이동하지 못하여 성장이 느려져 큰 결정을 만들지 못한다. 당 용액의 온도는 당 용액을 일정한 온도로 식힌 후 빠르게 저어주어야 결정화가 잘된다. 높은 온도에서 젓기 시작하면 결정의 크기가 커져서 거칠어지게 된다. 이유는 고온에서 용액의 유동성이 커서 설탕분자 이동이 쉽기 때문이다. 젓기는 당 용액을 저어주면 결정이 생긴다. 미세결정을 얻으려면 온도를 내린 후 빠른 속도로 젓는다. 시럽을 만들 때 저으면 결정화되므로 젓지 않는다.

결정 방해물질은 당 용액 안에 난백, 젤라틴, 시럽, 꿀, 우유, 크림, 초콜릿, 한천, 유기산, 주석영, 전화당 등 설탕 이외의 물질이 있으면 결정생기는 것을 막아준다. 이는 설탕결정 표면에 이물질이 흡착하여 결정성장이 정지되거나 결정크기가 작아지게 된다.

9 아스파탐(aspartame)

10 결정형 캔디는 설탕과 물을 가열하여 만들어진 설탕시럽을 충분히 농축시켜 냉각시키면 단단한 결정을 가진 캔디가 만들어진다. 쉽게 깨물어지며, 결정이 질서정연하게 분포한 캔디이다.(예 : 폰당, 퍼지)

비결정형 캔디는 과포화 설탕용액에 결정형성 방해물질(시럽, 꿀, 우유, 크림, 버터, 달걀흰자, 유기산) 등을 넣거나, 고온으로 가열하여 결정 형성을 못하게 만든 끈적끈적한 캔디이다.(예 : 하드캔디, 캐러멜)

CHAPTER 06 유지류

1 중성지방은 1분자의 글리세롤과 3분자의 지방산이 에스테르 결합 구성된다. 인지질은 중성지방을 구성하는 3개의 지방산 중 한 개의 지방산 대신 인산기가 결합된

형태이다. 지방산은 탄소원자가 사슬 모양으로 길게 연결된 것으로 왼쪽 끝에 메틸기, 오른쪽 끝에 카르복실기가 있다.

2 오메가-3지방산은 리놀렌산, DHA, EPA 등이 포함되어 두뇌발달, 혈중 콜레스테롤 농도를 저하, 심장순환계 질환 예방암 발생을 억제한다.

3 수소화(경화)는 액체 상태의 식물성유지에 수소를 첨가하여 불포화지방산을 포화지방산으로 전환시켜 액체 상태의 지방을 고체 상태로 만드는 과정이다.

4 용점(녹는점)은 포화지방산과 고급지방산이 많을수록 용점이 높아져 고체 상태로 존재하며, 저급지방산이 많고 불포화지방산이 많을수록 용점이 낮아 액체 상태로 존재한다.

5 · 엑스트라버진은 산가 1% 미만으로, 최상급의 올리브를 낮은 온도에서 압착법에 의해 추출한다. 특유의 향과 색을 가지고 있다.
· 버진은 산가 2% 미만이며, 압착법에 의해 기름을 추출한다.
· 퓨어 또는 포마스는 압착법에 의한 버진 올리브유와 추출법으로 정제한 올리브유를 혼합한 기름으로, 경제적이고 향이 덜하다.

6 건성유는 요오드가 130 이상으로 공기 중에 두면 쉽게 굳어진다. 종류로는 들기름, 겨자유가 있다. 반건성유는 요오드가 100~130 이상으로 건성유와 불건성유의 중간적인 성질이다. 종류로는 콩기름, 면실유, 참기름, 옥수수유 등이 있다.

불건성유는 요오드가 100 이하로 공기 중에 두어도 굳어지지 않는다. 종류로는 올리브유, 해바라기유, 파마자유, 낙화생유가 있다.

7 튀김 시 온도변화를 막기 위해 두꺼운 넓은 팬을 사용하여, 넉넉하게 기름을 넣고 튀겨야 온도변화가 적다. 수분이 많은 재료는 기름온도를 저하시키므로 수분을 제거한다. 튀김 재료를 넣은 다음 젓가락으로 가볍게 흔들어주며 튀긴다. 튀김 시 너무 많은 재료를 한꺼번에 넣으면 온도가 내려가므로 적당히 나누어 튀긴다. 튀김 냄비는 두껍고 넓은 스테인리스나 알루미늄이 좋다

튀김 시 반죽하는 방법은 밀가루는 글루텐이 적고 흡습성이 약하며 탈수가 잘되는 박력분이 좋다. 박력분이 없으면 중력분에 전분을 섞어서 사용한다. 밀가루는 재료에 수분 및 단맛에 증발을 줄이고 기름을 흡수하여 맛이 좋아진다. 글루텐이 강하면 튀김옷이 끈적이고, 튀김 시 수분이 증발할 틈이 없어 튀김이 눅눅해진다. 물은 글루텐은 온도가 올라가면 잘 형성되므로 생기지 않도록 하기 위해서 찬물이나 얼음물을 넣는 것이 좋다. 달걀은 달걀물에 공기가 들어가 열로 인해 팽창하기 때문에 튀김옷이 바삭해진다.

그 외에 맥주 등의 알코올이 밀가루가 덩어리지지 않게 하고 글루텐에 점성을 억제

하여 바삭하게 튀긴다. 젓가락은 튀김반죽은 두꺼운 젓가락으로 직선으로 섞어준다.

8 발연점은 기름을 지속적으로 가열하면 일정온도에 이르게 되면 연기가 나는 것이다. 식용기름은 각자의 제조과정 및 성분에 따라서 발연점이 다른데, 유지의 발연점은 유지의 정제 정도 및 순도, 유지 중의 유리지방산 함량 등에 따라 현저한 영향을 받는다.

9 수중유적형은 물 속에 기름이 있는 분산되어 있는 상태이다.(예 : 마요네즈)
유중수적형은 기름 속에 물이 분산된 형태이다.(예 : 버터, 마가린)

10
- 과산화물가 측정법은 식용유지에 존재하는 과산화물의 함량을 측정하거나 또는 과산화물의 생성속도를 측정함으로써 산패의 발생을 검축하거나 유도기간의 길이를 측정한다. 일반적으로 유지 속의 과산화물 함량은 과산화물가로 표시되는데, 이것은 1kg의 유지에 함유된 과산화물의 mmol/kg로 표시한다.
- TBA법은 산화된 유지에 형성된 특정 카르보닐 화합물의 하나인 말론알데히드가 2-thiobarbituric acid와 빨간색의 복합체를 형성하며, 이 빨간색의 강도는 말로알데히드의 형성량이다. 따라서 일반적으로 유지의 산패도와 밀접한 관계를 맺고 있다는 데에 근거를 두고 있다.
- 산가는 유지 1g에 함유된 유리지방산을 중화하는데 소요되는 KOH의 mg수로, 유지의 산가가 높으면 해당 유지가 변질된 것을 의미한다.
- 요오드가는 요오드 100g에 흡수되는 요오드의 g수이다. 요오드는 유지 중의 불포화 결합의 부분에 부가된다.

CHAPTER 07 두류 및 두류제품

1 날콩에는 단백질 분해효소인 트립신의 작용을 방해하는 트립신 저해제가 들어 있어 소화 흡수를 어렵게 한다. 이들 물질은 100℃에서 4~5분 정도로 가열처리하면 그 기능을 상실하고 단백질의 소화율이 향상되고, 날콩 냄새도 억제된다.

2
- 압력솥을 이용하여 가압을 이용하여 조리시간을 단축한다.
- 식염수에 담갔다가 삶기 : 대두의 주요 단백질인 글리시닌은 식염과 같은 중성용액에 잘 용해된다.
- 식소다와 같은 알칼리성 물질을 첨가하기 : 콩을 삶을 때 헤미셀룰로오스가 알칼리에 의해 연화되는 성질을 이용하여 쉽게 물러지고 조리시간이 단축되지만, 콩에 많이 들어있는 비타민 B_1(티아민)의 파괴를 촉진하기도 한다.

3 이소블라본은 대두 1g당 약 1mg 정도 함유된 식물의 페놀계 노란색 색소인 플라보노이드의 하나로 대두의 껍질 부위에 많으며, 여성 호르몬인 에스트로겐과 유사한 작용을 하여 에스트로겐 분비를 촉진하여 유방암, 난소암, 대장암 등에 효과를 나타내며 골다공증, 우울증과 같은 갱년기 증세에도 효과가 있는 것으로 나타났다.

4 대두와 팥에 함유되어 있는 사포닌은 물과 친한 친수성기와 기름과 친한 소수성기를 모두 가지고 있는 양친성분자이다. 이 때문에 비누처럼 유화작용을 일으켜 거품을 형성하는 성질을 가지고 있어 콩을 씻거나 삶을 때 거품이 생기게 된다. 이러한 사포닌은 과량 섭취 시 장을 자극하여 설사의 원인이 되기도 한다.

5 두유

6 염화칼슘은 첨가온도는 75~80℃로 수용성으로 응고시간이 빠르나 수율이 낮다.

염화마그네슘($MgCl_2 \cdot 6H_2O$)은 첨가온도는 75~80℃로 수용성으로 맛이 좋고 순간적 응고로 고도의 기술이 필요하다.

황산칼슘($CaSO_4 \cdot 2H_2O$)은 첨가온도는 80~85℃로 난용성으로 두부의 색상이 좋고 조직이 연하고 탄력성이 있다. 수율이 좋고 온수에 희석하여 사용한다.

7 재래식 간장콩만을 주원료로 소금물에 담가 발효 · 숙성시킨 것으로, 고초균에 의해서 착색한 미생물이 단백질 분해효소, 프로테아제와 전분질 분해요소 아밀라아제를 분비한다.

개량식 간장(양조간정)은 콩과 탈지대두, 밀 등을 원료로 하고, 종국을 접종 배양시켜 소금물에 담가 발효, 숙성시킨 것으로 황국균을 사용한다. 아밀라아제, 프로테아제 효소를 많이 생성하여 분해 발효한다.

8 재래식 된장은 메주로 장을 담가서 장물을 떠내고 남은 건더기로 만든 것이다. 자연 상태에 존재하는 복합균, 고초균을 이용하며 구수하면서 짠맛이 강하다. 혈전용해 능력, 항암효과가 우수하니 균일한 제품을 만들기가 어렵다.

개량식 된장은 콩에 쌀, 보리, 밀가루, 밀쌀 등 전분질 원료에 곰팡이를 띄우고 삶은 콩과 소금, 물과 혼합하여 발효하는 것이다. 배양해서 접종시킨 단일균, 황국균, 고초균을 사용한다. 달면서 담백한 맛이다. 재래식 된장보다는 떨어지고 균일한 제품 생산이 산업화된다.

9 두류에는 곡류에 부족한 리신의 함량이 높기 때문에, 곡류와 누류를 혼합한 식사를 하면 효과적이다.

10 청국장은 볏짚과 함께 발효시킨다. 고초균을 사용하고 파 · 마늘 · 고춧가루 · 소금을 넣어 마쇄한 다음 찌개로 끓여먹고 저장성이 있다. 낫토는 볏짚을 이용한다. 순수 종균인 바실러스 서브틸리노 낫토를 이용한다. 간장과 겨자, 달걀을 넣어 저어

서 그대로 먹는다.

CHAPTER 08 채소류 및 과일류

1 채소가 자라는 방향으로 섬유를 따라 자르면 섬유가 절단되지 않아 싱싱한 식감을 잃지 않는다. 반대로, 끓이는 음식에 채소를 이용할 때는 섬유를 결과 반대 방향으로 자르면 부드럽게 먹을 수 있다.

2
- 잎을 먹는 엽채류는 당질, 단백질, 지방의 함량이 적다. 그러나 비타민과 철, 칼슘 등 무기질의 좋은 급원이고 식이섬유도 풍부하다.
- 근채류는 뿌리나 줄기 부분을 먹으며 일반적으로 수분함량이 적은 대신 당질함량이 많다. 저장성이 우수하여 오랜 기간 신선하게 저장이 가능하다.
- 과채류는 열매가 채소로 이용되며, 일반적으로 수분함량이 많고 당질함량이 적다.
- 경채류는 샐러리, 죽순, 땅두릅 등과 비늘줄기를 먹는 양파, 마늘 등은 인경채류라 한다. 수분함량이 많고 당질이 적게 들어 있다.
- 화채류는 꽃이 채소로 이용되는 종류이다.

3 당근, 오이, 호박에는 비타민 C를 파괴하는 아스코르비나아제를 갖고 있어 무와 같이 사용하면 비타민 C가 파괴된다.

4 산성(녹색 → 녹황색)은 녹색채소를 가열하면 엽록소에 결합되어 있는 마그네슘(Mg^{2+})이온이 빠져나오고 수소(H^{+})이온이 그 자리에 대치되어 페오피틴을 형성하기 때문에 누런색으로 변한다. 따라서 녹색 채소를 데칠 때는 가열 시 냄비의 뚜껑을 열어두면 휘발성 유기산이 휘발되므로 색의 변화는 어느 정도 막을 수 있다.(예 : 녹색채소 데치기 - 유기산), 오이생채 - 식초에 산)

알칼리(녹색)는 엽록소는 알칼리에 안정하므로, 조리수가 약알칼리일 때 녹색 채소는 초록색을 최대한으로 보유한다. 이것은 알칼리성 용액에서 엽록소의 피톨이 떨어져 나가 수용성 클로로필리드가 되고, 계속해서 메탄올이 떨어져 나가 짙은 청록색에 클로로필린을 형성한다. 녹색채소에 중조를 넣어 데치면 선명해진다.

금속이온은 구리, 아연, 금속이온과 함께 가열하면 클로로필 중의 마그네슘이온이 금속이온과 치환되어 안정되며 선명한 녹색으로 형성된다.(예 : 통조림완두콩 - 황산구리)

5
- 데치는 물의 양을 충분하게 사용하여 비휘발성 유기산 농도를 희석시킨다.
- 데치는 물에 소금을 넣으면 클로로필 용출을 적게 하고 안정화에 좋은 역할을 한다.

· 뚜껑을 덮지 않고 가열하여 휘발성 유기산을 휘발하도록 한다.
· 채소를 데칠 때 소량의 중조를 넣으면 색이 선명하나 비타민 B, C의 손실이 크다.
· 채소를 끓는 물에 넣고 데쳐서 재빨리 찬물이나 얼음물에 헹구어 사용한다.

6 산성은 (붉은색 → 안정) 산성용액에서는 붉은색을 띠고, 적색채소는 일반적으로 조리수 소량을 가하고 뚜껑을 덮어 조리하는 것이 유기산을 이용할 수 있어 바람직하다. 생강, 적양배추를 초를 절이면 적색으로 변한다. 사과주스나 레몬즙을 첨가하면 색이 변색되는 것을 방지한다.

알칼리(자색 → 청색)는 알칼리에 의해 색이 변하며 붉은색에서 자색, 청색으로 변한다. 물에 쉽게 침출되므로 조리하는 동안 적색 채소는 탈색되기 쉽다. 또 조리수가 알칼리성이면 색 변화가 더욱 심하다.

우엉을 삶으면 우엉 속에 들어 있는 알칼리성 무기질이 나와 청색으로 변한다.

금속이온은 주석, 철, 알루미늄 등의 금속과 반응하여 색이 암청회색, 적갈색으로 변한다. 가지, 검은 콩 조리 시 철냄비를 사용하면 색소가 유지된다.

7 산성(안정)은 조리할 때 식초, 주석산 등의 산에 의해 색이 희어진다. 무생채를 만들 때 식초를 넣으면 무의 색이 선명한 흰색이 된다.

알칼리(담황색)는 알칼리에서는 불안정하여 담황색, 갈색으로 변하게 된다. 우엉, 연근 조리 시 산을 첨가하여 변색을 방지한다.

금속이온은 수산기(-OH)를 가지고 있는 채소는 금속이온과 반응하여 착화물을 만든다. 양파를 철로 만든 칼로 다져서 방치하면 적갈색으로 변한다.

8 비트의 베타레인은 수용성 색소로, 적자색은 베타시아닌이며, 비트의 껍질을 벗겨서 조리하면 다량의 색소가 손실된다. 베타시아닌은 산성에서 적색, 알칼리에서는 적자색으로 변한다.

9 과일의 사는 단면이 공기 중에 노출되면 조직 속에 있는 폴리페놀화합물이 산소와 접촉하여 갈색물질이 생성된다. 이는 효소적 갈변현상으로 폴리페놀옥시다아제에 의한 갈변현상이라고 한다.

효소 불활성화는 데치거나 열처리를 하면 효소가 불활성화 되어 갈변이 방지된다. 산소제거는 산소에 접촉을 피하기 위해서 설탕물, 소금물에 담그거나 진공처리 한다. 아황산가스, 아황산염, 염소이온 이용은 아황산가스, 아황산염, 염소이온은 폴리페놀옥시다아제의 활성을 억제시킨다. 소금물에 담근다. 금속서해세는 철로 만든 칼은 사용하지 않는다. pH 변화는 pH를 산성(pH 5.8~6.8)으로 변화시켜 폴리페놀옥시다아제의 활성을 억제시킨다. 항산화제 사용은 아스코르빈산이 산소를 소모시켜 갈변을 억제한다.

천연갈변억제제는 천연과즙 및 여러 당류의 비효소적 갈변 생성물 등이 이용된다.

10 후숙과일(호흡기 과일)은 수확 후 호흡률이 증가한다. 약간 덜 익었을 때에 수확한다.(종류 : 바나나, 토마토, 키위, 살구, 자두, 감, 한라봉, 망고)
완숙과일(비호흡기 과일)은 수확 후 호흡률이 저하한다. 완전히 익은 후 수확한다.(종류 : 딸기, 포도, 수박, 귤, 오렌지, 레몬, 체리, 버찌, 블루베리)

CHAPTER 09 해조류 및 버섯류

1
- 녹조류는 얕은 바다에 서식하며, 포도당과 헤미셀룰로오스가 풍부하다. 엽록소(클로로필)가 많고 카로틴, 잔토필계 색소 함유되어 있다.
- 갈조류는 알긴산, 푸코이단, 라미나린, 만니톨이 풍부하다. 알긴산은 안정제, 유화제로 사용한다. 카로티노이드 색소인 β-카로틴의 푸코잔틴과 소량의 엽록소(클로로필)가 함유되어 있다.
- 홍조류는 가장 깊은 지역에 서식하며, 한천, 만나 등이 들어 있다. 붉은색의 피코에리스린과 그 외 엽록소, 소량의 카로티노이드계가 함유되어 있다.

2 만니톨

3 파래는 디메틸설파이드향을 가지며, 물파래는 진한 초록색이 초무침에 이용된다.

4 미역은 무기질을 다량 함유하고 있어 임산부에게 좋은 식품이다. 다시마는 맛 성분인 글루탐산이 많이 들어 있다.

5 김을 구우면 붉은 색소인 피코에리스린이 청색의 피코시아닌으로 바뀌고, 또 클로로필이 열에 의해 퇴색되어 청녹색으로 변한다.

6 트립토판, 알라닌, 글리신, 글루탐산

7 에르고스테롤

8 아데닐산, 구아닐산, 글루탐산

9 비타민 D의 전구체 에르고스테롤을 많이 함유하고, 식이섬유인 베타글루칸 성분이 있어 영양이 우수하다. 건표고버섯은 핵산 성분인 구아닐산과 향기 성분인 렌티오닌이 있어 특유의 맛난 맛과 향기를 가진다. 생 표고버섯은 수분이 너무 많지 않고 갓이 적당하게 펴져 있으며, 갓 안쪽 주름이 뭉개지지 않고 줄기가 통통하며 짧은 것이 좋다. 향은 약하지만 질감이 우수하여 찌개, 나물, 전, 찜 등의 조리에 많이 이용된다.

10 담자균류에 속하는 송로버섯(알버섯)과는 전혀 다른 버섯이며, 한국에서는 아직 발

견되지 않고 있다. 주로 프랑스, 이탈리아, 독일 등지의 떡갈나무 숲 땅 속에 자실체를 형성하며, 지상에서는 발견하기가 힘들다. 버섯은 호두 크기에서 주먹만한 감자 모양의 덩이이다.

CHAPTER 10 젤라틴과 한천

1 결체조직, 콜라겐

2 졸(sol), 겔(gel)

3 농도, 온도, 시간, 젤라틴분자의 분자량, 염의 영향, pH와 산의 영향, 당의 영향, 효소의 영향이 있다.

4 과일젤리와 젤라틴과 난백을 이용한 시폰케이크, 무스케이크, 커스터드와 크림 등 소족에 함유된 콜라겐을 가열하여 젤라틴을 만든 후에 굳히는 족편 등이 있다.

5 한천은 해조류 중 홍조류인 우뭇가사리에서 추출된 복합다당류이다. 주요 성분은 갈락탄이다. 한천의 구조는 겔 형성 능력이 뛰어나고, 보수성이 큰 아가로스와 점탄성이 높은 아가로펙틴의 성분으로 구성되어 있다.

6 이장(syneresis)

7 우유

8 난백

9 한천젤리

10 양갱

CHAPTER 11 육 류

1 근섬유로 구성되어 있으며, 근원섬유는 굵은 필라멘트와 가는 필라멘트의 두 가지 유형의 미오필라멘트로 구성된다.

2 콜라겐은 껍질, 힘줄, 근육과 결합하는 뼈나 가죽 부위에 많으며, 물과 함께 가열하면 65℃ 부근에서 수용성의 젤라틴이 되고, 다시 온도가 내려가면 식으면서 굳어져 젤화 된다.

3 근내지방이라고 하며, 적당히 산재되어 있어 입에 닿는 촉감, 풍미 등이 우수하여 건열조리법인 구이에 적합하다. 불포화지방산의 함량이 많을수록 녹는점이 낮아지

고, 포화지방산 함량이 많을수록 녹는점이 높아진다.

4 육류는 도살 후 처음에는 색이 암적색을 띠나, 공기와 접촉하면 산소와 결합하여 옥시미오글로빈으로 변하며 점차 선명한 붉은색으로 변한다.

5 육류에 사후경직은 동물을 도살 후 시간이 지나면 근육이 신장성을 잃고 뻣뻣해지는 현상이다. 도살 전 근육조직의 pH는 7.0~7.4로 중성이나, 도살 후 방혈로 근육조직 내에 산소공급이 제한되며, 혐기적 해당작용이 일어나 글리코겐으로부터 젖산의 생성에 의한 pH의 저하 등은 보수성을 감소시키고 더욱 딱딱하게 된다.

6 온도가 상승함에 따라 미오글로빈의 단백질 부분이 변성을 일으켜 회갈색의 메트미오크로모겐과 헤마틴에 의해 회갈색이 된다.

7 ① 기계적인 방법, ② 당의 첨가, ③ 염의 첨가, ④ pH의 첨가, ⑤ 효소의 첨가 등

8 드립현상은 고기를 천천히 동결시킨 경우 얼음결정이 커지며 근육세포를 파괴하여 해동 시 육즙의 양이 많아지고 고기의 맛이 떨어지는 것이다. 드립현상을 줄이기 위해서는 냉동육을 하루 전에 냉장상태로 꺼내어 서서히 해동을 하거나 냉동육을 흐르는 찬물에서 해동하는 것이 바람직하다. 최근에는 전자레인지를 이용하여 급속해동을 한다.

9 파파야의 파파인, 파인애플의 브로멜린, 무화과의 피신, 키위의 액티니딘 등은 단백질 분해효소 작용으로 연화에 효과가 있다. 그러나 사용량이 많거나 작용시간이 길면 오히려 씹는 맛이 저하된다.

10 건열조리 : 등심, 습열조리 : 양지

CHAPTER 12 어패류

1
- 어류는 서식하는 물에 따라 담수어(강, 호수, 저수지)와 해수어(바다)로 구분되며, 물의 상태와 성질에 따라 어육의 맛이 달라지는데, 일반적으로 해수어는 담수어보다 지방함량이 많으며 맛이 있다.
- 연체류는 연체류는 몸이 부드러우며 뼈가 없고 근육이 발달되어 있는 것으로, 형태학적으로 두족류(頭足類)에 속하는 문어, 오징어, 한치, 낙지, 해파리, 해삼, 꼴뚜기 등이 있다.
- 갑각류는 키틴질로 된 딱딱한 외피로 덮여 있으며 마디마디로 구분되어 있는 것이 특징이다. 주로 바다에 서식하고 바다와 만나는 강의 하구 또는 담수에서도 살며 게, 왕게, 꽃게, 새우, 가재 등이 있다.
- 조개류는 단단한 껍질 속에 식용 부위인 근육을 갖고 있다. 복족류(腹足類)는 전

복, 소라, 우렁이가 있으며, 이매패류(二枚貝類)로 굴, 대합, 가막조개, 모시조개, 가리비 등이 있다.

2 어패류의 주요 맛 성분으로는 유리아미노산, 베타인, 뉴클레오타이드, 염기류 및 유기산 등이 있다. 붉은살생선은 흰살생선에 비하여 맛이 진한데, 이는 지방성분을 포함한 맛 성분을 더 많이 함유하고 있기 때문이며, 특히 히스티딘의 함량 차이가 큰 영향을 미친다. 오징어, 낙지, 새우 등에는 베타인의 함량이 많아 특유의 단맛과 감칠맛을 내며, 조개류의 맛 성분으로는 호박산이 있다.

3 아스타잔틴, 아스타신

4 어육단백질은 근원섬유 단백질인 액틴과 마이오신, 그리고 결합조직 단백질인 콜라겐과 엘라스틴 등이 있으며, 단백질 분해효소 등을 구성하는 근형질 단백질이 있다.

5
- EPA는 고지혈증, 심혈관계 개선, 혈중 콜레스테롤 저하, 암(유방암, 대장암, 전립선암) 억제, 혈소판 응집 억제, 혈압저해, 면역증강 작용, 등푸른생선에 다량으로 함유되어 있다.
- DHA는 고지혈증, 중추신경계 개선, 세포막유동성 개선, 혈소판응집 억제, 항암, 노인성치매 개선 작용, 등푸른생선에 다량으로 함유되어 있다.
- 타우린은 혈중콜레스테롤 저하, 혈압 강하, 항경련, 항동맥경화 작용, 연체류에 있다.
- 키토산은 항균, 종양 억제, 감염방어 작용을 한다.

6 ① 물, ② 채소류 및 향신료 첨가, ③ 식초, 레몬즙, 및 산의 첨가, ④ 알코올의 첨가, ⑤ 간장, 된장, 고추장의 첨가, ⑥ 우유 첨가 등

7 무에 함유된 머스터드 메르캅탄이 어취를 억제하는 효과가 있어 회, 조림, 찌개에 많이 이용된다. 강한 향을 함유하고 있는 셀러리, 파슬리, 깻잎, 미나리, 쑥갓을 사용하여 어취를 약화시킨다. 생강의 매운맛 성분에는 진저론과 쇼가올이 있는데, 이러한 성분 또한 혀의 미뢰를 둔화시키고 어취물질을 변성시켜 어취를 제거할 수 있고, 생강은 어육단백질을 가열 변성시킨 후에 넣는 것이 효과적이다. 파, 마늘, 양파 등의 채소에는 강한 향미 성분인 황화알릴류의 황화합물이 들어 있어 이 성분이 비린내를 둔화시킨다. 고추냉이의 자극성 향기 성분인 알릴이소티오시아네이트의 매운맛 성분이 어취의 감지를 둔화시킨다. 겨자분말에 냉수를 넣고 교반하면 자극성물질이 형성되는데, 이는 분말 속에 들어 있는 시니그린이 효소 미로시나아제의 작용으로 가수분해 되어 생긴 자극성 향기 성분인 머스터드 오일이 미뢰를 눈하게 하며 어취를 약화시키기 때문에, 생선회나 초밥에는 고추냉이 또는 겨자를 사용한다. 고추의 캡사이신과 후추의 차비신도 자극성 있는 매운 맛 성분이므로 어취를 약화시키는데 효과가 있다.

8 어류의 근육에는 트리메틸아민옥사이드가 함유되어 있는데, 해수어의 비린내는 신선도가 떨어지면 세균에 의해 트라이메틸아민을 생성하면서 비린 냄새가 생성된다. 담수어의 비린 냄새는 리신으로부터 생성된 피페리딘과 아세트알데하이드의 반응에 의한 것이다.

9 테트로도톡신

10 눈은 외부로 약간 돌출하고 투명한 생선은 신선하다. 신선도가 떨어질수록 눈이 흐리고 눈 속으로 내려앉는다.

아가미는 아가미색은 선명한 적색이며, 냄새도 불쾌하지 않다. 단단하며 꽉 닫혀 있는 것이 좋다. 선도가 떨어질수록 적색에서 회색에 가까운 색으로 변하며 점액질의 분비가 많아져 점착성이 증대하고 부패취가 농후해지는데, 표면에서 냄새가 나기에 앞서 아가미 부분에서 먼저 발생한다.

표면색은 신선한 생선의 표면은 광택이 있고, 어종 특유의 색을 지니며 비닐이 단단하고 고르다. 신선도가 저하되면 광택이 점점 희박해져 퇴색하게 되고 점액질의 분비가 증가하며, 비늘이 떨어지거나 벗겨지고 생선 특유의 불쾌한 악취와 비린내가 심하게 난다.

복부는 신선한 생선의 복부는 탄력성이 있어 단단하고 팽팽하다. 신선도가 저하되면 복부는 연화되며 탄력을 잃고 항문에서 장의 내용물이 침출된다. 작은 생선 등은 내장이 자가분해에 의해 용해되기도 한다.

근육은 신선한 생선의 근육은 탄력성이 강하며 색도 투명한 감이 있고 살이 뼈에서 쉽게 떨어지지 않으나, 신선도가 저하되면 탄력성이 없어지고 살이 물러지면서 뼈에서 쉽게 떨어진다.

냄새는 신선한 것은 본래의 냄새가 나지만, 신선도가 떨어지면 비린내가 나고 암모니아 냄새가 난다.

비늘은 윤택이 나고 단단하게 붙어 있는 것이 신선하다.

탄력성은 사후경직 중의 생선은 탄력이 있어 신선하지만, 시간이 경과함에 따라 탄력성이 감소하여 눌러도 자국이 생기지 않는다.

CHAPTER 13 달 걀

1 난각은 내부를 보호하는 역할을 한다. 겉껍질에는 작은 기공이 있어 수분증발, 탄산가스 배출을 한다. 신선한 달걀 표면의 촉감은 까칠까칠한데 난각 큐티클 때문이며,

산란 직후에 미생물의 오염을 방지한다. 난황은 표면은 젤라틴의 얇은 막으로 싸여 탄력 있는 난황막에 의해 덮여 보호된다. 난백은 점도가 높은 농후난백, 점도가 낮고 묽은 수양난백으로 나눌 수 있다. 산란 직후에는 농후단백의 함량이 많으나, 시일이 경과함에 트립신 등 효소작용으로 자가소화가 일어나 농후난백은 수양난백으로 변한다.

2 외관상은 평가는 중량 규격은 달걀은 중량에 따라 5가지 규격으로 분류한다. 왕란 68g 이상, 특란 68g 미만~60g 이상, 대란 60g 미만~52g 이상, 중란 52g 미만~44g 이상, 소란 44g 미만이다. 껍질의 상태에 의한 방법은 껍질의 광택 정도, 달걀의 모양, 균열의 유 · 무 등에 의해서도 분류한다. 신선한 달걀은 껍질이 까칠까칠하다. 투시법은 강한 광선에 비추어 난각은 광선을 투과하므로 기실의 크기, 난황의 색, 크기, 위치, 껍질상태 등을 검사한다.

비중법은 신선한 달걀의 비중은 1.08~1.09이며, 시간이 지남에 따라 수분의 증발로 비중이 감소된다. 3~4%의 소금물에 담가서 위로 뜨는 것은 오래된 달걀이고, 가라앉는 것은 신선한 것이다.

내용물에 의한 평가는 난백계수는 달걀을 평판 위에 깨트린 후 난백의 가장 높은 부분의 높이를 평균 직경으로 나눈 것으로, 신선한 달걀의 경우 0.14~0.17이다. 난황계수는 편편한 판 위에 달걀을 깨트렸을 때에 난황의 높이를 난황의 지름으로 나눈 값이다. 신선한 달걀의 난황계수는 0.36~0.44이다. 오래될수록 난황계수가 작아지고, 난황계수가 0.25 이하인 것은 달걀을 깨뜨렸을 때 난황이 쉽게 터진다. 호우단위(H.U)는 달걀의 무게와 농후난백의 높이를 측정하여 다음 계산식에 의하여 산출한 값을 말한다. 신선한 달걀의 호우 단위는 86~90이다.

3 오브알부민은 난백의 대부분을 차지하는 당단백질로 소화가 용이하다. 64~67℃의 열에 쉽게 응고된다. 콘알부민은 약 1/10을 차지하며 철, 구리와 같은 금속 이온과 강하게 결합하는 수용성의 당 단백질이다. 단독으로는 열(55~60℃)에 쉽게 응고되나, 금속과 결합하면 안정화되어 열, 효소 등에 대한 저항성이 커진다. 특히 철과 결합하면 미생물에 대한 저항성이 커진다. 오보뮤코이드는 당 당백으로 만노오스, 글루코사민 등의 당을 함유하고 있으며, 1/10 이상을 차지한다. 열에 응고되지 않으며, 트립신 저해물질이다. 오보글로불리는 난백의 거품 형성에 기여하는 단백질로 2종류이다. 열(65℃)에 의해 응고된다.

리소자임은 항균성을 지닌 열에 안정한 글로불린 단백질로 달걀의 신선도를 유지해 준다. 신선한 달걀의 난백에서는 리소자임이 오보뮤신과 결합하여 된 난백의 고점도의 특수 망상구조를 형성하는 골격 구실을 한다.

오보뮤신은 물에 대한 용해도가 아주 낮은 당단백질로서 난백에 물을 넣어 희석하면 쉽게 침전한다. 리소자임과 함께 된 단백을 형성한다. 난백기포의 안정화에 기여하며, 내열성이 강하다.

아비딘은 비타민 B 복합체의 일종인 비오틴과 결합하여 비오틴을 불성화시킨다. 열에 쉽게 변성되므로 달걀을 85℃에서 5분간 가열하면 완전히 소실된다.

4 비텔린은 인지질인 레시틴과 결합된 인단백질로 유화성을 나타낸다.

리베틴은 글로불린에 속하는 수용성 단백질로 95℃ 이상으로 가열하면 거의 완전히 응고된다. 난황효소의 대부분은 리베틴에 속한다.

포스비틴은 인단백질로서 약 10%의 인을 함유하고 있다. 철분을 운반하는 기능이 있다.

5 달걀의 유화성은 난황의 레시틴 때문에 유화력이 더 크며, 난황을 이용한 것이 마요네즈와 스펀지케이크, 샐러드드레싱 등을 만들 때 중요한 역할을 한다. 유화성은 난황 〉 전란 〉 난백의 순이다. 난황의 강력한 유화성은 난황에 있는 지단백인 레시틴과 단백질이 결합한 레시토프로테인에 의해 형성된다. 수중유적형 유화제로서 마요네즈, 유중수적형의 유화제로서 버터, 마가린 등이 있다.

6 달걀은 열에 의해 응고되는 성질인데 가열, 산, 알칼리, 염, 기계적 교반 등의 처리에 의해서 난백과 난황은 응고하는데, 달걀 성분 중 주로 단백질의 변성에 의해서 응고하는 현상이다. 달걀의 응고온도는 난백은 55~57℃에서 응고하기 시작하여 65℃에서는 완전히 응고되며, 난황은 65℃에서 응고하기 시작하여 70℃가 되면 완전히 응고한다. 난황은 너무 오래 응고시키면 부서지기가 쉬우며 부슬부슬해진다.

응고성에 영향을 주는 요인은 온도는 높은 온도에서 조리하거나 장시간 조리하면 질감이 단단하다. 낮은 온도에서 조리하면 시간이 많이 걸리고 부드럽고 연한 질감을 얻을 수 있다.

산은 약간의 산을 첨가하면 낮은 온도에서 빨리 응고하고 단단하다.

pH는 pH가 등전점에 가깝게 되면 열 응고온도가 낮게 된다. 산을 첨가하면 낮은 온도에서 응고하지만 pH 4.8 부근에서 열 응고성이 최대가 되어 60℃에서 응고한다.

염은 양이온 원자가 클수록 열 응고성이 증가한다. 소금이나 우유를 넣으면 Ca^{2+} 이온이 응고를 촉진한다.

설탕은 설탕 첨가량에 비례해 응고온도를 높여주며, 응고물은 연하며 기공이 적고 매끄럽다.

7 달걀을 끓는 물에 15분 이상 삶으면 노른자 주위에 암녹색의 색소가 침착되는 것을 볼 수 있다. 이것은 난백에서 생성된 황화수소는 가열이 진행됨에 따라 압력이 낮

은 난황의 중심부로 이동하여서 난황안의 철과 결합하여 암녹색의 황화 제1철(FeS)을 형성하게 된다. 이 반응은 신선한 달걀보다 오래된 달걀에서 발생한다. 즉 신선도가 저하되면 pH가 증가되어 가열온도가 높고, 가열시간이 길수록 녹변현상이 일어난다. 달걀을 삶아서 찬물에 바로 식히면 이와 같은 착색은 거의 일어나지 않는다. 이것은 황화수소가 난황표면에 이동하기 전에 온도가 낮아지면 난각 쪽으로 이동하여 외부로 발산되기 때문에 변색을 방지할 수 있다.

8 난백을 계속 거품기로 강하게 저어주면 공기가 액체 속으로 들어가 거품이 된다. 이는 오보글로불린과 오보뮤신의 단백질막이 유입된 공기를 둘러쌈으로서 기포가 생긴다. 난백의 점성이 높으면 기포 형성력은 떨어지고, 반대로 점성이 낮으면 기포 형성력은 증대되는 경향이 있다.

난백의 상태는 신선한 달걀보다 1~2주 지난 달걀이 점성이 낮으므로 기포성이 좋다. 묽은 난백은 점도가 낮아 기포형성 능력이 좋아 거품을 내는 데에 효과적이다. 온도는 난백의 온도가 30℃ 전·후일 때 기포성이 좋다. 냉장고에 넣어두었던 달걀을 실온에서 온도를 높인 후에 사용하도록 한다. 이는 난백의 표면장력이 저하되기 때문이다. 높은 온도에서 처리하면 점도가 떨어지기 때문에 기포형성 능력은 증진되나 안정성이 저하된다. 난백의 온도가 낮으면 점도가 높아 기포형성이 느리지만, 형성된 거품은 안정되고 탄력 있는 기포가 된다.

첨가물은 지방은 지방은 기포의 형성을 방해하므로 기포형성이 잘 안 된다. 우유는 우유의 첨가는 기포형성을 방해하여 기포형성이 잘 안 된다. 설탕은 점도를 증가시켜 기포성은 감소하지만, 어느 정도 거품을 낸 후에 조금씩 첨가하면 광택이 있고 안정성이 증가한다. 소금은 첨가 시 표면 변성을 촉진시키므로 거품의 안정성이 나빠진다. pH 는 소량의 산을 서서히 첨가하여 pH를 등전점 부근으로 낮추면, 쉽게 기포가 형성되고 안정성은 증가한다. 만일 산을 교반하기 전에 난백에 첨가하면 응고되므로 주의한다.

거품기의 종류로는 수동 교반기는 로터리 비터, 와이어 휩이 있고, 전동교반기가 있다. 수동교반기를 사용하면 부피가 크지만 묽어지고, 전동교반기는 수동교반기보다 거품이 더 많이 일어나고 안정된 기포를 얻을 수 있다. 거품기의 날이 가늘수록 기공의 크기가 작아져서 미세하고 안정된 기포가 생긴다.

9 소금물에 달걀을 넣어 신선한 것은 물아래로 내려가고 부패된 달걀은 위로 떠오른다. 깼을 때 산란 직후 노른자와 흰자가 부풀어 있다. 오래된 달걀은 노른자와 흰자가 모두 끈적거린다.

10 달걀은 물에 넣고 삶고 있는 사이에 가끔 굴려주며, 노른자가 중앙에 오면 예쁜 달

갈이 된다. 다 삶아지면 찬물에 식혀주어야 껍질이 잘 벗겨진다. 찬물로 인해 겉에 있는 껍질이 수축되어 껍질과 흰자와 어긋남이 생긴다. 흰자와의 밀착을 막기 때문에 껍질이 벗겨지기 쉬워진다.

CHAPTER 14 우유와 유제품

1 산은 단백질 변성의 일종으로 산에 의해 칼슘 대신, 수소이온이 카세인과 결합하여 응고한다.(예 : 코티지치즈, 요구르트) 염류에 의해 응고되며 염분이 있는 식품과 우유와 같이 가열 조리하면 응고한다.(예 : 햄과 함께 조리)

효소(레닌)는 위에서 분비되는 펩신, 프로테아제와 같은 효소들은 카세인을 응고한다.(예 : 체다슬라이스 치즈) 페놀화합물은 과일, 채소, 커피, 차의 페놀 성분에 의해 응고한다.(예 : 감자수프)

2 유청 단백질은 카세인을 제거하고 남은 유단백질로, 우유 단백질의 약 20%를 차지하며 대부분 α-락토알부민, β-락토글로불린, 면역글로불린, 혈청알부민으로 구성되어 있다. 유청 단백질은 산과 효소(레닌)에 의해서는 응고되지 않고 65℃ 이상의 가열에 의해 응고되기 때문에, 우유를 가열 시 피막을 형성하고 냄비의 밑바닥에 침전물이 생기게 되므로 열 응고성 단백질이라고도 한다. 식품에 첨가하면 텍스처, 촉감, 보수성, 풍미가 증진된다.

3 유당불내증

4 저온 장시간살균법(LTLT법)은 우유를 63~65℃로 30분간 가열처리 하는 방법으로, 비용이 적게 들고 간편하나 보존성이 떨어진다.

고온 단시간살균법(HTST법)은 우유를 72~75℃로 15~20초간 가열처리 하는 방법으로, 가장 보편적으로 사용되는 방법이다.

초고온 순간살균법(UHT법)은 높은 온도에서 순간적으로 가열처리 하는 방법으로, 120~140℃로 2~3초간 가열 살균한다. 영양소 파괴와 화학적 변화를 최소화하고 살균효과를 극대화시킨 방법으로 국내에서 가장 널리 사용되며 완전멸균도 가능하다.

5
- 우유단백질 중 카세인은 열에 응고되지 않기 때문에 보통의 조리온도에서는 변화가 없으나, 락토알부민과 락토글로불린은 약 66℃에서 응고하기 시작하여 온도가 상승함에 따라 응고상태가 증가하여 유연한 응고물을 형성하며 침전한다.
- 색과 향미는 우유는 고온에서 장시간 가열하면, 우유의 단백질과 유당에 의해 엷은 갈색으로 변하고 캐러멜화 되는데, 신선할 때에 비해 우유의 맛과 영양가가

저하된다. 갈색화(褐色化)는 우유를 120℃에서 5분 이상 가열하였을 때, 카세인의 아미노기와 유당의 카르보닐 사이에서 아미노－카르보닐반응에 의한 메일라드 반응에 의한 것이며 유당의 캐러멜화에 의해서도 갈색과 특유의 향이 생성된다. 향미는 우유를 75℃ 이상으로 가열하면 나타나는 것으로 이것은 β-락토글로불린과 지방구의 막을 형성하고 있는 단백질의 열변성에 의해서 활성화한 SH기로부터 생성되는 것이다.

- 피막 형성은 우유를 40℃ 이상의 온도로 가열하면 표면에 얇은 피막이 생기게 되는데, 이는 온도에 증가로 표면장력이 감소하여 단백질이 응고하는 현상으로 지방과 유당, 무기질이 흡착된 것이다. 피막은 수분증발을 막아 우유를 끓어 넘치게 하는 특징이 있다. 피막을 제거하면 우유의 영양상 손실이 올 수 있어 피막이 형성되지 않도록 뚜껑을 덮고 조리하거나 가열 시 우유를 저어주는 것이 좋다. 또한 가열 시 유즙 내에 분산되어 있던 인산칼슘이 알부민과 같이 응고되어 침전물이 생기거나 표면에 피막을 형성하는 원인물질이 된다.

6 우유에 단백질인 카세인이 과일이나 채소에 함유된 구연산, 유기산, 사과산 등에 의해 굳기 때문이다. 복숭아, 사과, 레몬, 파인애플, 포도에도 유기산이 많이 함유되어 있기 때문에 우유를 섞으면 굳는다. 산미가 강한 토마토로 수프를 만들 때에는 한꺼번에 너무 많은 양을 넣으면 굳어지며 질감이 나빠진다. 그래서 굳어질 수 있기 때문에 토마토를 미리 삶아 유기산 일부를 제거하고 조금씩 넣어가면서 가열시간을 짧게 하는 것이 좋다.

7 우유는 고온에서 장시간 가열하면, 우유의 단백질과 유당에 의해 엷은 갈색으로 변하고 캐러멜화 되는데, 신선할 때에 비해 우유의 맛과 영양가가 저하된다.

8 카세인은 효소 레닌의 첨가에 의해서도 응고되는데, 이러한 성질을 이용하여 치즈 등의 유제품을 만든다. 레닌의 활성온도는 40℃로 낮은 온도에서는 반응이 서서히 일어나 응고물이 부드럽고 높은 온도에서는 단단한 응고물을 형성한다. 레닌의 활성산도는 약한 산성으로 우유에 응고물이 생길 정도의 산도나 알칼리에서는 작용하지 못한다. 치즈의 제조 시 레닌의 작용에 의해 침전되는 경우, 칼슘이 유청으로 분리되지 않고 카세인에 붙어 있게 되므로, 산 침전에 의해서 만든 치즈보다 단단하고 질기며 칼슘의 우수한 급원이 될 수 있다. 유산을 첨가하여 우유의 산도를 약산성으로 맞춰 레닌의 작용을 촉진해 주는 것이 효과적이다.

9 크림

10 치즈 제조의 원칙적인 과정은 우유에 응고제로 효소나 산을 첨가하여 카세인을 응고 침전시킨 후, 응고물을 유청에서 분리한 다음 숙성을 위하여 미생물을 첨가한다.

아래 그림은 치즈의 제조과정이다. 치즈의 품종을 좌우하는 결정적인 요소는 어느 동물의 유즙인가 하는 것과 유즙이 탈지유, 전유 또는 크림상태인가 하는 것이다. 치즈는 수분함량에 따라 초경질(30% 미만), 경질(30~40%), 반경질(40~50%), 연질 치즈(50~80%) 등으로 분류하고 있다.

CHAPTER 15 조미료 및 향신료

1 조미료

2 호렴(굵은소금, 천일염)은 정제되지 않은 소금으로 염화나트륨이 80% 정도 함유한다. 입자가 굵고 불순물이 있어 색이 검고 간수를 뺀 것이 좋다. 배추나 무 등 김치를 담글 재료를 절일 때, 어패류로 젓갈을 담을 때, 된장, 고추장, 간장을 담글 때 호렴으로 한다. 재제염(고운소금, 꽃소금)은 호렴을 정제하여 만든 것으로 염화나트륨이 90% 정도 함유한다. 색이 희고, 결정이 고운 소금으로 대부분의 조리에 간을 하기 위해 사용한다. 정제염(식탁염)은 염화나트륨이 95% 이상인 소금으로 음식에 간을 맞추는데 사용한다. 가공소금은 소금에 식품, 첨가물을 넣어 가공한 것이다. 죽염, 구운 소금, 맛소금이 있다.

3 단백질의 열 응고는 고기 또는 생선의 재료 무게에 2~3% 소금을 가해 구우면 표면이 굳어 식품의 맛 성분 유출을 줄일 수 있고, 살을 단단하게 해주며 냄새를 제거할 수 있다. 달걀을 삶을 때 소금을 넣으면 껍질에 금이 가도 응고되면서 흰자에 유출을 줄일 수 있다.

방부작용은 젓갈류나 절인생선에서 미생물 발육을 억제시켜 방부작용을 하여 장기간 보관이 가능하다. 탈수작용은 채소에 소금을 넣어 절이면 탈수작용에 의해 수분이 제거되며, 미생물의 발육이 억제된다.

효소작용 억제는 채소나 과일을 소금물에 담그면 효소적 갈변이 억제된다. 색소유지는 녹황색채소를 데칠 때 1~2% 소금물에 데치면 녹색이 유지된다. 밀가루 탄성증가는 면류, 식빵 등에 첨가되는 소금은 밀가루를 찰지게 하여 탄성을 증가시킨다. 점성 증가는 다진 고기나 생선에 소금을 넣으면 점성을 증가시킨다. 단맛 상승은 단맛이 강한 음식에 약간의 소금을 넣으면 단맛이 증가한다(맛의 대비효과). 어는 점을 내림은 얼음에 소금을 뿌리면 어는점이 낮아져 더 단단한 얼음이 된다.

4 식초의 종류는 곡류, 과실주류로 만든 양조식초와 빙초산, 초산을 물로 희석하여 만든 합성식초 두 종류가 있다. 맛은 자연식초가 좋으나 값이 비싸고, 종류가 많지 않다.

5 단백질 열 응고는 달걀을 삶을 때 식초를 넣으면 깨져도 단백질이 응고되어 흰자의 유출이 감소된다. 효소반응 억제는 껍질을 벗긴 과일을 식촛물에 담그면 효소갈변이 억제된다. 색소의 변화는 양배추, 생강 등 안토시아닌 색소에 식초를 넣으면 산성화되어 붉은 색이 된다. 연근, 무, 양파에 식초를 넣으면 안토잔틴 색소에 의해 하얗게 된다. 녹색채소에 식초를 넣으면 클로로필이 페오피틴으로 황변시키는 성질이 있어 엽록소가 누렇게 된다. 녹색채소는 먹기 직전에 식초를 넣어야 한다. 생선의 비린내 제거 는 생선을 식초에 희석한 물에 씻으면 비린내가 제거되고 단백질이 응고되어 생선살이 단단하다. 살균 및 방부작용은 초밥, 장아찌, 피클 등에서 미생물의 발육을 억제한다. 탈수 및 연화는 초절이 시 탈수작용 및 생선뼈를 부드럽게 한다.

6 연화작용은 육류에 설탕을 넣으면 색깔의 변색 및 맛의 상승효과로 인해 고기의 냄새도 없애주고 연화시키는 작용도 한다. 캐러멜화 및 메일라드반응은 갈변반응을 일으켜 캐러멜 향과 음식의 색을 갈색으로 변하게 하면서 구수한 맛을 낸다. 겔화반응은 신맛이 나는 과일에 설탕과 펙틴을 넣으면 겔화되어 잼을 만든다. 노화방지는 전분에 노화를 지연시키고, 빵에 이스트작용을 상승시킨다. 갈변방지는 껍질을 벗긴 과일을 설탕물에 넣으면 갈변을 방지한다. 단백질 열 응고 억제는 푸딩을 만들 때 설탕을 넣은 다음 우유를 넣으면, 우유가 바로 응고되지 않고 부드럽게 응고된다. 부패작용은 물을 끌어당기는 힘이 있어 과일, 설탕절임에 설탕을 많이 넣으면 부패균이 이용할 수 있는 물이 줄어든다. 잼, 앙금, 절임에 이용된다.

7
- MSG : 다시마 맛 성분인 글루타민산의 나트륨염인 MSG는 맛을 현저하게 증가시키고 뛰어난 감칠맛이 있기 때문에 조미료로 널리 사용한다.
- 핵산조미료 : 말린 버섯이 가지고 있는 감칠맛인 GMP와, 주로 육류와 어류에 들어 있는 구수한 맛 IMP가 있으며, 조미료와 함께 사용하면 상승작용이 일어난다.
- 복합조미료 : MSG에 핵산조미료를 혼합하여 적은 양으로도 감칠맛이 난다.
- 사카린 : 설탕이 부족했을 때 인공감미료가 많이 사용되었고, 현재에도 식품가공업에서는 설탕류와 함께 널리 이용되고 있다. 또 설탕의 섭취를 제한하는 당뇨병 및 신장병 환자의 식사에 조미료로서 사용되고 있다. 사카린은 인체 내에서 분해되지 않고 그대로 배설되기 때문에, 다량 섭취하면 소화효소의 방해, 신장장애 등이 일어난다고 한다.

8 진저론과 쇼가올, 진저롤

9 시니그린, 백겨자에는 시날빈, 티오글루코사이드가 함유되어 있다. 겨자의 배당체는 그 자체로는 향미가 없지만, 물을 첨가하여 일정한 온도에서 보관하면 미로시나

아제의 작용으로 이소티오시아네이트가 생성된다.

10 스파이스, 허브

CHAPTER 16 음 료

1 녹차는 잎을 솥에 넣고 볶아서 만드는 덖음차와 수증기로 가열하여 만든 찐 차가 있다. 전자는 중국, 한국의 제다법이고, 후자는 일본의 제다법이다. 어린잎 일수록 선명한 녹색을 띠며 품질과 가격이 높다. 차의 맛 성분인 카테킨, 카페인, 유리아미노산, 당 및 정유 성분 등은 차 우리는 방법에 따라 차이가 나므로 차의 맛이 달라진다.

우롱차는 찻잎을 햇볕에 말려서 시들게 한 후, 실내에서 발효시켜 볶아서 효소를 불활성화 시킨 후 건조시키는 것이다. 발효과정을 홍차의 반 정도로 짧게 한 것이다. 주로 중국, 대만에서 만들어진다.

홍차는 잎을 발효시켜 쪄서 말린 것이다. 생잎을 넓게 펴서 건조시켜, 발효실에 온도 20~25℃, 습도 95%에서 2~3시간 발효시키고 적당히 진행되면 정지시키고 저장성을 지니도록 건조시킨다. 발효시키면 산화효소의 작용으로 엽록소가 분해되고 향미 성분도 생기며, 탄닌과 기타 성분이 산화, 중합하여 홍갈색이 된다. 비타민 C는 산화효소의 작용으로 파괴되어 없어지게 된다. 발효과정에서 탄닌의 반 정도는 불용성으로 되기 때문에 떫은맛이 적다. 홍차는 주전자에 너무 오랫동안 담가두면 탄닌이 많이 우러나므로 뜨겁게 한 다른 주전자에 걸러서 옮긴다.

2 탄닌, 카페인, 데아닌

3 물을 끓여서 우려 마시는 녹차, 홍차 이외에 우리나라에서 전통음료라 함은 넓은 의미에서 곡차, 과실차, 약재 배합차 등과 같이 뜨겁게 달여서 마시는 기호음료이다.

순다류는 차나무 잎을 이용해서 만든 차, 녹차, 홍차, 우롱차가 있다.

유사다류는 화엽차(꽃잎), 과실차(과육, 과피 말린 것), 곡재차(곡류 등을 볶음), 약재차(한약재)를 이용하여 만든 차이다.

탕류는 약이성 재료를 끓이거나 달여 고(膏)의 형태로 만들어 희석해서 마시는 차이다.

장류는 약이성 재료를 꿀이나 설탕에 넣어 숙성시켜 희석해서 마시는 차이다.

숙수류는 누룽지에 물을 부어 끓여 마시는 것이다.

미숫가루류는 곡물을 쪄서 볶아 가루로 만들어 물에 타서 마시는 것이다.

식혜류는 엿기름물에 밥알을 당화시켜서 만든 것이다.

수정과류는 생강, 계피 등을 달인 물에 곶감을 넣어 만든 것이다.

화채류는 오미자차 국물을 이용한 화채, 꿀이나 설탕을 이용한 화채, 과즙을 이용한 화채가 있다.

4 카페인은 중추신경, 순환계, 가로무늬건, 신장 등에 작용하고, 졸음이나 피로감을 해소시키거나 혈액순환 촉진과 이뇨작용에도 효과가 있다. 건강한 경우, 위액의 분비를 도와주고 소화촉진에도 도움이 된다. 그러나 위산과다와 위궤양 증상이 있는 경우에는 역효과를 나타낸다.

5
- 아라비카종은 전 세계 커피생산의 약 75%를 차지하고 있다. 아로마, 바디, 부드러움, 새콤함, 초콜릿 맛이 다른 종에 비해 풍부해서 가격이 비싼 것이 특징이다.
- 로브스타종은 강한 생명력을 가진 품종으로서 병의 저항력이 강하고 단위 면적당 수확량이 아라비카종에 비해 높으며, 낮은 고도에서도 잘 자란다. 거칠고 쓴 맛이 강하며 대부분 솔루블 커피에 많이 사용된다.
- 리베리카종은 로브스타종과 유사하며 낮은 고도에서 잘 재배되고, 아프리카 지역에서 소규모로 재배된다. 수확한 커피체리는 껍질을 제거하는 방법에 따라 자연건조방식과 세척방식이 있다.

6 로스팅이란, 녹색을 띤 생두를 볶는 과정에서 친근한 다갈색으로 변하는 것을 말한다. 이런 로스팅 된 커피원두를 홀빈 혹은 배전두라고 한다. 로스팅 없이는 커피의 어떠한 풍미도 나타낼 수 없다. 이때 열분해 현상으로 인해 부피가 팽창되면서 껍질이 벗겨지고 튀는 소리를 내면서 색이 변하기 시작하여 원하는 커피의 맛과 향기를 만들고, 중요한 요소로는 볶는 온도와 시간, 속도, 커피콩과 열풍의 균일한 혼합이다. 커피의 맛을 만드는 80%는 생두에서 정해지고 나머지 20%는 배전에서 정해진다.

7 카카오콩을 2~7주일간 발효시켜서 펄프를 벗긴 후 씻어 말려서 볶은 다음 부스러뜨리면 코코아열매가 조각으로 나온다. 이것을 가열하여 분쇄하면 리퀴드 초콜릿이 되며 이것을 덩어리지게 한 것이 버터초콜릿이다. 초콜릿에서 지방을 뽑고 가루로 만든 것이다.

8 과일을 그대로 압착한 즙액으로 만든 것과 과일을 가열하여 얻은 농축액으로 가공되기도 한다. 과일주스는 과일의 맛, 향기, 영양성분 등이 생과일과 유사하며, 다만 유통 시 변질의 우려 때문에 여러 가공처리를 해서 판매된다.

9 내용물에 탄산가스, 즉 탄산수를 함유한 포장음료를 총칭한다. 콜라, 사이다가 대표적이며, 콜라는 콜라나무의 열매로 만든 것으로 종실 추출액에 주석산, 구연산 등의

산미료와 향료, 색소, 유화제, 안정제 등을 첨가하여 가열 살균한 후 냉각하여 고압으로 탄산가스를 넣은 것이다. 사이다는 사과의 과즙을 알코올 발효시킨 사과술을 지칭한다. 우리나라에서는 물에 탄산가스를 혼합하여 설탕, 향료, 산, 색소 등을 넣어 가공하여 만든다.

10 이온음료